IBM高校合作项目大型主机精品课程系列教材

大型主机操作系统基础教程

许 可 汤 峰 主 编

蔡 毅 副主编

U0396338

华南理工大学出版社

SOUTH CHINA UNIVERSITY OF TECHNOLOGY PRESS

·广州·

图书在版编目（CIP）数据

大型主机操作系统基础教程/许可，汤峰主编 . —广州：华南理工大学出版社，2015.2（2017.1重印）

IBM 高校合作项目大型主机精品课程系列教材

ISBN 978 - 7 - 5623 - 4545 - 9

Ⅰ.①大…　Ⅱ.①许…②汤…　Ⅲ.①大型计算机 - 操作系统 - 高等学校 - 教材

Ⅳ.①TP338.4

中国版本图书馆 CIP 数据核字（2015）第 024428 号

大型主机操作系统基础教程

许可　汤峰　主编

出 版 人：卢家明

出版发行：华南理工大学出版社

　　　　　（广州五山华南理工大学 17 号楼，邮编 510640）

　　　　　http：//www.scutpress.com.cn　　E-mail：scutc13@ scut.edu.cn

　　　　　营销部电话：020 - 87113487　22236378　87111048（传真）

责任编辑：朱彩翩

印 刷 者：虎彩印艺股份有限公司

开　　本：787mm×1092mm　1/16　印张：14.25　字数：365 千

版　　次：2015 年 2 月第 1 版　2017 年 1 月第 2 次印刷

印　　数：1001～1500 册

定　　价：35.00 元

前　言

　　IBM 大型主机是计算机发展史上最为璀璨的成果之一，它开创了新型的计算机架构和技术路线，成为计算机发展史上一个重要的里程碑。正如 IBM 大中华地区董事长兼首席执行总裁周伟焜所说"对于商业界来说，大型机在很大程度上触发了 20 世纪 80 年代的 PC（个人电脑）风潮、互联网的崛起、经济迅猛增长，以及因商业与科技联姻而创造的繁荣；从整个社会意义上来说，它和世界上其他具有跨时代意义的创新一样，拓宽了人类的视野，改变了社会的商业模式，更改变了我们的生活方式。大型主机其实是 IBM 创新历史的完美写照，更是科技创新带动社会前进的典范"。

　　1997 年 7 月，华南理工大学首批加入 IBM 主机系统教育合作计划，1999 年首届学生毕业，2005 年 3 月，IBM 公司正式启动 IBM 主机系统大学合作项目，宣布向国内 7 所高校免费提供 IBM eServer z 系列服务器用于主机系统课程建设、技术开发和人才培养，华南理工大学跻身于 7 所合作高校之中，是唯一一所华南地区合作院校。2005 年 6 月，华南理工大学作为华南地区高校的代表在华南理工大学大学城校区接受了 IBM 公司的授牌，正式成立"IBM 主机系统教育中心（广州）"。2014 年 4 月，华南理工大学与 IBM 公司签署新一轮合作协议，在更新和共建新一代主机中心的基础上，重点面向云计算、大数据分析、移动和社交应用领域培养人才。同年，IBM 为我校捐赠高性能 z10 大型主机作为教学科研用机。

　　1999 年至今，华南理工大学面向软件学院、计算机学院开设大型主机系列课程，其中，"IBM 主机系统和操作系统导论"课程是该系列课程的基础课程，也是学习主机知识的入门课程。在多年的教学实验中，学生普遍反映缺乏能够指导他们在课程中进行有效学习和实践的教材。与此同时，国内外绝大部分人士包括许多计算机行业人士在内，对"大型主机"还十分陌生，甚至有一些大型主机的老客户，尽管他们早已有了与大型主机接触的体验，但对大型主机包括 IBM 大型主机的核心内容仍缺乏必要的了解，本书正是在这样的背景下组织编写的。

　　本书以 IBM z10 大型主机为实践平台，围绕大型主机概述、z/OS 操作系统、TSO&ISPF、数据集、作业控制语言、实用程序及 JCL 过程等知识展开讲述，配合大量例子与案例，期望读者能将所学知识融会贯通，付诸实践。本书适合作为大专院校计算机学院、软件学院学习大型主机知识的教材，亦可作为计算机专业人士或者对主机感兴趣人士的参考及科普用书。本书也可以作为我校"IBM 主机系统和操作系统导论"课程配套教材使用。

　　本书由许可、汤峰、蔡毅策划组织。许可负责总体框架并编写第 1 章以及第 3～6 章，汤峰编写第 2 章，蔡毅编写第 7 章，全书最后由汤峰统稿。IBM 公司中国大学合作部黄小平先生为本书的编写提供了许多宝贵的参考资料、指导性意见及建议。华南理工大学软件学院王振宇教授、黄志炜老师审阅了本书的相关专业内容，提出了建设性的修改意见，纠正了书稿中的许多错漏。在此，谨向他们表示衷心感谢。

本书的讲义稿已在 2008 年春季～2014 年春季的 7 个学年度进行了教学实践，在教学过程中，参与教学活动的师生对教材的内容提出了许多修改意见，也指出了讲义中若干错漏，在此，向他们表示感谢。

感谢华南理工大学出版基金对本书给予了资助。

由于编者水平有限，书中难免存在缺点和错误，恳请广大读者批评指正。

编　者
2015 年 1 月于广州

目　录

第 1 章　大型主机概述

IBM 大型主机是 20 世纪 60 年代发展起来的计算机系统，一台大型机售价为 10 万元人民币到 1000 万美元不等。在欧美澳国家，大型机肩负着银行、保险、证券、通讯等行业的数据与信息处理工作。在中国，银行客户占大型机业务总量的 90%，公安系统、钢铁等行业也已成功应用，主机 ELS 已列入中国政府的企业产品采购目录。大型主机凭借其独具的高安全性、高稳定性和强大数据处理能力等优势，正在发挥着越来越重要的甚至无可替代的作用。本章介绍大型主机的基本概念、发展历史、关键技术、特性以及用户。

1.1　大型主机的基本概念

大型主机的英文名为 Mainframe，通常也称之为大机、大型机或主机。它的官方定义是：A mainframe is a computing system that businesses use to host the commercial databases, transaction servers, and applications that require a greater degree of security and availability than is commonly found on smaller – scale machines，即大型主机是一种计算机系统，商业用户用它来管理商业数据、处理交易服务及执行应用程序，相比于规模较小的机器上常见的这些服务，他们对安全性和可用性要求更为苛刻。

大型主机自 20 世纪 50 年代问世以来，一直在核心业务领域有着不可替代的地位，凭借其高端性能和高价值服务成功应用在世界最大型的企业中。全球财富 500 强企业中有 71% 是 IBM System z 大型主机的用户，全球 100 强银行中有 96 家是 IBM 大型主机的用户，全球企业级数据 80% 运行在 IBM 主机上。尽管其他类型的计算方式，包括超级计算机、服务器群等也被大量应用在不同级别的商务活动中，大型主机仍然在当今的电子商务环境中占据着令人仰慕的地位，在银行、金融、医疗、保险、公用事业、政府机关和大量的其他公有及私有企业中继续扮演着其作为核心商务平台不可或缺、稳定高效、值得信赖的角色。

早期的大型主机系统存放在巨大的金属箱子或框架（Frame）中，这大概也是主机（Mainframe）这一术语的由来。一个典型客户站通常装有几台主机，配备大量的电力供应和空调系统，大部分的 I/O 设备和所有的主机都相连。在主机最为庞大的阶段，按照大小来算，通常主机占据的空间为 200 到 1 000 平方米，某些主机装置甚至更为巨大。从 1990 年开始，主机处理器和它的大部分 I/O 设备都在功能和容量持续增长的同时拥有了更小的物理体积，如今的主机相比早期的主机系统已经精减不少——占地面积只有 1.24 平方米，体积约为一台大冰箱大小，耗电量最低只有 3.7kW，仅相当于低密度机架的电力消耗水平。而且在某些情况下，可以通过使用 Hercules 等模拟软件，实现在个人计算机上运行主机操作系统来模拟主机工作环境，从而进行应用程序的开发和测试，之后再将这些程序移植到主机系统上正式运行。

1.2 大型主机的发展历史

大型主机自 20 世纪 60 年代被发明以来，一直引领计算机行业以及商业计算领域的发展，它的发展历程（见图 1-1）是一个不断创新、不断突破的过程。1964 年，IBM 推出了第一代大型主机系统——System/360（或 s/360），并以此为基础推出了操作系统平台，计划每十年对系统架构进行一次革新；1970 年推出了 System/370（或 s/370）；1983 年推出了 System/370 Extended Architecture（370-XA）；1990 年推出了 Systems/390（S/390）；2000 年 z/Architecture 发布，并推出全新设计的大型机 z900；2003 年，z990 大型机发布；2005 年，IBM 推出了新的主机体系架构 System z，并推出 System z9 大型机；2008，IBM 推出 z10；2010 年，ELS 发布。

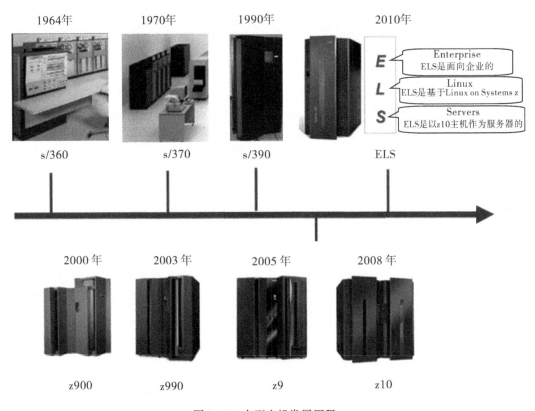

图 1-1　大型主机发展历程

大型主机的每一次革新，从 60 年代的 s/360，到 2015 年 1 月 14 日，IBM 发布的 z13 大型主机，无不围绕如下一项或多项内容对架构进行改进：

- 更多或更快的处理器。
- 增加物理内存，支持更大范围的寻址空间。
- 软硬件的动态升级。
- 不断增强硬件对出错的检查和自我恢复能力。
- 增强 I/O 设备的处理及传输能力，搭建更多更快的通道。

1.2.1　IBM 701 和 IBM 1401

大型主机的起源最早可以追溯到 20 世纪 50 年代初期，当时美国空军正在准备实施半自动地面防空工程（SAGE）计划，IBM 公司帮助其建立自动化工厂，在此基础上着手研制了一种在国防领域里具有全用途的电子计算机，即 IBM 701 大型机。IBM 701 于 1952 年推出，采用电子管逻辑电路、磁芯存储器和磁带处理机，运算速度达到每秒执行 16 000 次指令，随后 IBM 陆续推出 702、704 和 705 等一系列电子管计算机产品。

1956 年，IBM 首台随机存储系统 RAMAC 305 问世（见图 1-2），RAMAC（Random Access Method of Accounting and Control，计算机与控制随机访问方法）使用随机存取磁盘驱动器，如 350 磁盘存储单元的计算机，磁盘采用 50 片直径为 24 英寸的盘片组成，容量在当时达到"惊人"的 5MB，数据传输率为 8 kB/s，体积约为两台冰箱大小。

图 1-2　随机存储系统 RAMAC 305

IBM 1401 数据处理系统于 1959 年 10 月宣布推出，由大量卡片和磁带组成，包含多种磁芯存储器尺寸，用于单独的用途并为大型计算机提供外设服务。1964 年，IBM 1401 系统成为尼日利亚第一个政府计算机系统，用于加快工资表制作，组织全国的教育资源，并且跟踪尼日利亚铁路公司的运货车。1967 年，韩国电子计划委员会统计部采用了 IBM 1401 系统，用于处理韩国 1966 年全国人口普查时收集到的数据——预计用 14 年的计算时间缩短到一年半，IBM 1401 系统是韩国历史上采用的第一台计算机。此外，从华盛顿到加德满都，和平部队使用 IBM 1401 系统开展野外作业，并将志愿者派到全世界不发达国家中最需要的地区。虽然根据目前的标准来看，这台机器非常笨重，但是，IBM 1401 系统是第一台跨越国界解决数据处理问题的计算机，直到 20 世纪 70 年代，它一直畅销不衰。

1.2.2　System/360

尽管 IBM 705 和 IBM 1401 与之后推出的功能强大的大型机相差甚远，但依然为大型主机的研发和应用做了好的铺垫。到了 20 世纪 60 年代，主机制造商们开始对他们提供给客户的硬件和软件进行标准化，与此同时，计算机历史的进程发生巨大的改变，1964 年，IBM 推出了 System/360（或 s/360），它是世界上第一台覆盖从商业到科研、从小应用到大应用的通用计算机（见图 1-3）。

 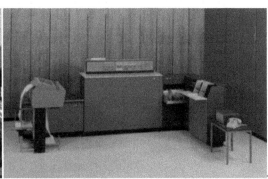

（a）s/360 工作站　　　　　　　　　　　　（b）s/360 外部设备

图 1-3　s/360 工作站及外部设备

s/360 的问世代表着计算机有了一种共同的语言，它们都共用代号为 OS/360 的操作系统（而非每个家族成员都量身订制一款专门的操作系统），这种让单一的操作系统适用于整个系列的产品也是 System/360 成功的关键。s/360 同时支持商业和技术应用，集科学计算、数据处理和实时控制功能于一身，开创性地确立了通用性，被誉为 1822 年以来 10 大革命性计算机技术之一。

s/360 是计算机的一个技术规范、标准，发布后，立即为美国、欧洲、日本和苏联等国家的计算机厂商所采用，成为计算机发展史上的一个重要里程碑，也是计算机体系结构标准化的一个里程碑。1969 年，Apollo 11 号成功登录月球就是依靠数台 System/360 信息管理系统（IMS）以及其他相关软件。

s/360 是 5 种不同型号计算机的统称（也就是系列机的思想），其理念是为用户提供"全方位、360 度的服务"。s/360 克服了之前专用机器功能单调的弱点，集数据处理、科学运算等功能于一身。s/360 系统的主要型号包括 65 型、75 型、85 型大型机，20 型、25 型和 30 型小型机，以及 44 型和 50 型中型机。IBM s/360 系统的特点如下：

● 拥有 32 位通用寄存器，二进制编址，24 位地址码，是一台集科学计算、数据处理和实时控制功能于一身的通用计算机。

● 实现了系列化，各型号之间统一指令格式、数据格式、字符编码、I/O 接口、中断系统、人机会话方式等，使同一程序在不同型号的机器语言级上兼容。

● 采用通道技术，支持最大 7 个（并行）I/O 通道，使 I/O 操作进一步独立于CPU。

● 使用方便，360 系统配有操作系统、汇编语言、FORTRAN 和 COBOL 等高级语言。

值得一提的是，在 1968 年，IBM 发布了客户信息控制系统（Customer Information Control System，CICS），CICS 是一款提供联机事务处理和事务管理的产品，可以在联机情况下通过分布和共享资源实现工作负载合理安排。迄今为止，CICS 仍然是业界最普遍使用的交易处理中间件之一。

1.2.3 System/370

s/360 体系结构发布后半年，IBM 开始筹划开发基于单晶硅电路技术的新型计算机体系结构。1970 年，IBM 发布了一系列增强指令集的机器——System/370（见图 1-4）。这些机器可以在同一系统下使用多于一个的处理器（初始为 2 个），并分享内存空间。20 世纪 70 年代，主机体积变得越来越大，运算速度越来越快，并且多处理器系统开始普及。370 系列 145 型号机成为首个拥有全集成单片存储器和多个 128 位双极芯片的计算机，超过 1 400 块微处理电路元素被排列在一块 1/8 英寸见方的芯片上。由于可以运行 System/360 程序，System/370 减轻了客户的升级压力。

System/370 也是第一批具备虚拟存储技术的计算机，主要通过动态地址转换技术（DAT）增加应用程序的可用地址空间，使得计算机系统具有比实际配置内存大得多的存储空间。之后 1972 年推出的 s/370-158（见图 1-4）和 168 系统也都采用了这种虚拟存储器技术。1972 年 8 月，IBM 推出 s/370-158/168，引入多处理器技术，即一个计算机系统中有多个处理器共同工作，大大提高了运行效率，节省了运行时间。虚拟存储器技术以及多处理器技术的引入极大地提高了用户应用程序对系统主存和交互处理能力需求增长的适应程度。IBM s/370 主机曾为我国的石油勘探、气象预报、信息统计、远洋航运以及国防建设等做出过重大贡献。

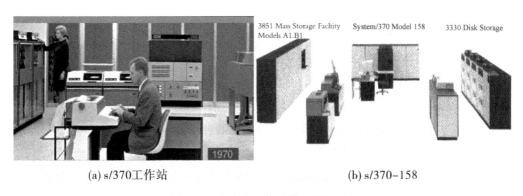

(a) s/370工作站　　　　　　　　　　(b) s/370-158

图 1-4　S/370 工作站及 s/370-158

1.2.4 System/370 Extended Architecture（370-XA）

整个 20 世纪 80 年代是大型主机发展的重创期，由于个人电脑（PC）性能不错、价格适中、支持网络服务，迅速普及开来，直接威胁到大型主机的生存，甚至有人预言，大型机就要从地球上消失了。尽管步伐艰难、内忧外患，IBM 依然没有放弃对大型主机的研发和变革。1981 年 IBM 公布扩展的 System/370-XA 体系结构，将地址线位数从原来的 24 位增加到 31 位，大大增强了 s/370 的寻址能力，并且保留了 24 位向上兼容方式，使得原有 24 位地址写的应用可以不加修改地在 System/370 – XA 上继续运行，与此同时，增加扩展存储（Expanded Storage），使其与主存分离，用于保存计算机中较常用的信息。随后在 1984 年，IBM 发布了 1 兆的硅铝金属氧化物半导体（Silicon and Aluminum Metal Oxide Semiconductor，SAMOS）芯片，芯片虽然比小孩手指甲还小，但可以存储 1 048 576 位的信息。1988 年，IBM 继续改进 System/370 的体系结构，发布 ESA（Enterprise System Architecture）/370，或称 ESA/370，增加了访问寄存器，改进了虚存性能，允许应用程序访问多个 2G 的数据空间，称之为多虚存储结构。同时，客户也可以将 DB2 数据库系统部署在交易流程中，以降低 CPU 的开销和增强并发能力。

IBM 在主机上还推出了逻辑分区（Logic Partition，LPAR）概念，这种技术可以从逻辑上将主机分成若干分区，LPAR 是一种通过 PR/SM（Processor Resource/System Manager，一种大型机固件特性）来实施的虚拟机。系统在物理上是在一个机柜中，但是在逻辑上它可以划分为多个分区，每个 LPAR 拥有专有真实存储，并且拥有专有或共享的 CPU 和通道。

1.2.5　System/390

20 世纪 90 年代，随着企业规模的扩大与信息科技的发展，大企业发现把数十台甚至数百台服务器联接起来以满足企业应用需求的方式管理复杂、成本失控、需求难以满足，进而转向使用实现服务器再集中的大型机。这期间 IBM 创新性地提出系统集群（Sysplex）和数据分享（Data Sharing）的概念，并且推出了 System/390（见图 1 – 5）并行系统综合体以实现高级系统的可用性。

　　　　(a) s/390 正面图　　　　　　　　　　　(b) s/390 背面图

图 1 – 5　s/390 大型主机

在这十年间，IBM 通过企业系统连接（Enterprise System Connectivity，ESCON）引入了并行通道技术，并且开始将网络适配器整合到主机中，成为开放系统适配器（Open

System Adapter，OSA）。其中，s/390 第 5 代服务器（G5），引入了一种新的处理器模块，突破了 1 000 MIPS 的界限，逻辑分区扩展到可以支持 15 个分区，同时推出了新的 IBM 大型主机光纤通道——FICON（FIber Connecter），容量为 ESCON 通道容量的 8 倍；s/390 第 6 代（G6）是第一个使用 IBM 铜芯片技术的企业服务器，它创造性地将 Linux 引入 s/390，使其与 s/390 的可靠性、速度结合在一起以减少运行关键任务的费用，这也是主机上第一次出现了 Linux 系统。在 s/390 上可以运行多种操作系统，如 MVS/ESA、OS/390 等，支持用户根据企业自身的工作负荷、容量情况和网络条件等进行选择。

1.2.6 eServer z900

2000 年 10 月，IBM 宣布第一代 z 系列主机诞生。z 表示 zero，期望主机零中断、零宕机的意思。z/Architecture 系列主机是 s/390 的扩展，是基于 64 位 z/Architecture 设计而成，这种设计可以有效减少内存和存储的瓶颈，并且可以通过智能资源导向器（Intelligent Resource Director，IRD）自动为优先级高的工作负载提供系统资源，IRD 是 z/Architecture 的一个重要特点。并行系统综合体技术和 IRD 一起被设计用来提供随需应变的商业工作负载所需的系统灵活性以及快速响应能力。动态通道管理技术和专用加密技术在 z/Architecture 中同时出现。主机也成为开放的平台，可以运行 Linux；专用的处理器（IFL）也因此被研制出来。与此同时，IBM 推出全新设计的大型机 eServer z900。这也是 IBM 以电子商务为目的打造的第一款企业级大型机。

为了更好地满足客户的不可预测性、业务的灵活性，以及高效的电子商务需求，z 900 拥有 HiperSockets 高速互联技术，并且具有自优化和自恢复功能，对众多平台和操作系统的良好支持更是为客户选择、创建和部署自己所需的应用提供完美的灵活性。

华南理工大学目前拥有 z 900 大型主机一台（见图 1-6），具体配置如下：

- 型号：2064-2C2
- 处理速度：600 MIPS（2 颗 CPU）
- 内存：16G
- 存储系统：Shark 磁盘阵列
- 存储容量：873.6 GB
- I/O 连接：4 个 FICON 通道，4 个 ESCON 通道，2 路 OSA 通道
- 操作系统：z/OS 1.5，Linux
- 系统软件：DB2 v7，IMS，WebSphere 5.0，CICS TS 2.3

2002 年，IBM 发布了 eServer z800，它是定价较低、入门级的主机，从根本上改变了主机计算带来的沉重的经济负担。通过这一步，IBM 首次向入门级的主机客户提供了高级的并行系统综合集群技术。

1.2.7 eServer z990

2003 年，IBM 发布了 eServer z990，它是当时世界上最复杂的服务器，eServer 系列的新旗舰产品，它为动态地平衡关键应用提供了均衡的、高度安全的平台，并且是投入了 4

(a) z900 2064–2C2

(b) Shark 磁盘阵列

(c) 磁带机

图 1 - 6　华南理工大学 z900 大型主机、磁盘阵列和磁带机图

年时间和超过 10 亿美元所得到的成果。运行 z/OS 1.4 的 z/990 上的每秒 SSL 交易量增加到 11 000 次。

　　z990 有着高达 9 000 MIPS 的运行速度；可用逻辑分区从 15 个增加到 30 个，进一步增强了系统的可扩展性。每个操作系统镜像仍然有 256 个通道的限制，但是 z990 可以拥有多达 1024 个通道，它们可以分布在 4 个逻辑通道子系统中（LCSS）。当前的主机型号也提供了 IFL，这是一种专用处理器，为 Linux 管理集群而设计，同时主机型号也提供了为处理 Java 而设计的专用处理器 zAAP。

　　z990 提供了多区域（Multibook）系统结构，支持 1 ~ 4 个区域（Book）配置。每个 Book 由具有 12 个处理器的多芯片模块（Multiple Chip Module，MCM）组成，MCM 中的 8 个处理器可以配置成标准处理器；除此以外，Book 中还有内存卡，每个 Book 可以支持最多 64G 字节大小的内存，以及高性能的自计时互联设备。z900 最多可以支持 32 个处理器。

　　为了对有高度伸缩性的多区域系统设计提供支持，通道子系统（Channel SubSystem，CSS）通过逻辑通道子系统（Logical Channel SubSystem，LCSS）得以加强，它可以在 3 个 I/O 框架上最多安装 1024 个 ESCON 通道。有了跨越通道（Spanned Channel）的支持，HiperSockets，OSA，FICON 等可以在 LCSS 间共享，以提供更强的灵活性。TCP/IP 通讯的高速互联，也就是所谓的 HiperSockets，允许不同分区以及不同虚拟服务器间建立拥有内存级别速度的 TCP/IP 通信，而不是一般的通过网络布线完成的通信。

　　图 1 - 7 为国内某高校 z990 主机环境图，包括 z990 2064 - 2C2 主机、ESS 磁盘阵列一台以及 3590 磁带机一台。

　　2004 年，IBM 发布了 eServer z890，它以主机旗舰产品 z990 为基础，在技术方面再做突破，并以更低的入门级价格向中型企业客户市场推出。z890 传承了 z990 上的主机技术，为客户提供优异的灵活性、虚拟、自动化、安全性和可扩展特性。z890 上的 4 个处理器各具有 7 个引擎等级，能够提供 28 个容量级别，用户可以根据自己的业务需求更精确地配置服务器容量。

(a) 3590 磁带机　　　　(b) z990 2064-2C2 主机　　　(c) ESS 磁盘阵列

图 1-7　国内某高校 z990 主机环境图

1.2.8　System z9

2005 年，IBM 推出了新的主机体系架构 System z，其内涵是"虚拟化、开放与创新"。2005 年 9 月 16 日，IBM 推出全新以数字结尾命名的 System z9 系列大型机，它延续了上一代（IBM eServer zSeries）的 z/Architecture 架构，这种架构体系的主要优势在于有利于密集型业务应用，如 DB2 等，同时保持在 z900 和 z990 服务器的指令集上的扩展。System z9 主要包括 Enterprise Class（EC）和 Business Class（BC）两个版本，它们是为随需应变的企业而专门设计和优化的，在企业计算方面表现出众。

System z9 BC 是 IBM 主机发展史以来最低的入门门槛，这款机型旨在为中小企业提供一个功能灵活、稳定安全、性价比高的计算机平台，重点面向中国的中小企业，适用于包括医疗卫生、政府系统等在内的对数据十分重视的应用领域。z9 BC 的特点如下：

- 采用更多引擎，能处理更多工作负载。应用辅助处理器（zAAP）、集成 Linux 设施（IFL）、内部耦合设施（ICF）以及 zIIP。
- 随需应变的升级能力，支持 73 个容量设置，最小为 26 MIPS，最大为 17 800 MIPS，更小的容量升级粒度，为成长中的企业提供可承受的、更高性价比的服务。
- 增强的网络和连接能力。
- 采用 System z9 的密码和加密功能，譬如 ATM/POS 远程密钥装入。
- 继续支持 z/OS.e 操作系统。z/OS.e 是简化版的 z/OS，专门运行在 z800、z890、z9 BC 主机服务器上。

z9 EC 则面向企业数据中心，提供与 z9 BC 相比更为完善的功能及更高效的应用，以及更大的可用通道带宽和更多的 FICON 通道，其增强的预约可用性、冗余、I/O 互联以及增强的驱动程序维护功能大大提高了 z9 EC 的可用性。

System z9 在系统设计的各个方面，如逻辑分区、存储、处理器性能、与 Linux 的交互、通道技术等方面都进行了加强。主要包括：

- System z9 允许客户在一个最多拥有 60 个逻辑硬件分区的单一系统上创建上百的虚拟服务器，这个数量相当于 IBM eServer z990 所拥有的 LPAR 数量的 2 倍。

- 完全 64 位实存和虚存支持，最高可支持 512G 字节的系统内存。任何逻辑分区可以被定义为 31 位或者 64 位寻址模式。

- 通过与 IBM 虚拟引擎软件的新版本和 IBM Director 相结合，System z9 可以作为数据中心的核心，能够管理跨越其他平台的资源。

- 每天完成 10 亿次事务处理，性能比 IBM eServer z 系列 z990 大型主机发布时高出 1 倍以上。

- 引入了 IBM TotalStorage SAN 卷控制器所提供的互操作性功能，以便连接到运行在 z 系列服务器上的 Linux 环境。

- 能够运行包括 Linux 和大型主机最新的旗舰操作系统 z/OS 1.7 在内的 5 种操作系统，并且能够在一个高度安全的环境下对多种计算平台和包括基于 Java 应用在内的上百个虚拟应用之间进行安全的数据传输。

- 提供了多重子系统套件（Multiple Subchannel Sets，MSS），可以支持最多 128K 设备地址范围。继续向 FICON 通道技术发展，并改进了通道编程技术。

- 部分服务器工作负载被分担到专用的协处理器上，譬如 SAP，zIIP 和 zAAP 等。

1.2.9　System z10 和 ELS

2008 年，IBM 推出了 System z 下的巅峰之作 z10 主机，IBM 为此投入了 15 亿美元，历时 5 年的研发，是全球范围超过 5 000 名专业技术人员的心血结晶。与上一代 z9 产品一样，z10 包括 EC 和 BC 两大类型。z10 EC 最早是在 2008 年 2 月 26 日得以发布，而 z10 BC 则是在 2008 年 10 月 21 日发布。System z10 EC 是专为满足大业务量、大数据量需求而设计的世界一流的企业级服务器，System z10 BC 大型主机则主要面向制造业、金融、电信等行业中的中小企业用户。

System z10 采用 4.4 GHz 频率的四核处理器，支持 1.5 TB 的内存，高速网络 Infiniband 的数据速率也达到 6GB/s，这个速率是 z9 服务器性能的两倍之多。在性能方面，比上一代的 z9 整体上能提升 50% 以上，同时它对于处理 CPU 密集型的应用程序在性能方面提高了 2 倍。z10 的技术特征如图 1 - 8 所示。

- z10 主机采用了 4 内核 CMOS 处理器芯片，主频达到 4.4 GHz(单台 z10 最多可有 64 个 CPU)。

- z10 由于采用高步处理器芯片使得大型主机运行 CPU 密集型的应用能力得到大大加强，能耗也大量节省。

图 1 - 8　z10 技术特征图

z10 是 IBM 首次采用四内核处理器芯片的大型主机，同时瞄准高主频设计（见图 1 - 9），提高了 CPU 密集工作负载的执行速度，在浮点方面的运算能力有了极大的增强。z10 多核处理器的出现，使得特别擅长 I/O 密集型工作的主机，处理 CPU 密集型的应用，譬如 Java、Linux 等的能力大大加强。

随着 z10 的闪亮登场，2010 年 2 月 2 日 IBM 在北京发布了 ELS。ELS 就是企业级（z10 主机）的 Linux 服务器，旨在为客户提供一个开放、绿色、可靠、高效的系统平台，满足当前高吞吐量和大型数据处理的需求。

1997年→	1998→	1999→	2000 →	2003 →	2005 →	2008年
(G4)	(G5)	(G6)	(z900)	(z990)	(z9)	(z10)
9672	9672	9672	2064	2084	z9-EC	z10
-RX5	-RX6	-RX7				
300M Hz	420M Hz	650M Hz	770M Hz	1.2G Hz	1.7G Hz	4.4Gx4 Hz

图 1-9　大型主机 CPU 速率比较图

ELS（z10）保持了大型主机稳定的特性，在满足大量 I/O 读写、大数据信息的搜索方面有很强的优势，ELS 也是为高吞吐量及大型数据库量身定制的。ELS 拥有所有 System z 系列服务器的优势，在一台 ELS 中通过虚拟技术可以同时执行成百上千个 Linux 环境，支持超过 3 000 种以上的 Linux 应用，ELS 的安全、可靠性以及成熟的虚拟化技术可以让用户轻松实现智慧的业务的构想。安装 z/VM 和 Linux（ELS 架构）的 z10 大型主机与采用 VMware 的 X86 服务器相比，总成本节约 74%，能耗节省 81%，人员成本减少 93%，软件费用节省 81%，同时它还缩减了处理器核心的数量。

综合来看，ELS（z10）是全球最大型的 Linux 服务器（只运行 Linux），将 Linux 的开放性、灵活性与 System z10 主机的服务质量相结合，使之成为如今服务器与应用整合最为理想的平台。大型主机 ELS 在国内已经有成功应用，积累了稳定的用户群体（见图 1-10），已被列入了中国政府的企业产品采购目录。2013 年，IBM 公司无偿租赁最新款的

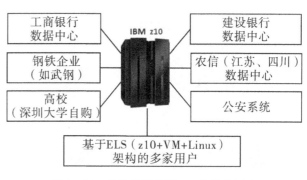

图 1-10　目前我国使用 z10 主机的用户

System z10 EC 大型主机一台供我校教学与科研使用，这款机器的基本参数如下：

- 主机型号：z10　2097-E26
- CPU：11 颗，约 7 800-8 000 MIPS
- 内存：64 G
- 磁盘容量：8 TB
- 磁盘型号：DS8300
- 配置的软件包括 z/OS 1.11.0 及以上、CICS 4.1 及以上、DB2 9.1.0 及以上、COBOL 4.2.0 及以上、Rational，Tivoli 和 WebSphere 等。

1.3 大型主机的关键技术

IBM 大型主机技术是现代计算机技术创新之源，引领计算机技术发展潮流，现今在中小型计算机中普遍应用的技术大多来源于大型主机。经过 50 年的发展，大型主机关键技术有很多，本节主要介绍存储技术、通道子系统、ESCON 技术、FICON 技术、大型主机专业引擎、LPAR 技术、Parallel Sysplex 技术、HiperSockets 技术和虚拟化技术。

1.3.1 存储技术

早在 20 世纪 70 年代 IBM 主机率先推出"虚拟存储"的概念和技术实现方法，在当时计算机界引起了轰动。因为在这之前，如果需要执行一个程序，就需要把程序所有的内容加载到实存中去，但实存价格昂贵，容量有限，遇到特别大的程序则难以操作。"虚拟存储"完美地解决了上述问题，通过将实存（REAL）、辅存（AUXILIARY）和虚存（VIRTUAL）分割成大小相等的空间 FRAMES、PAGES 和 SLOTS，使用 DAT 地址转换等技术，实现了虚存思想（更为详细的介绍请参看 2.3 节）。

大型主机有着完善的存储体系结构，在主机系统中整个存储体系从机器内部至机器外部由以下 8 层组成：

- 寄存器：是速度最快的存储介质，但数量较少；用于存放当前正在执行的指令和正在使用的各类数据，它位于 CPU 内部。
- 高速缓冲器：位于 CPU 内部，由高速半导体存储线路组成，其中存放的是下一批待执行的指令。
- 二级高速缓冲器：不在 CPU 内部，主要功能是自动地从它的下一层存储器获取信息并传送到上一层的缓存中，其目的是更快地将信息从主存取出送到缓存。
- 主存：是整个存储系统的主角，位于 CPU 外部，所有经过 CPU 和 I/O 通道的信息都必须存放于此；容量远远大于以上各层存储器，但访问速度仍然很快。
- 扩展存储器：其目的是在降低整个存储系统成本的同时又不降低太多的性能，它由超大规模的半导体存储线路矩阵组成，作为主存的补充。
- 直接访问存储设备（DASD）：即磁盘存储器，在 s/390 中，磁盘存储器一般可以分为两类：一类是带有高速缓存的，另一类则不带高速缓存。
- 光盘存储器：利用光技术获得极高的记录密度，是一种比磁盘速度低的随机存储器，也可以长期保存信息。
- 磁带存储器：磁带存储器往往作为磁盘存储器的备份，是一种低成本高速度的存储媒体，对于存储一些档案文件非常适合。

从内至外存储容量越来越大，价格越来越便宜，处理速度越来越慢；反之，容量越来越小，代价越来越高，与 CPU 的交互越来越快。

1.3.2 通道子系统、ESCON 和 FICON

一条大型主机通道（Channel）在某种程度上类似于 PCI 总线（Bus），它能将一个或多个控制器连接起来，而这些控制器又控制着一个或更多的设备（磁盘驱动器、终端、LAN 端口等）。大型主机通道和通过几对大的 Bus and Tag 电缆（并行通道方式），或者通过 ESCON 通道以及 FICOM 通道来连接控制器。这些通道在早期是一些外置的盒子，现在都已经整合到了系统框架内。

通道子系统是一个独立于 CPU 的专管输入/输出控制的处理系统，它控制设备与内存直接进行数据交换。它有自己的通道指令，这些通道指令受 CPU 启动，并在操作结束时向 CPU 发出中断信号。现在操作系统只需要创立通道程序，然后把程序转交给通道子系统，通道子系统就会处理所有的通道/控制单元以及队列问题。通道子系统的出现，减轻了 CPU 的工作负担，增加了计算机系统的并行工作程度。

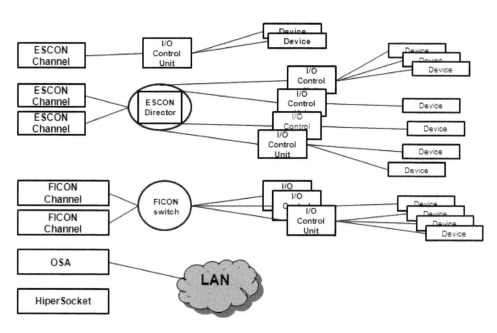

图 1 - 11　大型主机通道示意图

大型主机的通道支持大型主机与各类设备、其他大型主机进行通信和数据交换，通过通道子系统来管理各类 I/O 控制。如图 1 - 11 所示，大型主机的通道主要分为四类：ESCON Channel、FICON Channel、OSA 适配器以及 HiperSocket。其中，OSA（开放的通道适配器）可以看作是主机的网卡，通过它实现主机与外部网络（LAN）的联接；ESCON（Enterprise System Connection）是一种输入/输出结构，使用光纤通信，它定义一套规则，使存储器子系统、控制部件、通讯控制部件等 I/O 设备都通过这套规则与处理器相连；FICON（FIber Connector）同样是一种光线通道，通过结合新结构及更快的物理线路速度来增加输入/输出容量，FICON 的速度是 ESCON 的 8 倍。支持同时双向的数据传输，能同时在一条线上进行数据的读取和写入，并采用多路技术，能使少量数据与另一些大量数据一起被传输，而不必等那些大量数据被传输完，并且只需要一个通道地址；HiperSocket 则支持内存交换，具体请参看 1.3.6 节。

1.3.3　大型主机专业引擎

大型主机的中央处理器（CP）可以处理 System z、z/Architecture 等指令集，但对新兴负载的支持专业性不够，且价格昂贵。为了帮助用户在扩展大型主机对新兴负载支持的同时降低成本，IBM 研发出大型主机专业引擎（Specialty Engines），又称之为协处理器。IBM 大型主机主要的专业引擎包括如下六种：

- Central Processors（CPs）
- Integrated Facility for Linux（IFLs）
  ——Linux for z
- Internal Coupling Facility（ICFs）
- System zApplication Assist Processors（zAAPs）
  ——Java for z
- System zIntegrated Information Processors（zIIPs）
  ——Database for z
- System Assist Processors（SAPs）

IFL（linux 整合器）是专门为执行 Linux 应用而推出的处理器；ICF（内置耦合器）处理 Coupling Facility Control Code（CFCC）的执行，其中 CFCC 是大型主机内部用来管理全局锁和数据缓冲所用的共享内存结构；zAAP（整合信息处理器）是专门为执行 Java 应用而推出的处理器；zIIP（整合信息处理器）是一种运行特定数据库负载的专业引擎，它能够帮助释放通用计算容量，并且降低商业智能（BI）；ERP 和 CRM 等是运行在大型主机上的指定负载的软件成本。zIIP 可看成是 Database for z 的专用处理器；System Assist Processors（SAP）负责管理所有 LPAR I/O 操作的启动和结束。

1.3.4　LPAR 技术

在一个大型主机物理机柜中，根据硬件资源（CPU、Memory、I/O 等）逻辑地划分成多个分区（LPAR），在各分区中各自运行一套独立的操作系统。每个 LPAR（逻辑分区 Logic Partition）是一种通过 PR/SM（Processor Resource/System Manager，一种大型机的固件特性）来实施的虚拟机。系统在物理上是在一个机柜中，但是在逻辑上它可以划分为多个分区。在每个分区上，可以运行一个单独的镜像系统（独立的 OS、处理器、内存和 I/O 资源），并提供完全的软件隔离。LPAR 的结构如图 1－12 所示。现代计算机系统，包括对硬盘分区的机制，或是通过上一层软件实施一机多操作系统的结构，均参照 LPAR 的思想。

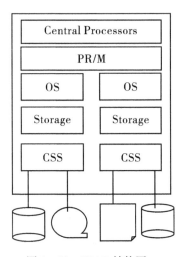

图 1－12　LPAR 结构图

实际上，每个 LPAR 可以看作是单独的主机，运行各自的操作系统（可以是任意的主机操作系统），这些操作系统是分开启动的，如果需要也可以为这些操作系统设置各自的操作控制台。这样，如果一个 LPAR 上的系统崩溃了，它也不会影响到其他的 LPAR。

LPAR 技术对于资源的分配原则是：① Memory 按各 LPAR（系统）的需求进行分割；② CPU 可以为各 LPAR（系统）进行动态分配，系统管理员可以让一个 LPAR 专用一个或多个系统处理器，也可以指定在每个 LPAR 上可用的最大并发处理器数目，并支持设置不同 LPAR 上处理器使用的权重；③ 通道、I/O 设备等为各 LPAR 所共享。

1.3.5　Parallel Sysplex 技术

Parallel Sysplex，即并行系统综合体，是由多台主机、多个 LPAR、多个系统（z/OS）有机耦合起来的系统，它们可以面向一个共同的对象，并行完成共同的任务，如图 1 - 13 所示。

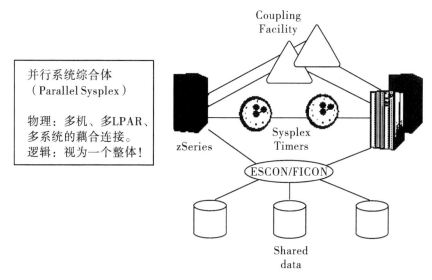

图 1 - 13　并行系统综合体结构图

并行系统综合体有两个重要部件：CF（Coupling Facility，耦合装置）和 Timer（时钟）。CF 是一种支持处理共享对象的技术，可装载共享的数据，通常是一个特殊的逻辑分区，有很大的内存，也可以是独立系统，通常把需要共同完成的任务和数据放在 CF 中。CF 的工作包括：① 对所有连接系统共享的信息进行加锁；② 对所有连接系统共享的信息进行缓存；③ 更新所有连接系统共享的数据列表信息。Timer（时钟），顾名思义，它是一种支持统一步伐的技术，为综合体内部所有计算机提供统一的时钟参考。

国外全球性的跨国集团以及著名的大银行，都在主机上使用了并行系统综合体，以此作为企业运作安全、稳定、高效的基本保证。目前全球已有 2 000 余家大型用户已经实施了并行系统综合体，国内使用 IBM 主机系统的重要客户，如工、农、建、交等商业大银行以及铁道部等都实施了并行系统综合体。并行系统综合体可以使得内部所有的计算机协作工作如同一台完整的计算机系统一样，有统一的时钟标准，将所有的数据作为一个整体来对待，随时可以共享，并且在进行这些工作时，它的这种结构对用户、网络、应用程序乃至操作管理程序来说都是透明的。

并行系统综合体为大型主机带来近乎 100% 的高可用性，它的优势在于：

- 在一个合理部署的 Parallel Sysplex 系统上，即使一个独立系统遭受了毁灭性损失，整个系统也不会受太大影响，而且不会导致任何工作的损失，任何在那台遭受损失系统的计算机上进行的工作，都可以自动地在其余的系统上重新开始。

- 一台（或多台）系统可以从整个系统中移出以进行硬件或软件的维护工作（例如在非工作时间），而其余的单独系统可以继续处理工作。当维护工作完成后，系统又回归到 Sysplex 系统中继续工作。充分利用这一特点就可以升级整个 Sysplex 系统软件（一次一个单独的系统），而不会导致任何应用程序的暂停使用。

1.3.6 HiperSockets 技术

HiperSockets 技术又称为内存中的 TCP/IP 网络，使用微码实现并且使用内存作为传输介质，可以为不同逻辑分区、z/VM 之上不同虚拟机中的应用程序提供直接的高速连接，而无须通过外部的网络连接。因为直接使用内存来传输数据，可以减少对网络硬件（布线、路由器以及交换机和软件）的需求。与物理外部网络相比，它的延迟很少，性能很高，而且像"嗅探器"这样的窃听设备无法连接到 IBM 大型机的 HiperSockets，因此它的安全性也得到了提高。IBM 大型主机是全球唯一获得最高安全认证级别的计算机，至今，全世界还没有发生过主机系统被黑客破坏的事件。

1.3.7 虚拟化技术

云计算可谓是当前最流行的语汇，其实现的基础在于虚拟化技术的应用，而早在 40 年前，IBM 已经开始在大型主机上研究并实践虚拟技术，图 1–14 展示了大型主机上实施的多维度的虚拟技术。

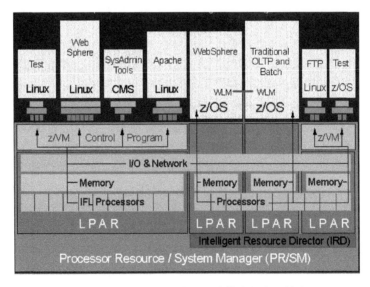

图 1–14　大型主机上实施的多维度的虚拟技术

- 逻辑分区（LPAR）技术和 z/VM 软件提供虚拟化的分区功能，在每个分区（虚拟机）上，可以运行单独的镜像系统，它们有独立的操作系统、处理器（Processors）、内存（Memory）、I/O 及网络资源。
- IRD（Intelligent Resource Director）提供智能的资源分配服务，它在 z/OS 以及非z/OS LPAR 之间分配 CPU 和 I/O 资源。

如图 1 - 15 所示，一个物理机柜内的大型主机通过虚拟化技术，可以产生许多虚拟机，只要大型主机的资源（CPU，I/O，Memory）足够大，那么大型主机可以通过虚拟同时运行成百上千个独立的 Linux 系统，大大降低了在主机上运行 Linux 的费用。特别地，在 System z10 主机上，定义或回收一台虚拟的 Linux Server 只需要 5 分钟的时间。

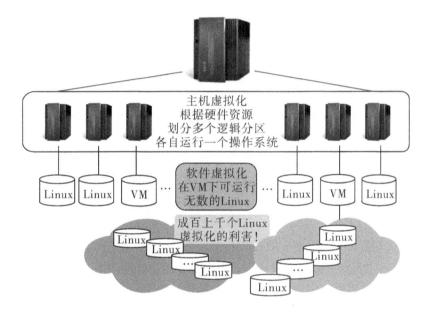

图 1 - 15　主机通过 z/VM 虚拟化图

1.3.8　GDPS 技术

IBM 在并行系统综合体架构之上，提出了世界上最先进的灾难备份架构：GDPS（Geographically Dispersed Parallel Sysplex）。这种架构广泛应用在银行、军事等行业或部门，因为他们对数据安全、可用性、可靠性有着非常严苛的要求。IBM 大型主机及操作系统被美国国防部评为商业运算的最高级别，GDPS 功不可没。

GDPS 将并行系统综合体技术与磁盘系统远程复制技术 PPRC（Peer to Peer Remote Copy）集成在一起，并通过多系统耦合技术，组成一个完整的灾难备份和恢复整体解决方案，使用户的生产系统在发生灾难的情况下能快速恢复。这里，PPRC 是一个硬件层面的灾难恢复和数据镜像工具，它对应用数据的更新作一个拷贝，保证有一份最新的、可用的、可靠的生产数据在远端。由于 PPRC 是 ESS 磁盘系统内部的基于控制器的解决方案，所以在 PPRC 的远端不需要专门的硬件或软件支持，增加了 PPRC 实施的简便性和灵活性。

1.4　主机的特性

　　大型主机最典型的特性通常用 RAS 来概括，由 Reliability、Availability、Serviceability 这 3 个英文单词的首字母构成，分别代表可靠性、可用性和可服务性。可靠性是指系统在一定条件下无故障地执行指定功能的能力或可能性，主要包括硬件的可靠性和软件的可靠性。大型主机硬件的可靠性主要通过其强大的自我检查和自我恢复的能力来保障，而大型主机的软件可靠性主要通过软件在经过严格测试后上线使用，并附带错误监测和自动更正等功能来保障；IBM 大型主机在可用性方面一直处于业界领先地位，它具有业内一流的冗余能力、异步 I/O 能力、容错能力，主机的平均无故障时间大于 30 年；可服务性是指大型主机系统能够确定故障发生的原因，它允许在尽可能小地影响业务系统的前提下，对软硬件进行升级或替换。除了 RAS 特性之外，主机还有如下特性：

　　● 安全性：IBM 大型主机是目前世界上最为安全的系统，全面内置安全功能，是唯一达到通用评估准则 EAL5 安全等级的商业服务器，也是目前业界唯一从未有过入侵记录、从未有过病毒的平台。

　　● 强大的 I/O 处理能力和数据处理能力：大型主机自诞生起就以 I/O 处理能力见长，特别擅长处理 I/O 密集性的工作负载，不断更新架构和技术使之能承担高负载的数据处理任务。

　　● 集中性：大型主机可以将分散在成百上千台服务器上的工作集中到一台或几台大型主机上来完成，以实现资源的集中管理，提高资源的合理利用率。

　　● 兼容性：提供硬件和软件以及几乎所有操作系统的兼容。

　　● 并行化：在硬件或者操作系统上同时进行成百上千的 I/O 运算。

　　● 聚类化：能够在一个系统中同时操控多个系统，并对其应用软件进行增减（这一点在 z/VM 系统中尤为突出）。

　　● 共享性：在不同的操作系统间共享资源并允许用户跨系统访问。

　　● 不断进化的体系结构：从 2000 年之前的 s 系列机到 2000 年之后的 z 架构，大型主机的体系结构从 10 年一次的变革，缩短至 5 年甚至更短的时间。

　　● 强大的虚拟能力：IBM 主机可配置多达 64 枚高端处理器，而每枚处理器又可以开出数十台虚拟服务器，也就是说一台主机可以同时支持数以千计的虚拟服务器。

　　● 节能环保：我们现在把主机称为绿色的主机，归功于主机在节能环保方面所做出的贡献。以 IBM 自身为例，2007 年 IBM 以 30 台运行 Linux 的主机整合分布在全球 6 个数据中心的 3 900 台分布式服务器。新的计算机环境比原有的环境节省 80% 以上的能耗，以及减低大量昂贵的计算机室占地空间，5 年中能够为 IBM 在耗能、计算机室、软件使用和系统维护成本方面节省 2.5 亿美元。

　　综合这些特性来看，IBM 大型主机特别擅长 I/O 密集型应用，可以执行大规模的交易处理、支持成千上万的用户和应用程序并行地访问大量资源、适合处理千兆字节的信息和大宽带的通信。

1.5　大型主机的用户

IBM 大型主机引领计算机发展潮流长达半个世纪，主要应用在金融、电信、交通、制造、政府等支柱行业，在全球大型主机市场上已占据超过了 85% 的市场份额，在我国占据了 95% 以上的市场份额，在我国的金融行业，尤其是几大商业银行，则占据了 100% 的市场份额。全球财富 500 强企业中有 71% 是 IBM System z 的用户，全球排名前 500 家银行中，使用 IBM 大型主机的占 95%（如世界前 100 强的银行就有 96 家在使用 System z 系统）。全球顶级 25 家零售企业，使用主机的占 90%。据第三方权威信息机构调查，全球 80% 重要企业的数据保存或产生来自 IBM 大型主机，如今许多最为繁忙的网络站点将它们的生产数据库储存在主机上。或者也可以这么说，如果您曾使用过自动提款机（ATM）与您的银行账户交互，您就是大型主机的用户。

为什么如此多大型企业会选择 IBM 大型主机？从 20 世纪 60 年代开始，企业级的运算、管理模式经历了集中→分散→集中（整合）的发展历史。由于分散存在各种问题，譬如不适应企业的发展（如电子商务、ERP 等新应用的出现）、各部门各自为政、业务流程分散、无法协同合作、信息孤岛，使企业信息无法共享，尤其对那些大企业及金融、电信等，要建立成千上万个数据中心，不仅造成资源的极大浪费，也要耗费大量的人力、财力去维护。以国内的大型银行为例，如果不采购大型主机，则需要对全国 36 个省市建立 36 个数据中心，机器、人员及管理等成本会大大上升，所以在 20 世纪 80 年代末，工商银行率先选用了 IBM 的主机系统（s/370 – 4381 机型）作为全国各主要省、市分行数据中心的服务器。至 20 世纪 90 年代中期，中国银行、建设银行、农业银行相继在各自（重要省、市）的数据中心使用了 IBM 大型主机系统。近年来，农业银行的全国大集中项目、中银集团的核心业务系统、东亚银行的核心业务系统、花旗银行的基金/股票买卖系统、中国银行的 IT 蓝图项目以及交通银行的数据大集中核心账务系统，无一不是围绕大型主机开展的。IBM 的主机为实现数据集中、保持银行信息系统的稳定运行，提供了十分重要的基础保证。

从 20 世纪 80 年代的 s/390 系列到今天的 System z，IBM 主机一直是中国银行重要系统的首选平台，特别是在中国银行数据大集中、核心银行系统转型等一系列重大 IT 变革中，IBM 主机都发挥了非常突出的作用。IBM 大型主机也从未停止创新的步伐，层出不穷的技术创新以及不断丰富的应用创新，除了让其在传统优势领域继续保持领先地位外，也为其在中国拓展出新的市场。例如：医疗/社保/税务、专利系统、ATM 跨行系统、证券交易后台整合系统、智慧城市、智慧公安、云计算领域等都可以见到大型主机的身影（见图 1 – 16）。

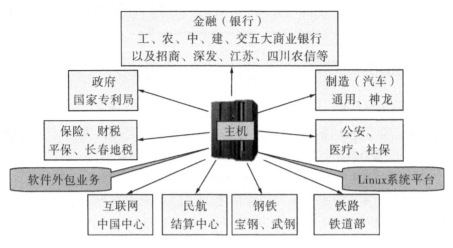

图 1-16　大型主机在中国的应用

1.6　大型主机与超级计算机的区别

很多初学者容易将大型主机和超级计算机混淆，但它们是有区别的，主要区别如下：

（1）大型主机使用专用指令系统和专有操作系统如 z/OS；超级计算机使用通用处理器，采用的是 UNIX 或类 UNIX 操作系统，譬如 Linux。

UNIX 的诞生本身是为"计算密集型"计算而设计的，其结构是作为科学计算与数值分析中运行 CPU 密集型而创建的。这意味着先将数据传送到内存，再由处理器集中处理，而处理器与磁盘之间作用相对较低，因此 I/O 在 UNIX 的大部分演化过程中，作用较小。

而大型主机本身是为 I/O 密集型商务负载特别设计和精心生产的，I/O 密集型本身也是企业与商务计算的特点。除了交易处理外，商业情报查询、ERP 等也是 I/O 密集型。另外对关系数据库、处理机与磁盘之间的数据 I/O 要求也是频繁的。

此外，对于安装 UNIX 系统的超级计算机，影响 CPU 的使用率，一方面是由于 I/O 的限制，另一方面也是基于 UNIX 用于管理系统资源和负载的技术造成的。而对大型主机系统来说，它具有近乎 100% 的 CPU 利用率，可以 24 小时×365 天连续工作。

（2）两者在设计之初的定位、设计理念以及技术的应用大相径庭，大型主机擅长非数值计算（数据处理），超级计算机擅长数值计算（科学计算）；大型主机主要用于商业领域，而超级计算机用于尖端科学领域，特别是国防领域。

（3）大型主机大量使用冗余等技术确保其安全性及稳定性，所以内部结构通常有两套。而超级计算机使用大量处理器，通常由多个机柜组成。为了确保兼容性，大型主机的部分技术更加保守。

第2章 大型主机操作系统概述

大型主机操作系统和普通的操作系统一样，掌管系统中的各类软硬件资源，为任务运行、系统管理、程序编写带来便利，并提高效率。本章介绍操作系统的基本概念以及大型主机上特有的操作系统，特别围绕 z/OS 操作系统开展更深层的探讨。本书的实验环境采用 z/OS R13 版本。

2.1 什么是操作系统

操作系统（OS，Operating System）是一种系统软件，用来管理计算机系统上的软硬件资源。设计操作系统的目的是为了更加充分合理地使用计算机上的各类资源，并且保证高效执行尽可能多的任务。尽管操作系统不能真正为计算机加速，但是它可以最大化计算机的使用，提高给定时间内执行任务的数量，因而使得计算机看起来运转更快。操作系统位于计算机体系结构的中间层（见图 2 - 1），起到承上启下的作用，对上层应用软件或用户屏蔽下层硬件细节，同时为上下层的软硬件管理提供了统一的平台。

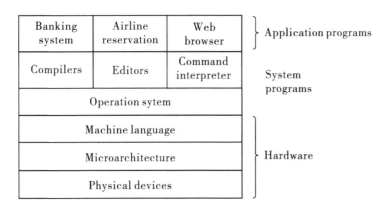

图 2 - 1　计算机体系结构分层图

操作系统给用户带来的便利是显而易见的，这里分别从系统管理员、普通用户和系统开发人员的角度来阐述。

1. 系统管理员

如果没有操作系统，系统管理员的任务将是繁重而紧张的，除了要随时监控软硬件的执行表现，遇到问题时还需要各般武艺样样精通，譬如磁盘满了要调整资源，内存泄露了要尽快补救等等。其实操作系统可以看作是软硬件的大管家，它将绝大部分依赖系统管理员手工完成的工作自动地解决了，而且是漂亮地解决。

2. 普通用户

相信大部分人已经无法想象没有操作系统该如何使用面前的这个大铁盒。没有可视化的界面，没有方便的菜单，仅靠一条接一条枯燥的命令和计算机交互，普通用户使用起来多么不方便。操作系统为普通用户带来了非常好的体验，他们不需要具备计算机的专业知识，不需要掌握各类奇怪的命令，就能很好地驾驭计算机完成手头的工作。操作系统让计算机回到了设计的初衷，它就是为人类提供便利的工具而已。

3. 系统开发人员

如今的软件程序代码员凭借操作系统的帮助，只需要专注于如何将软件逻辑表达完整，而不需要考虑硬件细节。操作系统也为开发人员提供了各类接口，方便他们调用。

2.2 主机的操作系统

大型主机有自己特殊的操作系统，主要包括 z/OS 操作系统、z/VM 操作系统、Linux for zSeries 操作系统、z/VSE 操作系统和 z/TPF 操作系统。其中，以 z/OS 操作系统使用最为广泛。

在一台大型主机上可以同时运行多个、多类操作系统，操作系统分别安装在不同的 LPAR 或 z/VM 之上。以图 2-2 为例，一台 IBM 大型主机通过 PR/SM 固件划分成 LAPR 1～LPAR 8 共 8 个逻辑分区；LPAR 1～LPAR 4 上分别安装 z/OS 操作系统，它们可以是不同版本的 z/OS；LPAR 5 安装了 z/VM 操作系统，其上通过虚拟机分别运行 1 个 z/OS 和 2 个 Linux 操作系统；LPAR 6 - LPAR 7 都安装了 Linux 操作系统；类似 LPAR 5，LPAR 8 在 z/VM 操作系统之上分别运行了 3 个 Linux 操作系统。

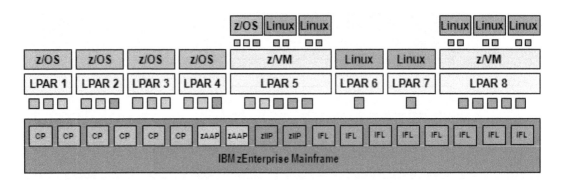

图 2-2 主机逻辑分区上操作系统安装案例图

2.2.1 z/VM

z/Virtual Machine（z/VM）操作系统有两个基本部件，一个是控制程序（Control Program，CP），另一个是对话管理系统（Conversational Monitor System，CMS）。z/VM 类似于一个容器（见图 2-3），可以生成很多个虚拟机（VM），每个虚拟机都可以有自己的操作系统。譬如第 1 个在虚拟机上安装 z/OS 操作系统，在第 2 个虚拟机上安装 Linux for zSeries，甚至可以在虚拟机上继续安装 z/VM 操作系统。

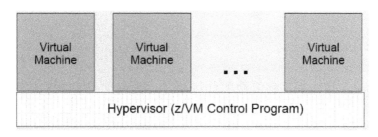

图 2-3 z/VM 结构图

CP 支持从实际的物理资源里自动创建多个虚拟机（客户机）。从用户角度来看，好像可以完全利用这些共享的物理资源，这些资源包括打印机、磁盘存储设备和 CPU。CP 还保证了客户机之间应用程序和软件的安全。物理资源可以供各个客户机共同分享，也可以由于特殊的性能需要全部分配给某一客户机。系统管理员在各客户机之间分配资源。CMS 在各个虚拟机上执行，它提供交互用户接口以及通用 z/VM 应用编程接口。

综合来看，使用 z/VM 的目的在于通过虚拟技术，优化系统内软硬件的分配和使用，在硬件条件许可的情况下，支持任何虚拟化配置，这些配置包括内存、处理器、I/O 设备、磁盘资源等。每个虚拟机的配置没有统一的标准，管理员可以根据自身业务的需要以及系统的硬件限制做出相应的设置或调整，以图 2-4 为例，管理员为一个 z/VM 的虚拟机配置了 512 MB 的内存、2 个处理器、一些读写/只读的磁盘资源、一些网络设备等资源。图 2-5 展示了 z/VM 登录页面，合法用户登入后可以进行权限范围内的相关操作。

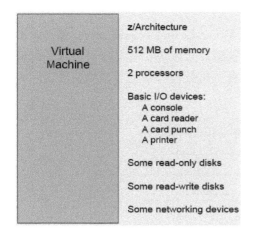

图 2-4 一个虚拟机配置图

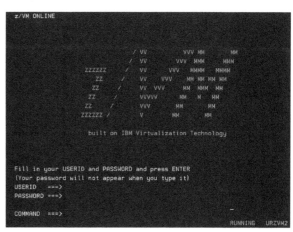

图 2-5 z/VM 登录页面

2.2.2 VSE

VSE（Virtual Storage Extended）操作系统相对于 z/OS 操作系统来说，适合支持较小规模以及不太复杂的批处理和交易处理。这套系统非常擅长运行日常例行的工作负载，特别是密集的传统交易处理，譬如银行每个月的批量计息。在实际应用里，大多数 VSE 用户同样会安装 z/VM 操作系统，把它作为 VSE 应用发展以及系统管理的一般终端接口。

2.2.3 Linux for zSeries

主机上的 Linux 操作系统我们称之为 Linux for zSeries，它和我们熟知的开放平台的 Linux 系统本质是一样的。但是由于它是主机特有的一种操作系统，必须与主机一些环境特性相适应，所以有几点需要注意：

- Linux 使用传统 CKD 硬盘设备和连接 SAN 的 SCSI 类型的设备，其他大型主机操作系统可以识别这些设备为 Linux 驱动程序，但是不能使用驱动程序上的数据格式，换句话说，Linux 和其他大型主机操作系统无法共享数据。
- Linux 使用的是 X 窗口，而不是 3270 终端，其他大型主机操作系统都是使用基于 3270 的终端。
- z/VM 支持安装成百上千个 Linux，而且 z/VM 上的一个 Linux 可以快速地复制生成另一个 VM 的镜像。包括大型主机的数据集在内的某些资源，可以被多个 Linux 镜像共享。
- 大型主机上的 Linux 遵循 ASCII 字符格式运行，而不采用一般用于大型主机的 EBCDIC 格式存储数据。EBCDIC 只在写入限定字符格式的设备如显示器和打印机时才使用，这些设备上的 Linux 驱动程序负责处理字符转换。

2.2.4 z/TPF

z/TPF 操作系统原本称为航空控制程序（ACP，Airline Control Programme），是一款专为超高交易量用户订制的操作系统。这些用户包括铁路订票系统、航空公司预订系统等（见图 2 - 6）。z/TPF 支持在松耦合的环境里使用多台主机处理每秒上万次的交易，同时提供最高级别的高可用性。

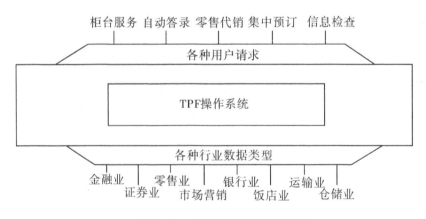

图 2 - 6　z/TPF 操作系统应用领域

2.3 z/OS 操作系统

当今使用最广泛的大型主机操作系统非 z/OS 莫属，这套操作系统的设计初衷是为大型主机上的程序运行提供稳定、安全、持续服务以及可扩展的环境。z/OS 发展至今，经历了 20 年的技术变革，从最初单用户的操作系统逐步转变为现今主流的多用户并行操作环境。为了让大家更多地了解 z/OS，我们有必要介绍它的一些基本概念和软件产品。

2.3.1 z/OS 管理的硬件资源

z/OS 操作系统本身由一系列装载模块（Load Modules）和可执行代码（Executable Code）构成，在安装进程中，系统管理员将这些装载模块拷贝至 DASD 磁盘卷上的装载库上。z/OS 作为一种操作系统，重要的功能就是管理并充分利用大型主机的软硬件资源，这些硬件资源包括处理器、通道、控制单元以及各种外围处理设备（见图 2－7）。

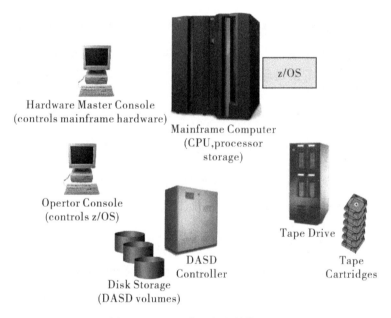

图 2－7 z/OS 管理的硬件资源图

外围处理设备又包括磁盘驱动（通常在大型主机语汇内称为直接存取存储设备，即 Direct Access Storage Devices，DASD）、磁带和各类用户控制台（Console）。近期的 z/OS 操作系统还提供了一个新的磁盘设备——EAV（Extended Address Volume），它可以为每个盘卷提供超过 223 千兆字节的初始存储容量。

2.3.2 多道程序和多重处理

早期的操作系统为单用户操作系统，单用户的含义是操作系统一次只能读进一个作业，为作业分配数据和设备等资源后执行作业，随后输出。而 z/OS 不同，它可以支持多道程序（Multiprogramming）和多重处理（Multiprocessing），多重处理技术和多道程序技术的运用使得大型主机非常适合处理 I/O 密集型的工作负载。

多道程序是指一个作业读进系统后，由各种原因（等待资源分配等）暂时无需使用处理器资源，这时 z/OS 可以中止或中断这个作业，释放处理器资源，供其他作业使用。那么 z/OS 是如何支持多道程序的呢？其实很简单，只需要让操作系统捕捉并且保存被中断作业的相关信息（断点信息等），那么当这个作业需要恢复执行时，可以直接从当时打断的地方继续往下执行。多道程序合理并且充分地使用了宝贵的处理器资源，从宏观上来看，在某个时间段内，多道程序使得 z/OS 操作系统可以同时运行数以千计的程序。

当然，多道程序只能达到宏观上的并行。因为从一个时间点来看，某个时刻在一个处理器中执行的作业最多也只有一个。为了实现微观上的并行，即各个时刻系统可以同时执行多个作业，z/OS 提出了另一种技术——多重处理，它的设计思路是增加系统内处理器的数量，并让这些处理器共享各类硬件资源，譬如内存和扩展存储资源等。多重处理和我们现在所说的 PC 机上的多核处理是类似的，或者也可以这么说，多核的思想就来源于 z/OS 的多重处理。

2.3.3 模块和组件

z/OS 是由一系列程序指令组成的软件系统，通过这些指令可以很好地控制主机系统上软硬件资源的操作和执行。通常把实现常规工作（譬如接收作业、跟踪作业、为作业分配资源等）相关的指令语句组合起来，打包形成一个又一个的模块（Routine or Module），如接收作业模块、跟踪作业模块等。而这些模块又可以组成更大粒度的结构，以完成某一特定的系统功能，这种结构我们称之为系统组件（System Component）。

2.3.4 物理存储

大型主机的物理存储分为实存（Real Storage）和辅存（Auxiliary Storage）。实存位于大型主机存储器内部，也被称为内存。辅存位于大型主机外部，包括直接存储设备上的存储资源，如磁带和磁盘设备。实存和辅存的区别是：

• 处理器必须等待执行需要的数据调入实存，因此实存和处理器的工作同步。如果处理器需要的资源不在内存里，系统会提出一次 I/O 请求，把相关资源从辅存调入内存，因而辅存和处理器的工作异步。在 I/O 请求期间，处理器可以被释放出来处理其他工作。

• 实存位于处理器内部，处理器从实存取数据比从辅存取要快得多。

● 辅存的价格远比实存便宜。因此,实存和辅存搭配起来的存储环境,在性价比上有比较好的提升。

2.3.5 虚拟存储

在没有虚拟存储技术之前,执行的程序需要完完整整调入内存供处理器执行,而内存代价高昂、容量有限,新写的程序越来越庞大。难道只能靠不停地扩大内存来满足执行需求? z/OS 的虚拟存储技术给出了一个完美的解决方案:需要执行的程序不是一次性全部拿入内存里,而是将整个程序分成大小相同的片段,只需将马上执行的那些片段调入内存,执行完毕后再转到辅存去。如何实现虚拟存储技术,需要至少考虑两个问题。第一个问题是操作系统该如何记录这些程序片段? 第二个问题是如何知道需要执行的程序片段位于主存还是辅存,如何找到它们?

第一个问题的解决思路是综合实存、辅存和程序三者来考虑。物理存储和程序都被划分成大小相同的区域或片段,每个区域有唯一的地址标识。在实存里的这些区域命名为帧(FRAMES),辅存里的这些区域命名为片(SLOTS),程序里的这些片段被命名为页(PAGES)。值得注意的是,程序不是物理存储,它是一个虚拟的概念,包括程序每个页的地址也是一个虚拟地址。例如,在图 2-8 中,有一个程序,包括了 A~H 共 8 个页,其中 A、E、H、F 这 4 个页的内容是放在实存里的,而 B、C、D、G 这 4 个页的内容放在辅存里。如果处理器要执行程序 D 页的内容,必须通过一次 I/O 将辅存里 D 页的内容调入实存里去。

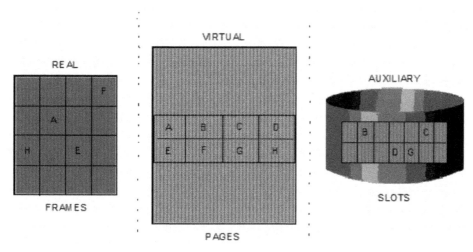

图 2-8 大型主机存储结构:实存、辅存和虚存

第二个问题的解决思路是利用表来记录程序各个区域与物理存储之间的对应关系,然后通过动态地址转换技术(DAT)来实现地址之间的转换。为了找到程序的某一页,z/OS 并不是通过遍历内存来查询是否有这一页,而是通过访问虚拟地址表来查询这一页的内容是在内存还是在辅存,然后再把这一页的地址转换成实存地址或者辅存地址。

大型主机操作系统基础教程

如果不断地把辅存的内容拿进主存（Paging In），主存很快会满，所以需要随时把一些不用的内容淘汰出去（Paging Out），选择哪个或哪些页面淘汰出去？计算机领域有很多成型的算法，但 z/OS 最常用的还是"最近最少使用算法"（Least Frequently Used，LFU），它的含义是把最长时间未被使用过的页面淘汰出去。除了 Paging 之外，还有一个方法叫 Swapping 交换技术，它的本质和 Paging 类似，不同之处在于交换的对象不再是一页一页地淘汰，而是以地址空间为基本粒度进行淘汰。Paging 是常规做法，Swapping 通常是紧急情况下采取的非常规手段，例如系统内存充满，导致系统马上要崩溃，如果采用 Paging 逐页淘汰已经来不及，这时候就采用 Swapping，迅速为内存交换出大片空余空间。关于地址空间的概念，以及如何实现动态地址转换将在接下来的两个小节介绍。

2.3.6 地址空间

地址空间是用户或程序可以访问的虚拟地址的范围，从 0 开始往上编址，可以到操作系统架构允许的最高地址。1970 年，s/370 定义了 24 位存储地址，它为每个用户或程序分配 16MB 的地址空间；1983 年，s/370 – XA 将存储地址扩展到 31 位，使得系统寻址能力从 16M 上升到 2GB。考虑到 24 位编地址的程序仍然可以运行在 31 位地址的系统上，s/370 – XA 保留了第 32 位，用于指示用哪种方式来解析地址，如果第 32 位置为 1，那么采用 32 为地址编码，反之置为 0，采用 24 位地址编码。

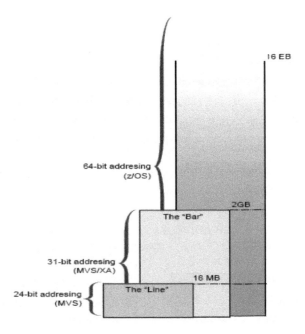

图 2 – 9　地址空间的 Line 和 Bar 图

16MB 地址可以看作是早期 24 位地址编码和 31 位地址编码的分水岭，通常也被称为 The "Line"（见图 2 – 9）。2000 年，z/Architecture 将地址扩展到 64 位，使得寻址空间可以达到 16E，换算见图 2 – 10。不过，为了合理利用空间，z/OS 在缺省情况下依然给用户或程序分配 2GB 的地址空间，只

1Y(YottaByte) =1024Z(ZetaByte)	1T=1024G (GigaByte)
1Z=1024E (ExaByte)	1G=1024M(MegaByte)
1E=1024P (PetaByte)	1M=1024K (KiloByte)
1P=1024T (TeraByte)	1K=1024B (Byte)

图 2 – 10　换算公式

有当 2GB 地址空间不够用时，z/OS 才将分配的地址空间从 2GB 扩大至 16E。同样为了保证兼容，64 位地址编码方案在 2GB 地址内采用与 31 位、24 位地址编码同样的结构。并且，把 2GB 地址到用户私有区这段区域定义为 The "Bar"（见图 2 - 9）。

如图 2 - 11 所示，地址空间内部被划分成多个区域（Area），16M 以下是用户私有区域和公共区域；4G - 2T 是用户扩展私有区域；2T - 512T 是共享区域；512T - 16E 是用户扩展私有区域。

每个用户和独立的执行程序都有自己的地址空间，各个地址空间除了有与其他地址空间隔离的私有区域外，也有公共区域，通过公共区域，不同的地址空间可以相互访问。一个地址空间包含了系统级别的代码和数据，也包含了用户级别的代码和数据。一个运行的 z/OS 操作系统包括许许多多的地址空间，譬如为每个进程中的作业分配的地址空间，为每个登录系统的用户分配的地址空间等等。地址空间作如下划分，统一由 z/OS 管理：

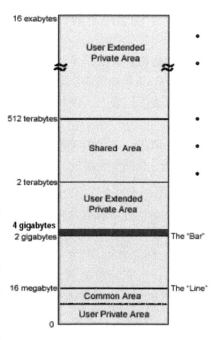

图 2 - 11　地址空间内部分区图

- 页（Page）：地址空间被划分成以 4 K 字节为大小的区域。每个页大小为 4 K。
- 段（Segment）：地址空间被划分成以 1 M 字节为大小的区域。每个段可以看作由连续的页组成，形成 1 M 大小的空间。
- 区（Region）：地址空间被划分成 2～8 g 字节大小的区域。每个区域可以看作由连续的段组成，形成 2～8 g 大小的空间。

一个 64 位的虚拟地址可以表达为图 2 - 12 的形式，0～32 位为区号（RX），表明在哪一个区；33～43 位为段号（SX），表明在区内的哪个段上；44～51 为页号（PX），表明在段内的哪个页面上；最后的 52～63 位为偏移量（BX），表明在页面上的具体位置。

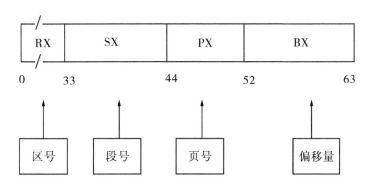

图 2 - 12　虚拟地址表示图

2.3.7　动态地址转换

动态地址转换技术（DAT）用作虚拟地址与实存地址之间的转换，即给出一个虚拟地址，DAT 可以计算出它对应的实存地址。DAT 技术需要软件和硬件的支持，主要通过使用页表、段表、区表和转换检测缓冲器（Translation Lookaside Buffers，TLB）实现地址转换。

下面举一个简单的例子，除去区和段（如果加上区和段，转换方法也是类似的），只考虑页号和偏移量组成的虚拟地址，学习如何通过 DAT 技术进行转换。

【例】有一个 32 位的虚拟地址，页号由 20 个 bit 组成，偏移量由 12 个 bit 组成。因此该虚拟地址可以表达成如图 2 - 13 所示的形式。

DAT 的过程（见图 2 - 14）：先拿页号 Page　去 TLB 中查，TLB 保存了最近命中的页号与帧号（Frame　）的对应关系，它的内容是页表的子集。如果在 TLB 中，可以直接获得对应的帧号，帧号和虚拟地址的 Offset 组合起来，形成一个实存地址。如果未在 TLB 中，则需要查询页表，得到该页号对应的帧

page number	page offset
p	d
20	12

图 2 - 13　一个 32 位虚拟地址表示图

号，并在地址转换后，将其对应关系写入 TLB。如果页表也未找到对应关系，表示这个虚拟地址中的内容存在辅存，还未拿入内存，系统这时会通过页面调度，将其调入内存。

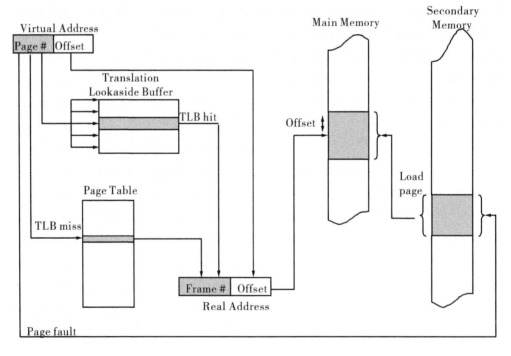

图 2 - 14　DAT 地址转换示意图

2.3.8 z/OS 的负载管理

z/OS 的负载管理（WLM）组件负责管理系统中的工作负载，这些负载包括处理器、存储等的处理及使用。WLM 组件有三个目的：

- 完成安装时定义的商业目标，根据工作负载的重要程度和目标，给它们自动分配系统综合体资源。本目标称为目标达成（Goal Achievement）。
- 从系统角度看，完成系统资源的最佳利用。这个目标称为吞吐量（Throughput）。
- 从单个地址空间角度看，完成系统资源的最佳利用。这个目标被称为响应和周转时间（Response and Turnaround Time）。

完成目标是系统的根本目的，因此目标达成是 WLM 最重要的任务。其次考虑的是优化吞吐量和控制周转时间，这两者又是互相矛盾的。优化吞吐量意味着要不断使用资源，而控制响应和周转时间则要求当需要时资源应该是及时可用的。因此，WLM 必须做到保持优化吞吐量和控制周转时间之间的平衡。为了达到平衡，WLM 要完成以下工作：

- 监控各个地址空间使用的资源。
- 监控系统范围内使用的资源来决定它们是否被完全利用。
- 决定进行 Swapping 的时机与交换对象。
- 决定进行 Paging 的时机以及选取淘汰的页面。
- 改变地址空间的分配优先权，从而控制能够使用系统资源的地址空间的情况。

其他的 z/OS 组件，譬如交易管理器和数据库管理器，可以就某地址空间（或者整个系统）状态的变化，和 WLM 进行通信，或者调用 WLM 的决策制定能力。

在并行系统综合体环境中，为了处理复杂的工作负载，通常采用 WLM 来管理多个 z/OS 系统集群的负载均衡，WLM 记录各个子系统的资源使用情况以及目标达成情况，对关键信息加以分析和统计，并且根据掌握到的各类信息，结合初始设置，及时调整资源的分配，以保障各个子系统有条不紊、高效同步地完成任务目标。

2.3.9 z/OS 上的软件产品

z/OS 操作系统支持丰富的软件产品，这些产品涵盖系统安全、数据管理、交易处理等各个方面，主要包括：

- RACF：一款安全管理产品，RACF 为系统分配用户、权限，以决定这个用户可以使用什么样的资源，并且对非授权用户试图访问保护资源进行记录日志和报告。
- DB2：一款关系型数据库管理系统，它提供了高层次的数据利用性、完整性、安全性、可恢复性，以及小规模到大规模应用程序的执行能力，具有与平台无关的基本功能和 SQL 命令。
- 一些编译器：支持汇编语言、C 语言和 COBOL 语言等。
- CICS：著名的交易处理中间件。支持联机交易服务（OLTP），提供用户实时的交易请求与响应。
- IMS：IMS 是 IBM 最早的事务和层次数据库管理系统，它非常适合支持高可用性、高性能、高容量、高完整性和低成本的关键性联机操作应用程序和数据。

- Websphere：一款集开发、运行、部署、监测等功能于一体的软件平台。
- DFSORT：一款提供高性能排序、融合、拷贝、分析等功能的产品。
- SDSF：一款可以提供系统内部作业、打印机、队列及其他资源的实时信息的软件，还支持用户通过命令来控制作业的运行，以及对各类资源进行操作。
- DITTO：一款多用途的数据实用工具，通常用于 VSAM 数据集操作。
- SDF II：一款可视化的界面定义工具。
- INFOMAN：z/OS 的 Tivoli 信息管理工具。

第 3 章　TSO 和 ISPF

用户需要有效的方式来与 z/OS 进行交互。用户层次的不同、需求的不同，催生出交互方式的多样化。一般来说，以下两种交互方法最为常用。

（1）TSO/E

TSO（Time Sharing Option，分时选项）是 z/OS 向用户提供前台工作方式的子系统，它提供了一系列基础命令，用户在登录主机之后，通过输入相应的命令，来完成需要的操作。之所以称它为 TSO，是因为它对终端用户是按时间片轮转方式进行调度的。TSO/E（Time Sharing Option/Extensions，分时选项扩展）是 TSO 的扩展版本，比 TSO 有更强大的功能，本书描述的 TSO 均指 TSO/E。

（2）ISPF

ISPF（Interactive System Programming Facility，交互系统程序工具）是 IBM 在 TSO 下的一个软件产品，它提供菜单界面，用户通过操作可视化菜单，来完成一系列 z/OS 的操作。

本章主要介绍 TSO 与 ISPF 交互环境、终端会话方法以及 CLIST 语言，最后用案例的方式介绍 TSO 和 ISPF 的基本操作。

3.1　TSO 概述

TSO 为用户与系统间提供了交互功能，并让用户共享资源。它包含了会话、命令与信息传送功能，允许用户创建一个和 z/OS 系统交互的会话，提供一个单用户登录功能和 z/OS 的基本命令提示接口。TSO 允许系统和其他软件直接进行交互式通信，同时提供 CLIST 语言支持。每个用户都有一个经授权的用户名和密码用来登录。普通 PC 机登录到 TSO 需要 3270 显示设备或更常见的 PC 上运行的 TN 3270 模拟器。

3.1.1　TSO 用户

TSO 的用户可以包括本地和远程的用户，通常有以下几种：

- 系统管理人员；
- 系统开发人员；
- 系统维护人员；
- 应用开发人员；
- 应用维护人员；
- 数据管理人员；
- TSO 管理人员；

● 使用 TSO 功能的其他人员或程序。

3.1.2 TSO 功能

TSO 可以为 TSO 用户提供以下功能：

● 信息中心功能：方便用户进入数据处理环境，提供一个会话性的屏幕驱动式接口。

● 会话管理功能：提供用户与 TSO 进行会话，允许用户通过再显示、再编辑和再输入，使 TSO 更易于使用。

● TSO 命令包：提供了支持终端会话期间批处理运行、自动存储数据等功能，此功能提高了系统的效率。

● 数据和通知处理：对数据、通知信息的发送和接收等进行处理，如用户之间数据传送、LOGON 时接收通知信息等。

● CLIST 程序语言：使程序设计更为简化的解释型语言。

● LOGON 过程：提供全屏 LOGON 菜单，使 LOGON 过程简单易用。

● 联机帮助：在终端用户使用 TSO 的任何时刻提供大多数 TSO 命令的帮助信息，信息中心用户还可以得到每一屏幕的帮助信息。

● TSO 服务功能：允许 TSO 用户在没有授权的环境中执行授权或没有授权的程序、TSO 命令或 CLIST 命令。

3.1.3 TSO 基本操作

当一个用户登录到 TSO 时，z/OS 系统显示 READY 提示符来响应用户，并等待输入（见图 3 - 1）。

图 3 - 1　TSO READY 提示符

在 READY 提示符的下一行，输入需要执行的命令，这里以 time 时间命令为例（见图 3 - 2）。

图 3 - 2　time 命令输入

按右 Ctrl 键回车，开始执行命令。命令执行完的信息或结果将从命令的下一行开始显示，如图 3 - 3 所示，直到出现下一个 READY 提示符，表示命令已经执行完毕，TSO 等待用户输入下一条命令。

```
READY
time
 IKJ56650I TIME-11:15:21 AM. CPU-00:00:00 SERVICE-14682 SESSION-00:21:45 SEPTEMB
ER 17,2014
 READY
```

图 3-3 time 命令执行完毕

上述的 TSO 操作方式与大家熟悉的 PC 机的 DOS 命令行方式类似，业界把用这种方法使用 TSO 环境称为在本机模式（native mode）下使用 TSO。需要注意如下两点：

①在 TSO 环境下，输入的命令出错，一般都会给予错误原因提示。有些错误提示完成后直接返回到 READY 界面，等待用户再次输入命令；而有的错误则是由于参数不足引起，需要继续完善参数，以完成命令，或者也可以按 Esc 键退出此次命令的执行，返回到 READY 状态。

② 当 TSO 屏幕下方出现"＊＊＊"时，表示整个屏幕已满，无法显示余下内容。这时，请继续按右 Ctrl 回车键，将会切换到下一页面。

3.1.4 TSO 基本命令

在了解 TSO 基本的操作方法后，这一节将简单讨论一些基本的 TSO 命令。TSO 命令由 TSO 用户在 TSO 环境下发出，通常用于启动、停止软件系统，检查、设置系统软硬件设备的运行情况、运行系统作业等等。需要注意的是，TSO 命令大小写不敏感。

1. ALLOCATE 命令

使用 ALLOCATE 命令可为运行程序动态分配所需的 VSAM、NON - VSAM 数据集，也可以动态分配 HFS 文件，该命令可简写为 ALLOC。例如使用如下命令（见图 3-4）：

alloc dsn（LAB11. DATA）new space（1，1）tra lrecl（80）recfm（f，b）dsorg（ps）vol（USER01）。该命令的含义是：分配一个新的数据集 USERNAME. LAB11. DATA，该数据集建立在 USER01 盘卷上。以磁道为分配单位，是一个顺序数据集，其中 USERNAME 为 TSO 用户名（下同）。

```
READY
alloc dsn(LAB11.DATA) new space(1,1) tra lrecl(80) recfm(f,b) dsorg(ps)
vol(user01)
```

图 3-4 ALLOCATE 命令

2. LISTDS 命令

LISTDS 命令用于显示数据集的属性，包括数据集所在的磁盘卷号、记录长度、记录块大小、记录格式、组织形式以及安全方面的属性等信息，通常在使用完 ALLOCATE 命令后，用 LISTDS 命令检查数据集分配是否正确，数据集属性是否无误。例如使用命令：LISTDS LAB11. DATA 查看当前用户用 ALLOCATE 命令建立的数据集 USERNAME.

LAB11. DATA 是否成功, 如图 3 - 5 所示。这个命令等价于 LISTDS 'USERNAME. LAB11. DATA', 因为如果不用引号标记数据集名, 系统会将用户名作为第一段添加到数据集名前, 这是主机的 RACF 安全机制所限定的。

```
READY
listds lab11.data
 TE03.LAB11.DATA
 --RECFM-LRECL-BLKSIZE-DSORG
   FB    80    27920   PS
 --VOLUMES--
   USER01
 READY
```

图 3 - 5   LISTDS 命令

3. CALL 命令

CALL 命令用于调用执行一个可执行程序或加载模块。一般可使用单引号标记程序的执行参数。程序终止后, 系统将显示程序的返回码, 非 0 的返回码说明程序执行有误, 因而可根据返回码值进行错误分析。例如使用命令: CALL MYLIB (AB) '123' 将执行 USERNAME. MYLIB. LOAD 下的 AB 程序, 并将 '123' 作为运行参数。

4. CANCEL 命令

CANCEL 命令用来终止已经提交的批处理作业的运行。例如使用命令: CANCEL JOB0001, 可终止名为 JOB0001 的作业的运行, 成功终止该作业后, 系统会出现提示 'READY', 并在系统控制台上显示该作业被终止的信息。

5. DELETE 命令

DELETE 命令用于删除数据集或分区数据集的成员, 该命令可简写为 DEL。例如使用命令: DEL LAB1. DATA 将删除名为 USERNAME. LAB1. DATA 的数据集; 使用命令: DEL TEMP. * 将删除所有以 USERNAME. TEMP 开头的数据集。请谨慎使用 DELETE 命令, 以防错误地删除重要的数据集!

6. EDIT 命令

EDIT 命令用于向系统输入数据。该命令提供一个简单的行编辑环境, 通过丰富的子命令可以创建、修改、删除顺序数据集或分区数据集, 也可以直接提交 JCL 作业。该命令可简写为 E。例如使用命令 E LAB11. DATA 可进入 USERNAME. LAB11. DATA 的行编辑状态。进入该状态后可输入编辑子命令, 或直接按回车键开始新行的输入。由于 TSO 带有功能强大的 ISPF 软件, 提供更为便捷精准的全屏编辑工具, 因此该命令很少使用。

7. SEND 命令

SEND 命令可用来向其他 TSO 用户、系统操作员或控制台发送消息, 该命令可简写为 SE。例如使用命令: SEND 'HELLO' USER (USER01) NOW 可向用户 USER01 发送消息。如果用户 USER01 已经登录, 则可立即收到该消息; 如果该用户目前未登录系统, 则下一次登录时可收到此消息; 使用命令: SEND 'HELLO' USER (USER01) LOGON 也可向用户 USER01 发送消息, 与 NOW 参数不同的是, 即使用户 USER01 已登录, 也不会立即收到 HELLO 这个消息。应注意的是, SEND 消息接受方必须是系统存在的合法的用户。

8. HELP 命令

使用 HELP 命令可以获得 TSO 命令的详细帮助信息，包括各命令语法、参数和操作符等。该命令只能在 TSO READY 模式下使用，可简写为 H。例如使用命令：H ALLOCATE FUNCTION SYNTAX 可得到 ALLOCATE 命令的功能说明和语法描述。如果不带任何参数使用 HELP 命令，则得到所有 TSO 命令的列表。

3.2 ISPF 概述

ISPF 是一个使用键盘控制的全面板式的应用程序，以菜单方式列出在线用户最常用的一些功能，鉴于其更友好的交互界面和实用的功能面板，很多 z/OS 系统倾向于在 TSO 登录后，将 TSO 用户会话自动切换到 ISPF 接口。这一节将分别介绍 ISPF 菜单结构，面板构成，导航方法，TSO 进入 ISPF、ISPF 退出到 TSO 的操作方法等。

3.2.1 ISPF 菜单结构

ISPF 的菜单结构呈树状结构，如图 3 – 6 所示，有一个主菜单（Primary Option menu），主菜单下挂最常用子菜单（如 SETTINGS，VIEW，EDIT 等），子菜单又有子子菜单，因此，ISPF 所有的功能都是通过对菜单的一系列操作来完成的。

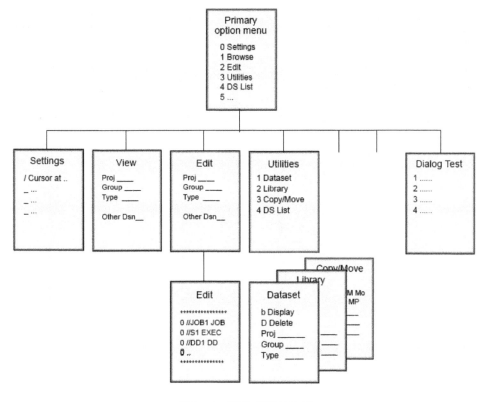

图 3 – 6　ISPF 菜单结构图

大型主机操作系统基础教程
Mainframe Operating System Basic

3.2.2 ISPF 面板构成

每个菜单（又称面板）结构上基本类似，一个完整的菜单结构由 5 个部分组成（见图 3-7）。

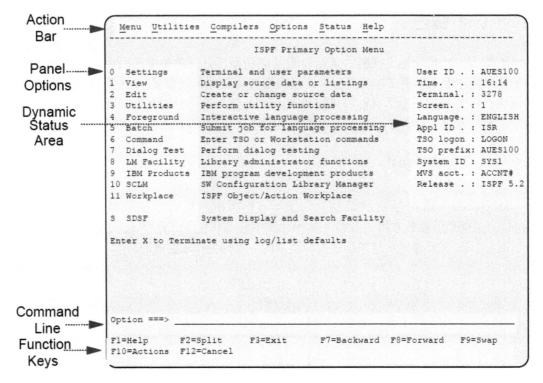

图 3-7 ISPF 面板构成

1. Action Bar（工具栏）

工具栏类似 PC 软件的工具栏，将最为常用的功能分类放在工具栏里。

2. Panel Options（面板选项）

面板选项列出最常用的功能模块，每个功能模块以前面的序号进行标识，如果需要进入某个功能模块操作，则可将鼠标停在某个序号上直接回车进入，或者在命令行输入相应的序号，回车进入。

3. Dynamic Status Area（动态状态区域）

动态状态区域为浮动栏，可以在 Action Bar 的 Status 处设置动态浮动的内容，内容可以为当前用户的会话信息、日历等。

4. Command Line（命令行）

在命令行输入基本的 ISPF 命令。

5. Function Keys（功能键）

每个功能键都有不同的作用，为了方便操作，功能键区提示用户按键所对应的操作。

3.2.3 ISPF 面板导航

根据应用需求，需要在不同面板之间进行跳转（又称导航），一般有以下三种导航方法（见图 3 - 8）。

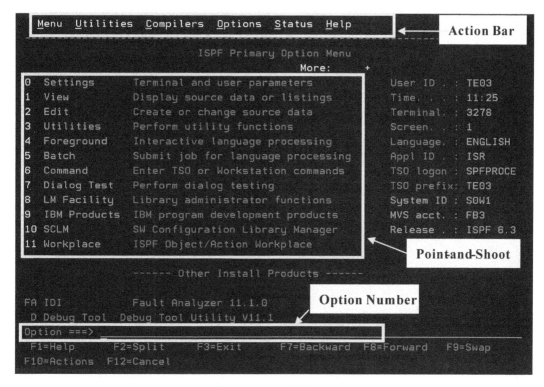

图 3 - 8　ISPF 导航方法

1. Action Bar 导航

将鼠标定位至工具栏的关键字上，譬如将光标定格在Utilities 的带有下划线的 U 上，回车，将打开Utilities 相关的下拉列表项（见图 3 - 9）。随后输入 1 ~ 15 不同的序号，以导航至对应的功能面板，譬如输入序列号"2"，将导航至 DATA SET 面板。

2. Point and Shoot 导航

将鼠标定位至某一行，如：0　Settings，回车，进入"Setting"面板。

3. Option Number 导航

在命令行"Options ===〉"处输入选项号，如"3"，进入 Utilities 工具面板。这种方法用得最多，也比较灵活。

【例1】通过"Options Number"导航至"Data Set List Utility"面板。

①方法 1，逐步导航：进入 ISPF 环境，首先在 ISPF Primary Options Menu 面板的"Options ===〉"处输入"3"命令，进入 Utilities 面板；然后在 Utilities 面板的"Options ===〉"处输入"4"命令，进入目标面板 Data Set List Utility 面板，如图 3 - 10 所示。

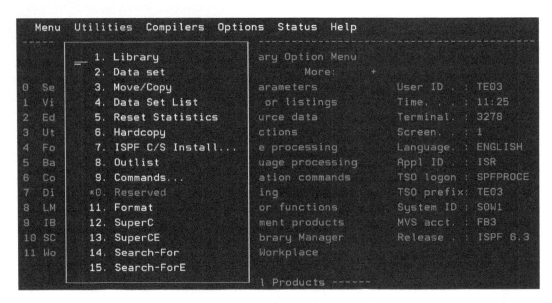

图 3 - 9　Utilities 下拉列表项

```
    Menu  RefList  RefMode  Utilities  Help

                      Data Set List Utility
                                                  More:        +
  blank Display data set list            P Print data set list
        V Display VTOC information       PV Print VTOC information

 Enter one or both of the parameters below:
   Dsname Level . . . _
   Volume serial  . . _____

 Data set list options
   Initial View                  Enter "/" to select option
   1  1. Volume                  /  Confirm Data Set Delete
      2. Space                   /  Confirm Member Delete
      3. Attrib                  /  Include Additional Qualifiers
      4. Total                   /  Display Catalog Name
                                 _  Display Total Tracks
                                 _  Prefix Dsname Level

 When the data set list is displayed, enter either:
 Option ===> _____
   F1=Help      F2=Split     F3=Exit      F7=Backward  F8=Forward   F9=Swap
   F10=Actions  F12=Cancel
```

图 3 - 10　Data Set List Utility 面板

　　②方法 2，快捷跳转：进入 ISPF 环境，在 "Option ===〉" 处输入 "3.4" 命令，如图 3 - 11 所示，回车后，直接跳转至目标面板 Data Set List Utility 面板。

　　需要注意的是，快捷跳转不必要从 ISPF Primary Options Menu 面板开始导航，ISPF 支持非主面板开始的跳转，只需要在命令前加 "=" 号。譬如：若要从 Data Set List Utility 面板进入 Edit 面板，则只需要在 Data Set List Utility 面板的"Option ===〉"处输入"=2"命令，就可直接跳转至目标 Edit 面板。

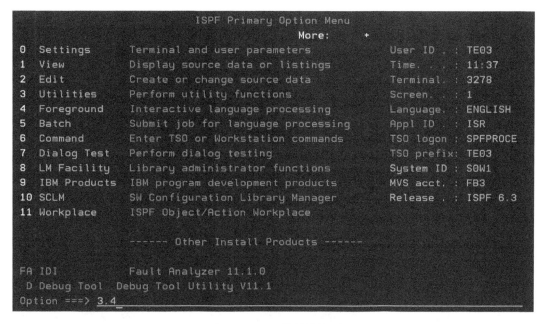

图 3 – 11　3.4 快捷跳转图

3.2.4　ISPF 功能键

ISPF 提供了一系列功能键，方便用户完成所需的操作。
- PF1：Help，帮助。显示错误信息的附件信息或者提供面板的提示信息。
- PF2：Split，分屏。分屏的目的是让当前屏幕同时展开多个窗口以供操作。
- PF3：Exit，保存退出。退出当前面板、保存操作返回到前一面板。
- PF7：Backward，向上一页。滚动到上一面板。
- PF8：Forward，向下一页。滚动到下一面板。
- PF9：Swap，转换。通常在 PF2 分屏后，操作焦点使用 F9 在屏幕之间跳转，当某个面板获得焦点时，将被操作。
- PF10：向左滚动。使面板画面向左滚动。
- PF11：向右滚动。使面板画面向右滚动。
- PF12：Cancel，退出。退出当前面板、取消操作返回到前一面板。

这些功能键并不需要刻意记住，因为在面板的下方有功能键提示区域（Function Keys），提醒各类操作所对应的功能键。

3.2.5　TSO 与 ISPF 切换

TSO 进入 ISPF：在 TSO 环境的 READY 提示符下输入 ISPF 命令，如图 3 – 12 所示，

该命令的执行将调出 ISPF 环境。

图 3 – 12　ISPF 命令

ISPF 退出到 TSO 可以有两种方式：一种方式是不断按 F3，直到出现"TSO READY"界面，表示成功从 ISPF 退出到 TSO 环境；另外一种方式则更加直接，在当前面板的"Option ===〉"处输入"=X"命令，直接退出到 TSO 环境。需要注意的是，如果选用第一种方式退出到 TSO，不断按 F3，很可能反复出现如图 3 – 13 所示的界面，导致无法退出到 TSO READY，这是由于用户对数据集进行了某些操作，系统必须提供 Specify Disposition of Log Data Set 面板，给予用户选取对日志数据集的操作选项，来确认用户对日志数据集的操作。

```
                    Specify Disposition of Log Data Set
                                                          More:      +
Log Data Set (TE03.SOW1.SPFLOG1.LIST) Disposition:
Process Option . . . .  _    1. Print data set and delete
                             2. Delete data set without printing
                             3. Keep data set - Same
                                (allocate same data set in next session)
                             4. Keep data set - New
                                (allocate new data set in next session)

Batch SYSOUT class . .       _____
Local printer ID or
writer-name  . . . . .       _____
Local SYSOUT class . .       _____

List Data Set Options not available

Press ENTER key to complete ISPF termination.
Enter END command to return to the primary option menu.

Job statement information:  (Required for system printer)
 ===> _____
Command ===> _____
 F1=Help     F2=Split     F3=Exit      F7=Backward  F8=Forward   F9=Swap
F12=Cancel
```

图 3 – 13　"Specify Disposition of Log Data Set"面板 1

一般地，在 Process Option 处输入 2，如图 3 – 14 所示，表示系统不必保留日志数据集信息，不断按 F3，即可退出到 TSO READY 界面。

3.2.6　ISPF 编辑器

ISPF 编辑器非常实用，支持对数据集实施各类编辑，这些编辑功能包括：数据集的

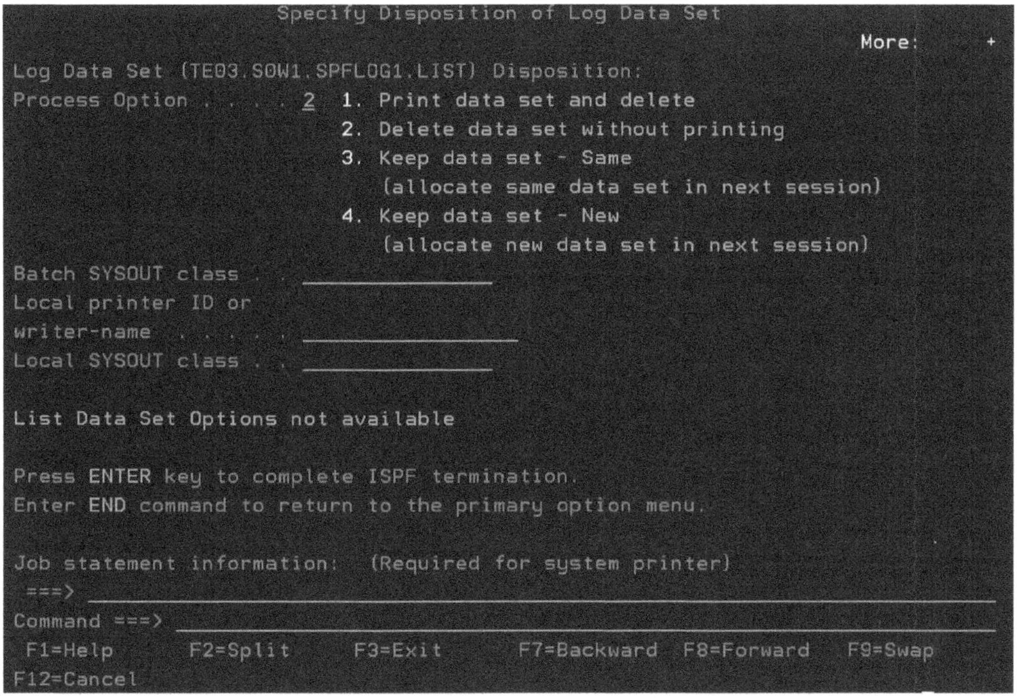

```
                    Specify Disposition of Log Data Set
                                                              More:        +
Log Data Set (TE03.S0W1.SPFLOG1.LIST) Disposition:
Process Option . . . . .  2  1. Print data set and delete
                             2. Delete data set without printing
                             3. Keep data set - Same
                                (allocate same data set in next session)
                             4. Keep data set - New
                                (allocate new data set in next session)

Batch SYSOUT class .  _____
Local printer ID or
writer-name  . . . . .  _____
Local SYSOUT class .  _____


List Data Set Options not available


Press ENTER key to complete ISPF termination.
Enter END command to return to the primary option menu.


Job statement information:  (Required for system printer)
 ===> _____
Command ===> _____
 F1=Help      F2=Split     F3=Exit      F7=Backward  F8=Forward   F9=Swap
F12=Cancel
```

图 3 – 14 "Specify Disposition of Log Data Set" 面板 2

行操作、整体操作、提交、返回、保存和查找等。

3.2.6.1 常用编辑命令

常用的编辑命令分为两类，一类命令为局部命令；另一类命令为全局命令。顾名思义，局部命令就是对数据集的某一行或多行进行的操作，而全局命令则是对整篇数据集进行操作。

局部命令与全局命令不仅在概念上不同，在用法上也完全不同，如图 3 – 15 所示，局部命令下在行标命令区，而全局命令下在"Command ===〉"局部命令区。如需对某一行进行操作，则在行标号的任何一个字符处开始书写命令。需要注意的是，命令的长度不能超出行标范围。

1. 基本的局部命令

基本的局部命令见表 3 – 1。

2. 局部命令的变换

如果要对多行内容进行操作，则需要用到基本命令的一些变换，见表 3 – 2。

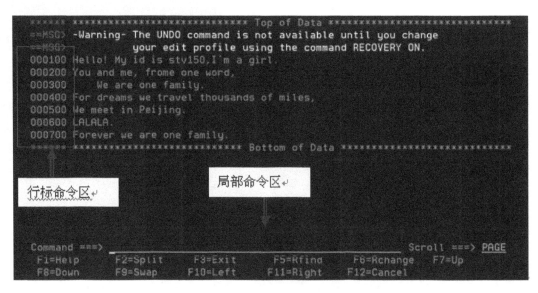

图 3-15　全局命令区与局部命令区图

表 3-1　基本局部命令

命令	描　　述
I	插入一行
D	删除一行
R	重复一行
C	复制一行
M	剪切一行
A	粘贴到后一行
B	粘贴到前一行
（ 或 ）	左移一列　或　右移一列
X	隐藏一行

表 3-2　多行操作的局部命令

命令	描　　述
IN	插入 N 行（N 为正整数）
DN	删除 N 行（N 为正整数）
RR/RR	重复块内容
CC	复制块内容
CN	复制 N 行（N 为正整数）
A	粘贴到后一行
B	粘贴到前一行
（N	左移 N 列（N 为正整数）
）N	右移 N 列（N 为正整数）

【例2】将图 3-15 的数据集第 3 行的"We are one family."内容左移四列。

使用左移命令：在"We are one family."这一行的命令区输入"（4"命令（见图 3-16）。

回车后，"We are one family"将左移四列，移动到第一列（见图 3-17）。

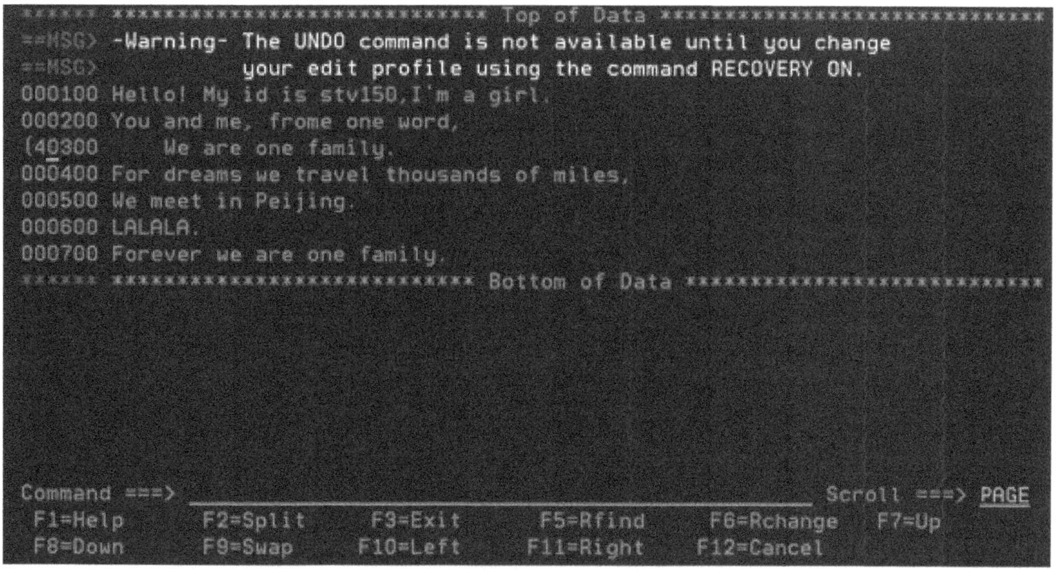

```
****** ******************************** Top of Data *********************************
==MSG> -Warning- The UNDO command is not available until you change
==MSG>            your edit profile using the command RECOVERY ON.
000100 Hello! My id is stv150,I'm a girl.
000200 You and me, frome one word,
(40300      We are one family.
000400 For dreams we travel thousands of miles,
000500 We meet in Peijing.
000600 LALALA.
000700 Forever we are one family.
****** ******************************* Bottom of Data ******************************




Command ===> _____ Scroll ===> PAGE
  F1=Help      F2=Split      F3=Exit      F5=Rfind     F6=Rchange    F7=Up
  F8=Down      F9=Swap       F10=Left     F11=Right    F12=Cancel
```

图 3 – 16 左移命令

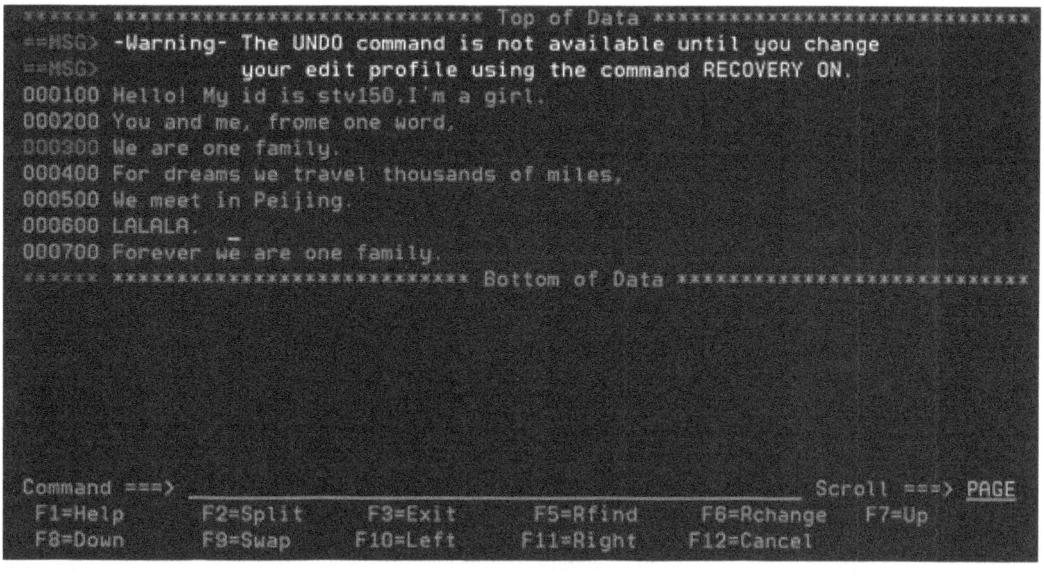

```
****** ******************************** Top of Data *********************************
==MSG> -Warning- The UNDO command is not available until you change
==MSG>            your edit profile using the command RECOVERY ON.
000100 Hello! My id is stv150,I'm a girl.
000200 You and me, frome one word,
000300 We are one family.
000400 For dreams we travel thousands of miles,
000500 We meet in Peijing.
000600 LALALA.    _
000700 Forever we are one family.
****** ******************************* Bottom of Data ******************************




Command ===> _____ Scroll ===> PAGE
  F1=Help      F2=Split      F3=Exit      F5=Rfind     F6=Rchange    F7=Up
  F8=Down      F9=Swap       F10=Left     F11=Right    F12=Cancel
```

图 3 – 17 左移完成

3. 全局命令

全局命令对通篇数据集操作，常用的全局命令见表 3 – 3。

大型主机操作系统基础教程

表3－3　常用的全局命令

命　　令	描　　述
UC	将当前行字母转换为大写形式（N 为正整数）
UCN	将当前行或以下多行字母转换为大写形式（N 为正整数）
CHANGE	查找并替换字符串
RCHANGE	重复上次的替换
CHANGE HE SHE AL	将文档中所有的字符串"HE"替换为"SHE"，省略参数"ALL"则从光标所在位置开始查找并替换第一个字符串
CANCEL	取消所做的编辑并退出编辑环境
FIND	在文档中查找字符串
RFIND	重复上一次查找
SAVE	保存当前的修改，继续编辑
SUBMIT	提交作业，如果文档内容是一段 JCL 程序，通过该命令可提交该作业程序
RECOVERY ON/OFF	设置编辑方式，ON 表示用户可通过 UNDO 命令取消上一次编辑操作
UNDO	取消上一次编辑，只有使用了 RECOVERY ON，该命令才能有效（修改之后，按回车，表示编辑完毕，再写 UNDO）

3.2.6.2　编辑器的进入

对数据集进行编辑，可以按照如下步骤来进入编辑环境（见图3－18～图3－24）。

步骤1：进入 ISPF 环境，在"Option ===〉"处输入"3.4"命令。

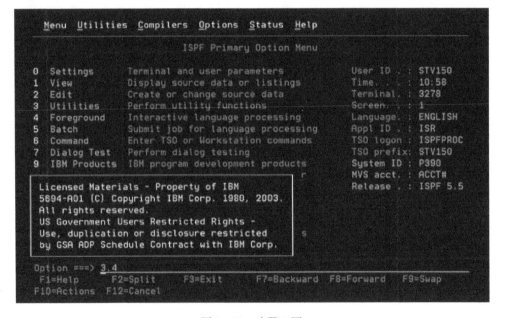

图3－18　步骤1图

步骤 2：回车，进入 Data Set List Utility 界面。

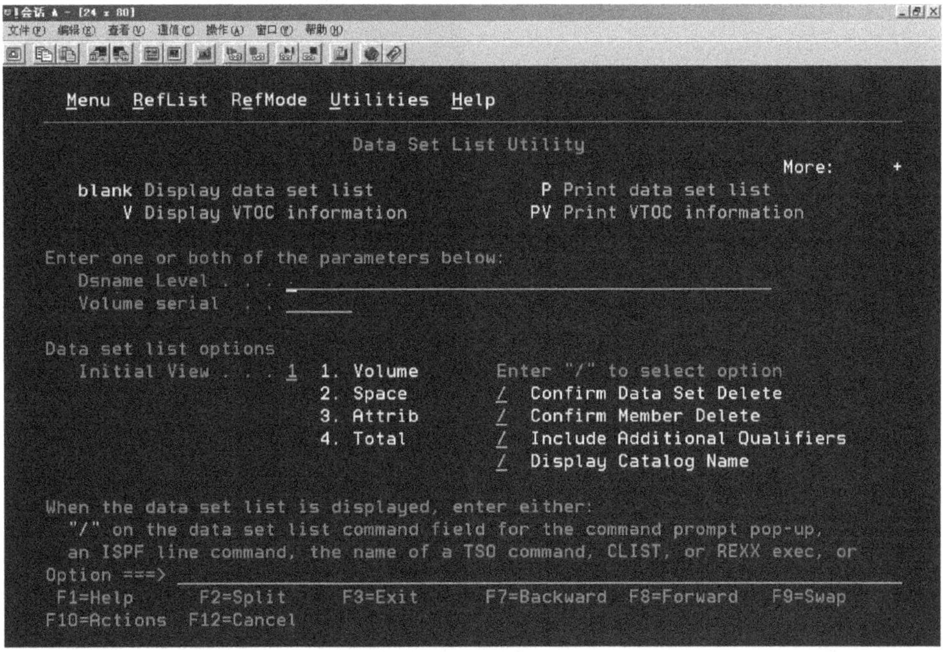

图 3 - 19　步骤 2 图

步骤 3：在 Dsname Level 处输入用户 ID：如 "stv150"。

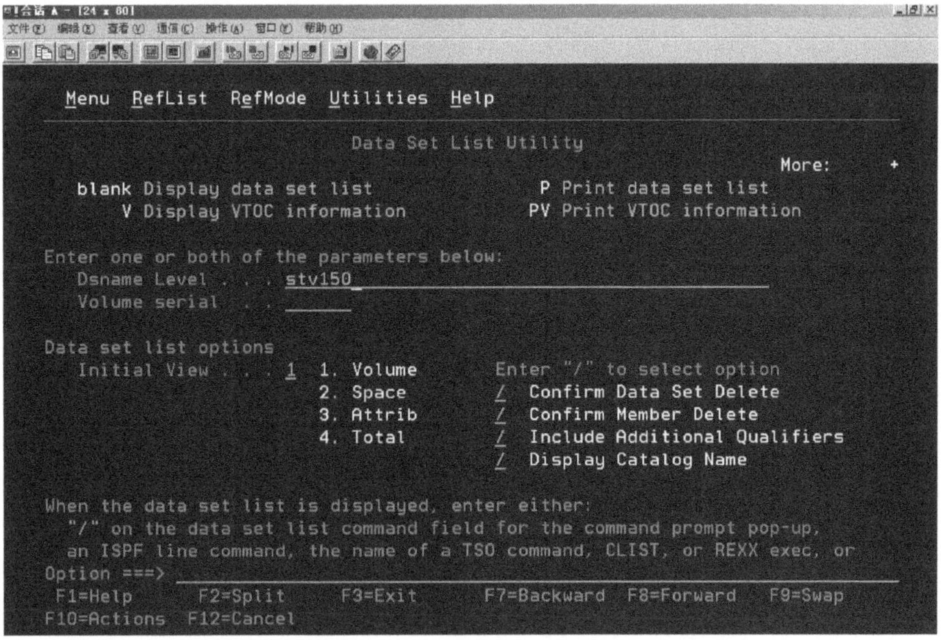

图 3 - 20　步骤 3 图

步骤4：回车，进入到如下界面，列出数据集名称以当前用户"USERID"打头的所有数据集。

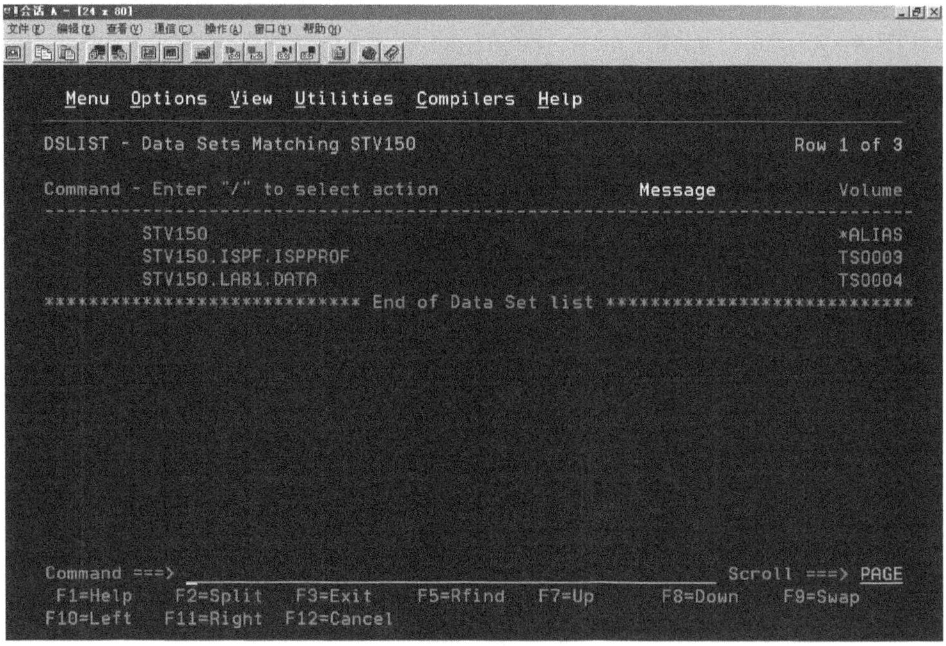

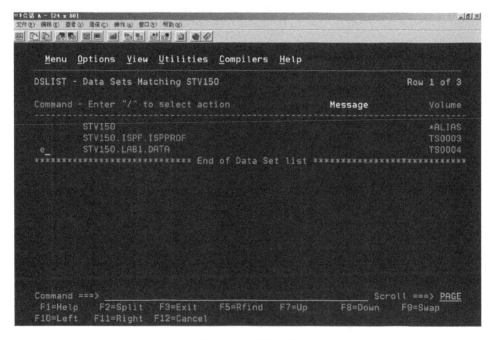

图 3 - 21　步骤 4 图

步骤5：找到需要编辑的数据集，这里以 STV150. LAB1. DATA 为例，在数据集前面的 Command 区域输入"e"，表示将编辑该数据集。

图 3 - 22　步骤 5 图

步骤6：回车，弹出 EDIT Entry Panel 界面，不需要修改任何内容。

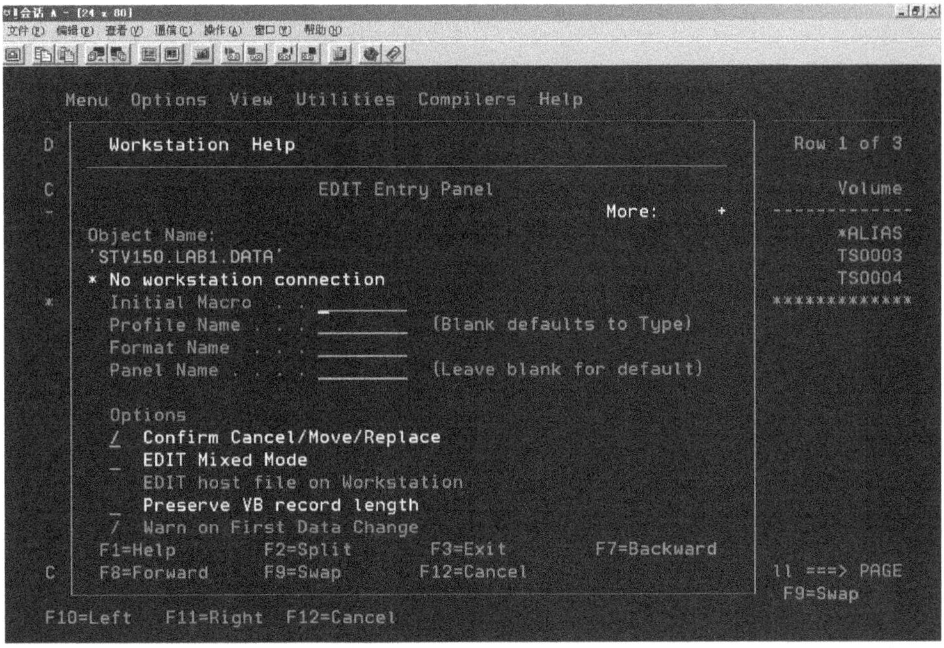

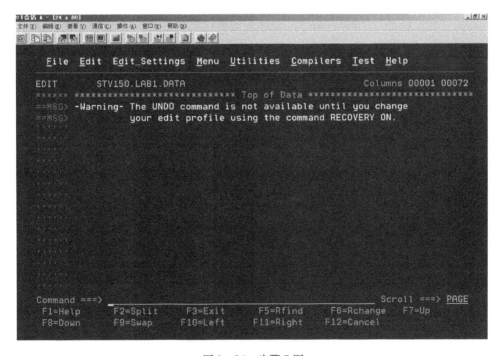

图 3-23 步骤 6 图

步骤7：回车，进入数据集编辑环境，可以使用前面介绍的命令开始编辑。

图 3-24 步骤 7 图

3.3 TSO 与 ISPF 的关系

3.1 节和 3.2 节分别介绍了 TSO 和 ISPF 这两种用户与 z/OS 进行交互的方式，本节将对 TSO 和 ISPF 之间的关系整体做一个比较，讲述它们之间的区别和联系。

TSO 与 ISPF 的区别如下：

（1）TSO 是一个类似 DOS 命令行的，以 READY 提示符来响应用户的工作环境。等待用户输入命令，回车后执行命令；而 ISPF 则是一个使用键盘控制的全面板式的应用软件。

（2）TSO 比较适合对主机、主机命令非常熟悉的用户，有许多操作也只能使用 TSO 来执行，特别是由 z/OS 系统程序员、DB2 数据库管理员等执行的操作；ISPF 虽然以面板方式提供很多常用的功能，省去了用户记大量命令的麻烦，但毕竟面板提供的功能还是很有限的。

（3）用户在使用 ISPF 时更直观，更方便；TSO 的人机体验就不大理想。ISPF 是 IBM 在 TSO 下的一个软件产品。

TSO 与 ISPF 的联系如下：

（1）TSO 是 MVS 的重要组成部分，而 ISPF 又是 TSO 下的一个软件产品。

（2）用户在登录 TSO 后，在 READY 提示符下输入 ISPF 命令来切换至 ISPF 环境；在 ISPF 环境欲退出与主机的会话，需要先退出到 TSO 环境，再正常关闭会话。

（3）在 TSO 下可以通过输入 ISPF 命令，进入 ISPF；同样 ISPF 也提供了两个入口，可以输入 TSO 命令，完成类似在 TSO 下所做的操作：

入口一：在面板的"Option===〉"处输入需要执行的 TSO 命令，命令前面必须写上 "TSO"，如图 3-25 所示。

```
Option ===> tso send 'hello' user(scut14) logon
F1=Help        F2=Split        F3=Exit        F7=Backward
```

图 3-25　ISPF 的"Option===〉"输入 TSO 命令

入口二：在 ISPF 主面板"Option ===〉"处输入 M.6，进入 ISPF Command Shell 面板，可以直接输入 TSO 命令执行，如图 3-26 所示。

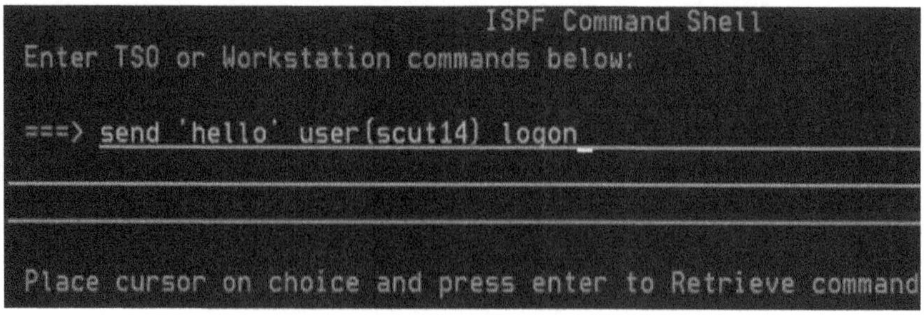

```
                              ISPF Command Shell
Enter TSO or Workstation commands below:

===> send 'hello' user(scut14) logon



Place cursor on choice and press enter to Retrieve command
```

图 3-26　"Command Shell" 面板输入 TSO 命令

3.4　终端会话

3.4.1　与主机的连接

考虑第一个问题：主机存放在主机机房内，如何从机房外的 PC 机登录到主机？答案很简单，与普通 PC 机之间的相互访问类似，可以通过远程登录工具（如 Windows 的 Telnet 工具）从 PC 机连接到主机。

考虑第二个问题：使用 Telnet 工具连接到主机后，屏幕显示的内容是非常奇怪的，为什么？这是由主机的工作环境和屏幕特性所决定的。主机使用 3270 终端的工作环境，也就是说，一个屏幕最多可以显示 80 行、24 列的内容。早期的主机用户需要特殊的 3270 显示器（见图 3 - 27）来显示，后来终端设备发展到可以用 PC 机来代替，前提是在 PC 机上安装一块 3270 仿真卡。如今的主机推出的 OSA 技术使仿真终端通过 IP 地址直接进入主机系统，因此只需要在 PC/Laptop 中安装 3270 的仿真软件即可。这类仿真软件不仅提供远程连接的功能，还提供了 PC 机屏幕与主机屏幕转换的功能。目前市面上最为常用的 3270 仿真软件是 IBM 公司推出的个人通信工具——PCOMM（见图 3 - 28）。

图 3 - 27　3270 屏幕　　　　　　　　图 3 - 28　PCOMM 软件启动页面截图

PCOMM 软件安装非常简单，点击 Setup. exe 程序进行软件安装。安装完毕，需要预先配置与主机通信的参数，在 IBM 个人通信 - 会话管理器页面（见图 3 - 29）点击"新建会话"，打开定制通信面板，创建一个新的会话。

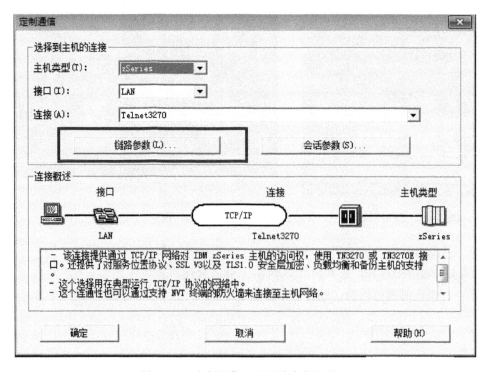

图 3 - 29　IBM 个人通信 - 会话管理器

在定制通信面板点击"链路参数"按钮设置链路参数（见图 3 - 30）。在"主机定义"选项卡输入主机的 IP 地址和端口号（见图 3 - 31），点击确定按钮；然后点击"会话参数"按钮（见图 3 - 32）设置会话参数，通常选择"037 美国"（见图 3 - 33），如果在你的应用中一定要显示中文，则选择"1388 中国"。需要注意的是，若选择的是 1388 中国，在使用通信软件的文件传送功能（主机→PC→主机）时，可能会失败。

图 3 - 30　定制通信→"链路参数"设置

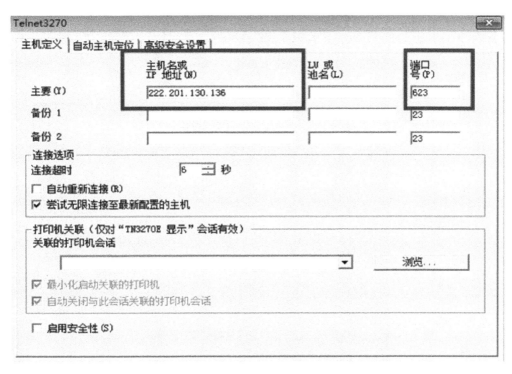

图 3 – 31　输入主机的 IP 地址和端口号

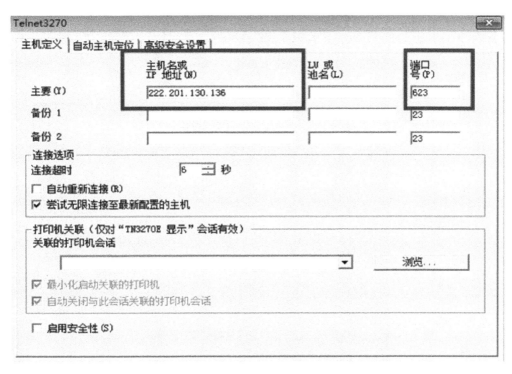

图 3 – 32　定制通信→"会话参数"设置

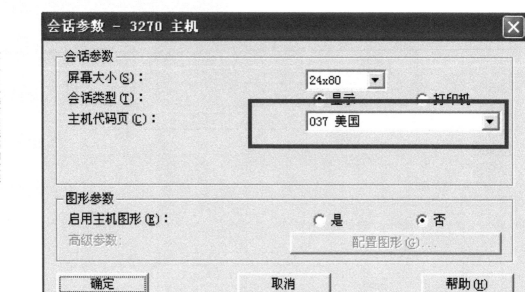

图 3 - 33　主机代码页设置为"037 美国"

点击"确定"按钮后，通过 PCOMM 软件尝试与主机进行连接，当看到如图 3 - 34 所示的屏幕时表示与主机连接成功。

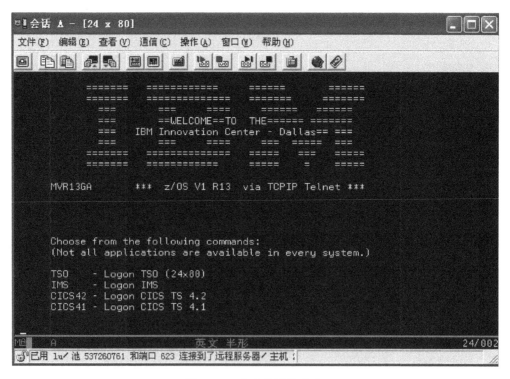

图 3 - 34　与主机连接成功

3.4.2 终端会话命令

在成功连接到主机后，可以开启终端会话。一次终端会话（Teminal Session）是指从登入主机（LOGON）到登出主机（LOGOFF）之间的时间。用户在主机上进行工作，必须先登录到主机，开启会话；工作完成后，必须登出主机，关闭会话。登入和登出的方法都是有一定规范的，非法的操作将被主机拒绝或直接影响下一次的登入。

3.4.2.1 LOGON 命令

LOGON 命令用来创建一个终端会话，即登录 TSO 环境。登录 TSO 时必须提供用户名、密码、登录过程名和登录账号等信息。例如使用命令：LOGON ST400/SCUTPASS ACCT（ACCNT1）PROC（DBPROCAG）将试图用用户账号（又称为用户名或 USERID）ST400 登录，密码为 SCUTPASS，登录过程名为 DBPROCAG，账号为 ACCNT1。通常系统管理员已经为用户设定好了登录过程名和登录账号，用户在登录的时候只需遵循 LOGON 命令规范，输入合法的用户名和密码就可以直接登录。

下面介绍一种最常用的登录步骤（如图 3-35～图 3-39）。

步骤 1：通过 PCOMM 软件正常连接大型主机后，输入 TSO 命令回车，表示执行 TSO LOGON 命令！（注意：回车是按键盘右 Ctrl 键。）

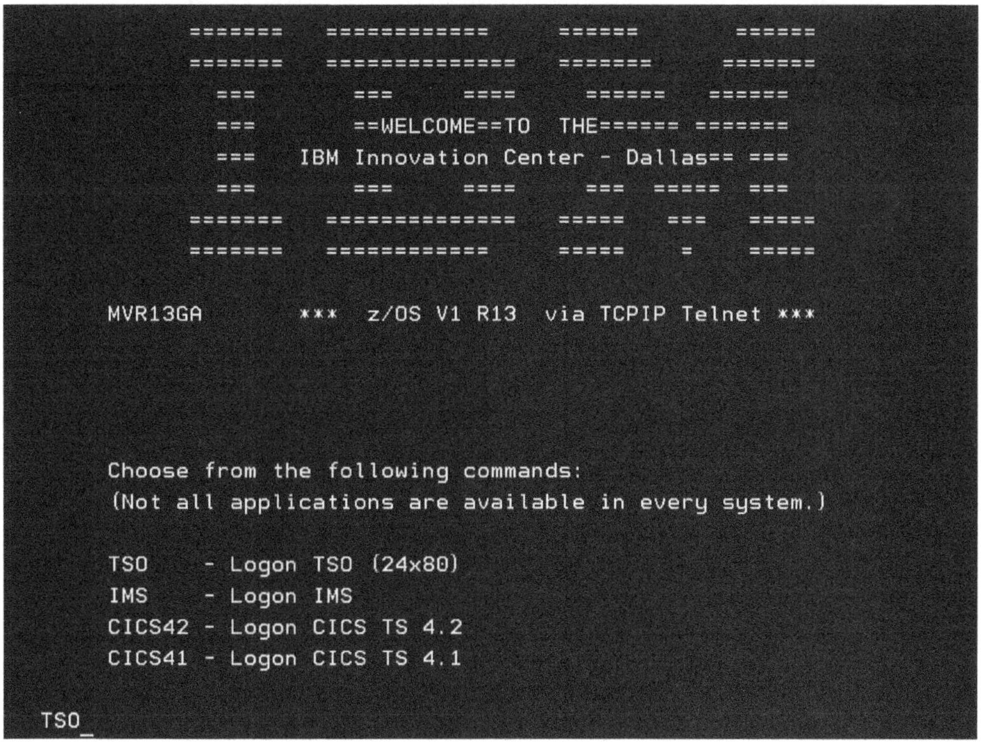

图 3-35 TSO LOGON

步骤2：输入授权的 USERID（用户名），例如 TE02，回车。

```
IKJ56700A ENTER USERID -
TE02_
```

图 3 – 36   输入 USERID

步骤3：在 Password 处输入初始密码。系统会为第一次登录的用户提供一个初始密码，这个密码在第一次使用时强制修改。

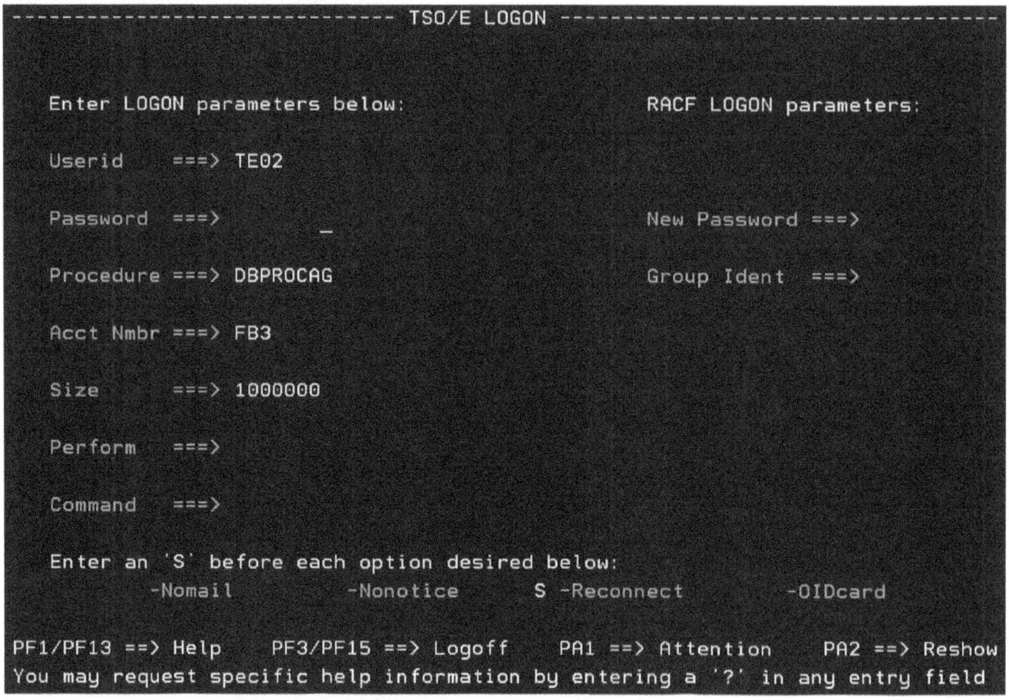

```
--------------------------------- TSO/E LOGON ---------------------------------


  Enter LOGON parameters below:            RACF LOGON parameters:

  Userid    ===> TE02

  Password  ===>         _                 New Password ===>

  Procedure ===> DBPROCAG                  Group Ident  ===>

  Acct Nmbr ===> FB3

  Size      ===> 1000000

  Perform   ===>

  Command   ===>

  Enter an 'S' before each option desired below:
       -Nomail          -Nonotice      S -Reconnect          -OIDcard

PF1/PF13 ==> Help      PF3/PF15 ==> Logoff     PA1 ==> Attention     PA2 ==> Reshow
You may request specific help information by entering a '?' in any entry field
```

图 3 – 37   输入初始密码

步骤4：在 New Password 处输入新密码（注意：密码由 1 ～ 7 位的数字或字符等组成，建议大家用简单容易记的数字或字符），密码输入完毕，回车，进入再次输入新密码界面。同样，需要在 New Password 处再次输入刚才设置的新密码。

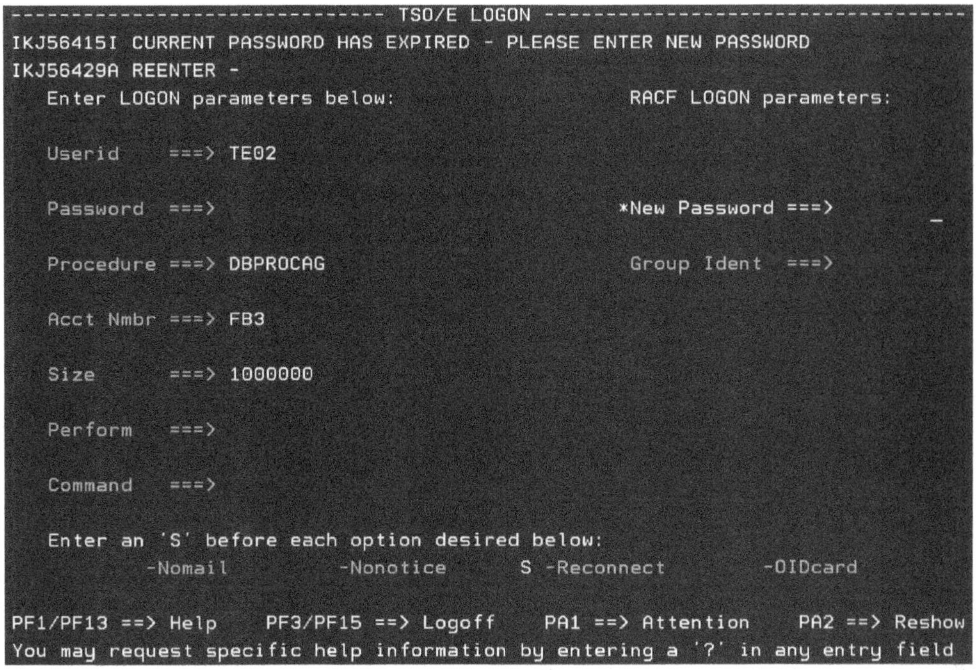

```
-------------------------------- TSO/E LOGON --------------------------------
IKJ56415I CURRENT PASSWORD HAS EXPIRED - PLEASE ENTER NEW PASSWORD
IKJ56429A REENTER -
    Enter LOGON parameters below:              RACF LOGON parameters:

    Userid   ===> TE02

    Password ===>                             *New Password ===>
                                                                         _
    Procedure ===> DBPROCAG                    Group Ident  ===>

    Acct Nmbr ===> FB3

    Size     ===> 1000000

    Perform  ===>

    Command  ===>

    Enter an 'S' before each option desired below:
           -Nomail        -Nonotice     S -Reconnect         -OIDcard

PF1/PF13 ==> Help    PF3/PF15 ==> Logoff    PA1 ==> Attention    PA2 ==> Reshow
You may request specific help information by entering a '?' in any entry field
```

图 3 - 38　输入新密码

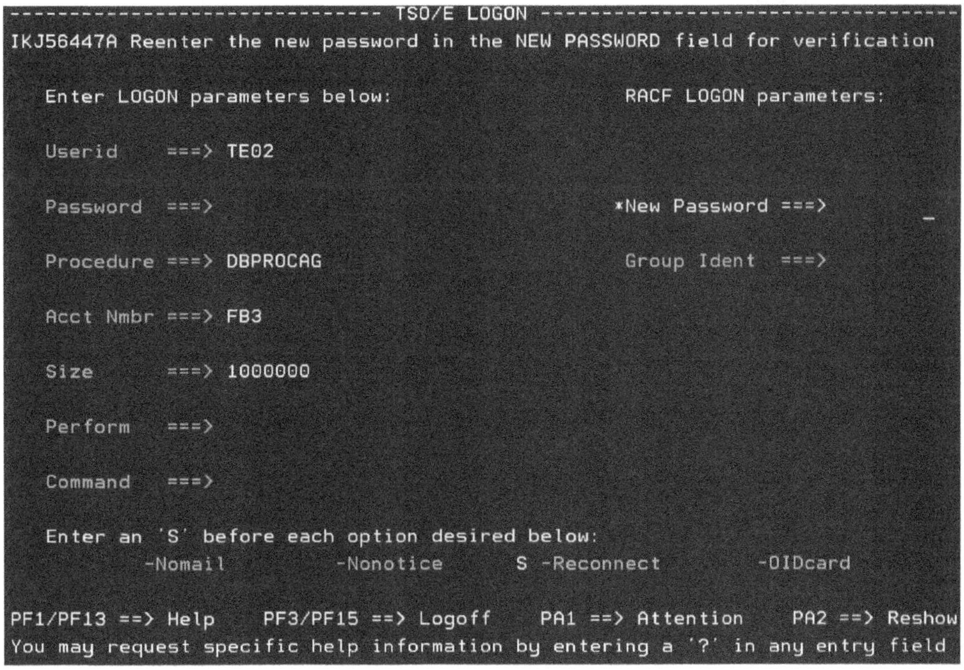

```
-------------------------------- TSO/E LOGON --------------------------------
IKJ56447A Reenter the new password in the NEW PASSWORD field for verification

    Enter LOGON parameters below:              RACF LOGON parameters:

    Userid   ===> TE02

    Password ===>                             *New Password ===>
                                                                         _
    Procedure ===> DBPROCAG                    Group Ident  ===>

    Acct Nmbr ===> FB3

    Size     ===> 1000000

    Perform  ===>

    Command  ===>

    Enter an 'S' before each option desired below:
           -Nomail        -Nonotice     S -Reconnect         -OIDcard

PF1/PF13 ==> Help    PF3/PF15 ==> Logoff    PA1 ==> Attention    PA2 ==> Reshow
You may request specific help information by entering a '?' in any entry field
```

图 3 - 39　再次输入新密码

步骤 5：回车，登录 TSO READY 环境，开启一次会话。

3.4.2.2　LOGOFF 命令

LOGOFF 命令用来结束一个终端会话，即退出 TSO 环境。系统将自动释放所有分配给用户的数据集。如果需要用其他用户登录系统，可直接使用 LOGON 命令而不必注销当前用户，系统将自动结束前一个终端会话。接下来，分 ISPF 和 TSO 两个场景来介绍 LOGOFF 的操作。

（1）当前处在 TSO READY 环境下。

操作：在 READY 命令下输入：LOGOFF 命令，回车登出，结束会话（见图 3 - 40）。

图 3 - 40　结束会话

（2）当前处在 ISPF 环境下。

操作：首先从 ISPF 退出到 TSO（参看本章 3.2.5 小节），然后在 TSO 的 READY 命令下输入 LOGOFF 命令，回车登出，结束会话。

3.5　CLIST 语言

CLIST 是 Command List 的简称，它是一种命令型语言，Command 指的是 TSO 命令，List 就是 TSO 命令以及由 CLIST 所包含的一些语句组成的序列。当调用一个 CLIST 程序时，即触发一个 TSO 命令序列，序列中的命令顺序执行。CLIST 是一种解释型语言，它易于编写和调试，不需要进行编译。要测试一个 CLIST，可以直接执行它，如果出错，及时纠正，再重新执行。CLIST 语言可应用于如下情况：

- 执行日常任务（TSO 命令输入）；
- 调用其他的 CLIST 以及其他语言编写的应用程序；
- ISPF 应用，如菜单设计和控制应用程序的流程等；
- 在 CLIST 中可嵌入一个 JOB（JCL），用 TSO 的提交命令来提交。

3.5.1　CLIST 的执行方法

可以在 TSO 环境或 ISPF 环境执行 CLIST，即使是在 ISPF 提供的面板或命令行直接执行 CLIST，本质上还是需要借助 TSO 来运行 CLIST。图 3 - 41 书写了两行 LISTDS 命令，作用分别为查看顺序数据集 TE03.LAB1.DATA 的参数状态以及分区数据集 TE03.CLIST 的成员名字。可以通过如下 3 种方式来执行 CLIST。

```
EDIT        TE03.CLIST(MEM1) - 01.01                    Columns 00001 00072
****** *************************** Top of Data ***************************
000100 LISTDS 'TE03.LAB1.DATA'
000200 LISTDS 'TE03.CLIST' MEMBERS
****** *************************** Bottom of Data ************************
```

图 3 – 41   TE03. CLIST 数据集

（1）在 TSO READY 提示符环境下执行。回到 TSO 环境，在 READY 提示符下输入 EXEC‘TE03. CLIST（MEM1）’命令，用以执行 CLIST。

（2）直接在 ISPF 的 Option 处执行 CLIST（见图 3 – 42）。

```
                            ISPF Primary Option Menu
                                      More:       +
    0  Settings     Terminal and user parameters       User ID . : TE03
    1  View         Display source data or listings     Time. . . : 14:46
    2  Edit         Create or change source data        Terminal. : 3278
    3  Utilities    Perform utility functions           Screen. . : 1
    4  Foreground   Interactive language processing     Language. : ENGLISH
    5  Batch        Submit job for language processing  Appl ID . : ISR
    6  Command      Enter TSO or Workstation commands   TSO logon : DBPROCAG
    7  Dialog Test  Perform dialog testing              TSO prefix: TE03
    8  LM Facility  Library administrator functions     System ID : SOW1
    9  IBM Products IBM program development products     MVS acct. : FB3
   10  SCLM         SW Configuration Library Manager    Release . : ISPF 6.3
   11  Workplace    ISPF Object/Action Workplace

                 ------ Other Install Products ------

  FA IDI         Fault Analyzer 11.1.0
   D Debug Tool  Debug Tool Utility V11.1
  Option ===> exec 'TE03.CLIST(MEM1)'
```

图 3 – 42   ISPF 的 Option 处执行 CLIST

（3）在 ISPF Command Shell 面板执行 CLIST（见图 3 – 43）。

```
                            ISPF Command Shell
  Enter TSO or Workstation commands below:

  ===> EXEC 'TE03.CLIST(MEM1)'
```

图 3 – 43   ISPF Command Shell 面板执行 CLIST

以上 3 种方式都得到同样的结果（见图 3 – 44）。

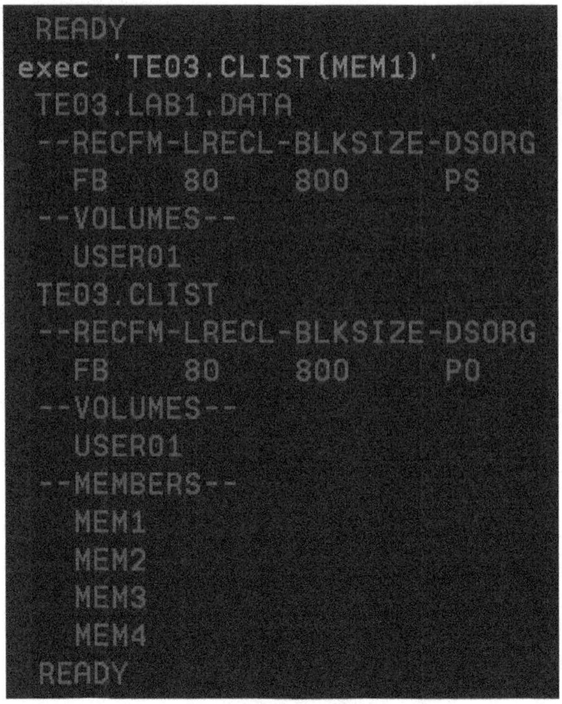

```
READY
exec 'TE03.CLIST(MEM1)'
TE03.LAB1.DATA
--RECFM-LRECL-BLKSIZE-DSORG
  FB    80    800    PS
--VOLUMES--
  USER01
TE03.CLIST
--RECFM-LRECL-BLKSIZE-DSORG
  FB    80    800    PO
--VOLUMES--
  USER01
--MEMBERS--
  MEM1
  MEM2
  MEM3
  MEM4
READY
```

图 3 - 44　CLIST 执行结果

除此之外，也可以把 CLIST 写在一篇 JCL 中，前提是作业步调用的是实用程序 IKJEFT01，以 TE03. CLIST（MEM1）为例，把其中的 CLIST 写入 JCL，程序书写如下：

```
//TE03TS     JOB   ACCT#, TE03, NOTIFY =&SYSUID
//CIK        EXEC  PGM =IKJEFT01
//SYSTSPRT   DD    SYSOUT= *
//SYSTSIN    DD    *
LISTDS 'TE03. LAB1. DATA'
LISTDS 'TE03. CLIST' MEMBERS
```

那么作业 TE03TS 提交后，可以通过 SDSF 查看到同样的结果。

3.5.2　CLIST 的语句

1. 赋值语句（SET）
- 赋一个数值：SET　COUNT =5
- 赋一个字符串：SET　DATASET =TE03. CLIST
- 赋一个空值：　SET　IDD =
- 赋一个变量给另一个变量　SET　VAR1 =&VAR2

SET 语句中可以使用算术表达式：+ 、− 、 * 、／、 * * 、//（取余）

例如：SET V =10

SET V =&V // 3

WRITE &V

输出结果为 1。

2. 功能性语句

- &DATATYPE：内部函数类型
- &LENGTH：表达式长度
- &EVAL：计算内部值
- &STR：不计算内部值
- SUBSTR：取子串

例如：&DATATYPE（&STR（100））=&DATATYPE（100）=NUM

&EVAL（4 + 6）=10

3. 控制变量

- &SYSUID：用户 ID
- &SYSPROC：登录 TSO 过程
- &SYSDSN（'数据集名称'）
- &LASTCC：在最后一条 TSO 命令/CLIST 执行完后，发回的条件码，若正确，返回 0
- &MAXCC：返回的条件码最大值
- &SYSTIME：HH：MM：SS
- &SYSDATE：MM/DD/YY
- &SYSPREF：分配给用户数据集的 HLQ
- &SYSNEST：CLIST 嵌套（调用）标识。YES，表示这个 CLIST 过程正嵌套在另一个 CLIST 中，即为另一个 CLIST 所调用；NO，表示这个 CLIST 处于最外层，未被嵌套。
- &SYSPCMD：表示最近一次调用的一条 TSO 命令的名字
- &SYSSCMD：表示最近一次调用的一条 TSO 命令中的子命令的名字

4. 终端控制语句

WRITE/WRITENR：写出

READ：写入

【例3】WRITE INPUT　YOURNAME =READ &YN

WRITE INPUT　YOURACC =READ &ACC

WRITE　YOURACC　IS &ACC

WRITE　YOURNAME IS &YN

执行上述 CLIST，按要求需要输入变量 YN 和 ACC，这里分别赋 XUKE 和 ABCD，那么执行的结果如图 3 –45 所示。

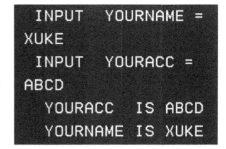

图 3 –45　例 3 执行结果图

3.5.3 CLIST 的控制结构

（1）CLIST 表达式主要包括如下所示的操作码。

EQ（=）　LT（<）　LE（≤）　NL（≮）　NE（≠）

GT（>）　GE（≥）　NG（≯）　OR（‖）　AND（&&）

（2）IF 表达式　THEN 操作语句。

［ELSE　操作语句］

需要注意：① THEN 必须与 IF 在同一个逻辑行内，如果写不下，必须给出续行标志（+/-）。如果表达式为真，则仅可执行一条语句，并且也应该在同一逻辑行内；② ELSE 在另一行，后面的语句必须与它在同一逻辑行内；③ 为解决 THEN 后面大于一条语句的情况，可以用 DO…END 结构将这些语句包围起来；④ IF 可以嵌套，规则与其他高级语言类似。

【例4】 LOOP：WRITE　ENTER　==〉

　　　　READ　&S

　　　　IF &S　NE　OS390　THEN　GOTO　LOOP

　　　　END

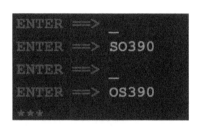

图 3 – 46　例 2 执行结果

这条 CLIST 的执行结果见图 3 – 46。

（3）DO WHILE 表达式。

　　操作语句

　　END

【例5】 SET COUNT=1

　　　　WRITE　COUNT=&COUNT

　　　　DO WHILE　&COUNT < 5

　　　　SET COUNT =&COUNT + 1

　　　　END

图 3 –47　例 5 执行结果

这条 CLIST 的执行结果见图 3 –47。

3.6　TSO 和 ISPF 的操作案例

这一节将采用案例展现的方式，讲解 TSO 和 ISPF 的基本操作。

3.6.1　使用 TSO 的命令

案例 1：在 TSO 环境下，通过 TSO 命令创建一个名为"STxxx. LAB1. DATA"的顺序数据集，数据集的参数可以自行指定。最后，使用 TSO 命令查看该数据集是否创建成功（注意：STxxx 为用户 ID，譬如：ST799）。

操作步骤（见图 3 -48～图 3 -51）：

步骤 1：成功登入主机，按回车键直接进入 ISPF 环境。在 Option 处输入 "=X" 命令，回车。

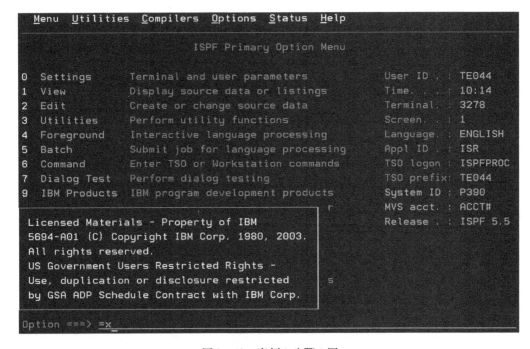

图 3 -48　案例 1 步骤 1 图

步骤 2：进入 TSO READY 环境，在 READY 提示符下输入 ALLOCATE 命令分配数据集：

alloc dsn（LAB1. DATA）new space（1, 1）tra lrecl（80）recfm（f, b）dsorg（ps）vol（work03）后，回车。该命令表示创建数据集 "STxxx. LAB1. DATA"，以磁道为基本分配单位，首次分配 1 个磁道，不够每次追加 1 个磁道，逻辑记录长度为 80，记录格式为 FB，创建在 WORK03 盘卷上，组织成一个顺序数据集。

```
READY
alloc dsn(LAB1.DATA) new space(1,1) tra lrecl(80) recfm(f,b)
dsorg(ps) vol(work03)




                              —

```

图 3 -49　案例 1 步骤 2 图

步骤 3：继续在 READY 命令下输入 LISTDS LAB1. DATA 或 LISTDS ' STxxx. LAB1. DATA ' 命令。

```
READY
alloc dsn(LAB1.DATA) new space(1,1) tra lrecl(80) recfm(f,b)
dsorg(ps) vol(work03)
READY
listds lab1.data_
```

图 3-50　案例 1 步骤 3 图

步骤 4：回车后，屏幕显示如下内容，表示数据集创建成功。

```
READY
alloc dsn(LAB1.DATA) new space(1,1) tra lrecl(80) recfm(f,b)
dsorg(ps) vol(work03)
READY
listds lab1.data
ST799.LAB1.DATA
--RECFM-LRECL-BLKSIZE-DSORG
  FB    80    27920    PS
--VOLUMES--
  WORK03
READY
_
```

图 3-51　案例 1 步骤 4 图

注意：如果数据集分配出现问题，但不影响数据集的创建，则最好先把这个数据集删除，使用 ALLOC 命令再次创建。数据集的删除可以使用 DELETE 命令，譬如：DELETE LAB1. DATA。

3.6.2　使用 ISPF 编辑器

案例 2：在 ISPF 环境下，找到 3.6.1 中建立的数据集 "STxxx. LAB1. DATA"，输入如下指定内容，并且使用 ISPF 编辑器的各种命令，把内容调整为正确顺序。

指定内容：

Hello! My id is STxxx（你的 ID），i'm a boy（or a girl）.

You and me, frome one word,

　　We are one family.

For dreams we travel thousands of miles,

We meet in peijing.

LALALA.

Forever we are one family.

调整顺序后内容：

Hello！My id is STxxx（USER ID），i'm a boy（or a girl）.

YOU AND ME，FROM ONE WORD，

WE ARE ONE FAMILY.

FOR DREAMS WE TRAVEL THOUSANDS OF MILES，

WE MEET IN BEIJING.

YOU AND ME，FROM ONE WORD，

FOREVER WE ARE ONE FAMILY.

YOU AND ME，FROM ONE WORD，

FOREVER WE ARE ONE FAMILY.

操作步骤（见图3－52～图3－72）：

步骤1：在TSO READY命令下输入ispf命令，回车，进入ispf环境。

图3－52 案例2步骤1图

步骤2：输入"3.4"命令，进入Data Set List Utility界面，在Dsname Level处输入 USERID，譬如"st799"。

```
   Menu  RefList  RefMode  Utilities  Help
                        Data Set List Utility
                                                          More:      +
   blank Display data set list              P  Print data set list
       V Display VTOC information           PV Print VTOC information

 Enter one or both of the parameters below:
   Dsname Level . . .  st799
   Volume serial  . .

 Data set list options
   Initial View . . . . 1  1. Volume       Enter "/" to select option
                           2. Space        /  Confirm Data Set Delete
                           3. Attrib       /  Confirm Member Delete
                           4. Total        /  Include Additional Qualifiers
                                           /  Display Catalog Name

 When the data set list is displayed, enter either:
   "/" on the data set list command field for the command prompt pop-up,
   an ISPF line command, the name of a TSO command, CLIST, or REXX exec, or
 Option ===>
  F1=Help      F2=Split     F3=Exit      F7=Backward  F8=Forward    F9=Swap
 F10=Actions  F12=Cancel
```

图3－53 案例2步骤2图

步骤 3：回车，进入到数据集列表页面，找到之前建立的数据集"STxxx. LAB1. DATA"，在数据集前面的 Command 区域输入"e"，以编辑该数据集。

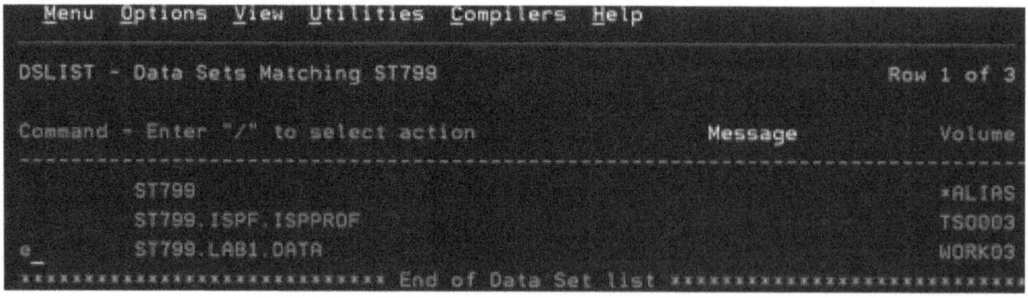

```
 Menu   Options   View   Utilities   Compilers   Help

 DSLIST - Data Sets Matching ST799                          Row 1 of 3

 Command - Enter "/" to select action           Message        Volume
 --------------------------------------------------------------------
          ST799                                                *ALIAS
          ST799.ISPF.ISPPROF                                   TS0003
 e_       ST799.LAB1.DATA                                      WORK03
 ************************** End of Data Set list *********************
```

图 3 – 54　案例 2 步骤 3 图

步骤 4：进入数据集编辑器，在数据集中输入指定内容。

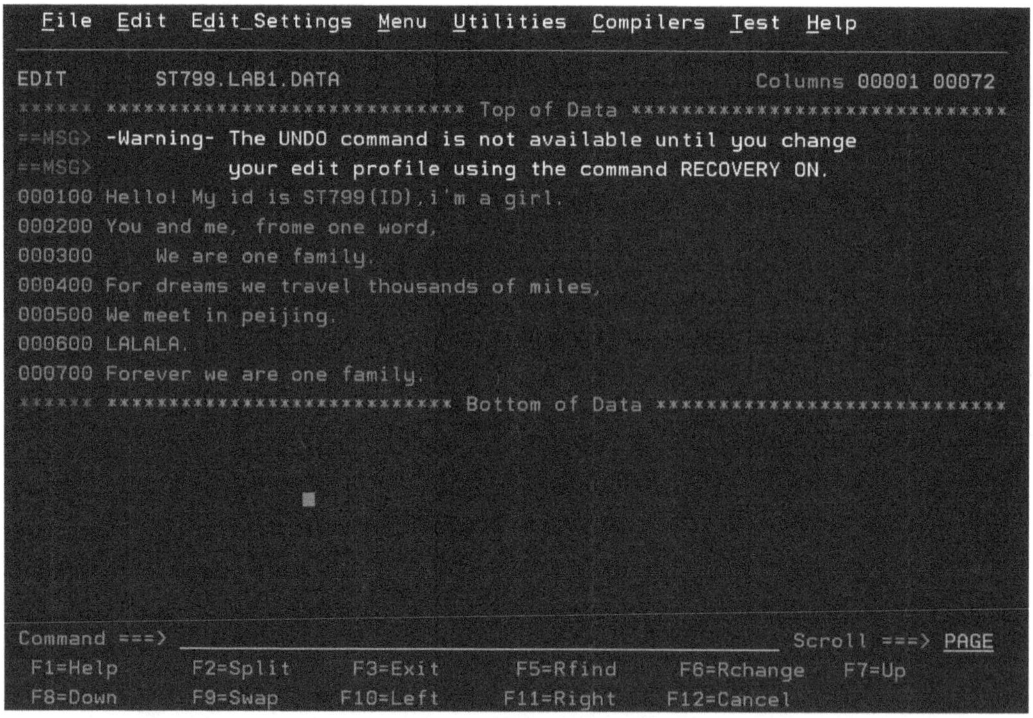

```
 File   Edit   Edit_Settings   Menu   Utilities   Compilers   Test   Help

 EDIT       ST799.LAB1.DATA                       Columns 00001 00072
 ****** *********************** Top of Data ***************************
 ==MSG> -Warning- The UNDO command is not available until you change
 ==MSG>          your edit profile using the command RECOVERY ON.
 000100 Hello! My id is ST799(ID),i'm a girl.
 000200 You and me, frome one word,
 000300    We are one family.
 000400 For dreams we travel thousands of miles,
 000500 We meet in peijing.
 000600 LALALA.
 000700 Forever we are one family.
 ****** *********************** Bottom of Data ***********************




                          ▪




 Command ===>                                        Scroll ===> PAGE
 F1=Help      F2=Split     F3=Exit     F5=Rfind    F6=Rchange  F7=Up
 F8=Down      F9=Swap      F10=Left    F11=Right   F12=Cancel
```

图 3 – 55　案例 2 步骤 4 图

步骤 5：通过如下命令，对数据集进行编辑。

命令 1：左移命令。在"We are one family."这一行的命令区输入"（4"命令。

图 3 - 56　案例 2 步骤 5 命令 1 图 1

回车后，"We are one family."将左移四列，移动到第一列。

图 3 - 57　案例 2 步骤 5 命令 1 图 2

命令 2：拷贝粘贴命令。在"You and me…"这一行命令区输入"c"命令。

图 3 - 58　案例 2 步骤 5 命令 2 图 1

回车，界面右上方提示"MOVE/COPY is pending"，表示已经拷贝成功。

```
EDIT        ST799.LAB1.DATA                         MOVE/COPY is pending
****** ************************* Top of Data ************************
==MSG> -Warning- The UNDO command is not available until you change
==MSG>           your edit profile using the command RECOVERY ON.
000100 Hello! My id is ST799(ID),i'm a girl.
C      You and me, frome one word,
000300 We are one family.
000400 For dreams we travel thousands of miles,
000500 We meet in peijing.
000600 LALALA.
000700 Forever we are one family.
****** ********************* Bottom of Data ***********************
```

图 3–59 案例 2 步骤 5 命令 2 图 2

在 "Forever we are…" 这一行命令区输入 "b" 命令。

```
****** ************************* Top of Data ************************
==MSG> -Warning- The UNDO command is not available until you change
==MSG>           your edit profile using the command RECOVERY ON.
000100 Hello! My id is ST799(ID),i'm a girl.
C      You and me, frome one word,
000300 We are one family.
000400 For dreams we travel thousands of miles,
000500 We meet in peijing.
000600 LALALA.
b00700 Forever we are one family.
****** ********************* Bottom of Data ***********************
```

图 3–60 案例 2 步骤 5 命令 2 图 3

回车，可见通过刚才的拷贝粘贴命令，将拷贝的内容粘贴到 "Forever we are…" 这条语句前面一行。

```
****** ************************* Top of Data ************************
==MSG> -Warning- The UNDO command is not available until you change
==MSG>           your edit profile using the command RECOVERY ON.
000100 Hello! My id is ST799(ID),i'm a girl.
000200 You and me, frome one word,
000300 We are one family.
000400 For dreams we travel thousands of miles,
000500 We meet in peijing.
000600 LALALA.
000810 You and me, frome one word,
000700 Forever we are one family.
****** ********************* Bottom of Data ***********************
```

图 3–61 案例 2 步骤 5 命令 2 图 4

命令 3：删除命令。在 "LALALA." 这一行命令区输入 "d" 命令。

图 3 - 62 案例 2 步骤 5 命令 3 图 1

回车，删除"LALALA."这一行。

图 3 - 63 案例 2 步骤 5 命令 3 图 2

命令 4：替换命令。在"Command ===〉"区输入"c peijing beijing all"命令。

图 3 - 64 案例 2 步骤 5 命令 4 图 1

回车，文中"peijing"被替换为"beijing"。

```
****** ******************************* Top of Data ********************************
==MSG> -Warning- The UNDO command is not available until you change
==MSG>           your edit profile using the command RECOVERY ON.
000100 Hello! My id is ST799(ID),i'm a girl.
000200 You and me, frome one word,
000300 We are one family.
000400 For dreams we travel thousands of miles,
==CHG> We meet in beijing.
000610 You and me, frome one word,
000700 Forever we are one family.
****** ******************************* Bottom of Data ****************************
```

图 3-65 案例 2 步骤 5 命令 4 图 2

命令 5：大写命令。在第二行"You and me…"前命令区输入"uc6"命令。

```
EDIT       ST799.LAB1.DATA                                    CHARS 'PEIJING' changed
****** ******************************* Top of Data ********************************
==MSG> -Warning- The UNDO command is not available until you change
==MSG>           your edit profile using the command RECOVERY ON.
000100 Hello! My id is ST799(ID),i'm a girl.
uc6200 You and me, frome one word,
000300 We are one family.
000400 For dreams we travel thousands of miles,
==CHG> We meet in beijing.
000610 You and me, frome one word,
000700 Forever we are one family.
****** ******************************* Bottom of Data ****************************
```

图 3-66 案例 2 步骤 5 命令 5 图 1

回车，可见第二行往下的 6 行内容全都转化成大写。

```
EDIT       ST799.LAB1.DATA                                    Columns 00001 00072
****** ******************************* Top of Data ********************************
==MSG> -Warning- The UNDO command is not available until you change
==MSG>           your edit profile using the command RECOVERY ON.
000100 Hello! My id is ST799(ID),i'm a girl.
000200 YOU AND ME, FROME ONE WORD,
000300 WE ARE ONE FAMILY.
000400 FOR DREAMS WE TRAVEL THOUSANDS OF MILES,
==CHG> WE MEET IN BEIJING.
000610 YOU AND ME, FROME ONE WORD,
000700 FOREVER WE ARE ONE FAMILY.
****** ******************************* Bottom of Data ****************************
```

图 3-67 案例 2 步骤 5 命令 5 图 2

命令 6：块复制粘贴命令。在倒数 1、2 行前命令区都输入"cc"命令。

图 3-68　案例 2 步骤 5 命令 6 图 1

回车，界面右上方提示"MOVE/COPY is pending"，表示已经拷贝成功。

图 3-69　案例 2 步骤 5 命令 6 图 2

在"WE MEET IN…"这一行前面命令区输入"a"命令。

图 3-70　案例 2 步骤 5 命令 6 图 3

回车，可见刚才复制的整块内容已粘贴到"WE MEET IN BEIJING"后面。

```
***** ********************************** Top of Data ********************************
==MSG> -Warning- The UNDO command is not available until you change
==MSG>          your edit profile using the command RECOVERY ON.
000100 Hello! My id is ST799(ID),i'm a girl.
000200 YOU AND ME, FROME ONE WORD,
000300 WE ARE ONE FAMILY.
000400 FOR DREAMS WE TRAVEL THOUSANDS OF MILES,
000500 WE MEET IN BEIJING.
000600 YOU AND ME, FROME ONE WORD,
000601 FOREVER WE ARE ONE FAMILY.
000610 YOU AND ME, FROME ONE WORD,
000700 FOREVER WE ARE ONE FAMILY.
***** ********************************** Bottom of Data ****************************
```

图 3 – 71　案例 2 步骤 5 命令 6 图 4

此时，已经按要求编辑完成。按 F3 键，退出并保存。

```
DSLIST - Data Sets Matching ST799                          Data Set Saved

Command - Enter "/" to select action              Message            Volume
-------------------------------------------------------------------------------
       ST799                                                          *ALIAS
       ST799.ISPF.ISPPROF                                            TSO003
_      ST799.LAB1.DATA                              Edited           WORK03
*********************************** End of Data Set list ***************************
```

图 3 – 72　案例 2 数据集编辑完成

3.6.3　使用 CLIST

案例 3：要求写一段 CLIST 程序并执行，完成显示：USERID 和当前系统的时间。（这里，以 TE03 用户为例）

操作步骤（如图 3 – 73 ～图 3 – 74）：

步骤 1：在 TE03. CLIST（MEM3）书写符合要求的命令。

```
EDIT       TE03.CLIST(MEM3) - 01.00                 Columns 00001 00072
***** ********************************** Top of Data ********************************
000100 SET SU=&SYSUID
000200 WRITE  'MY USERID IS -'  &SU
000300 SET TM=&SYSTIME
000400 WRITE  'TIME IS -' &TM
***** ********************************** Bottom of Data ****************************
```

图 3 – 73　案例 3 的 CLIST 编写图

步骤2：执行 CLIST，得到结果。

```
 TE03.SOW1.SPFLOG1.LIST has been deleted.
 READY
exec 'TE03.CLIST(MEM3)'
  'MY USERID IS -'  TE03
  'TIME IS -' 15:01:40
 READY
```

图 3－74　案例 3 的 CLIST 执行结果图

案例4：要求写一段 CLIST 程序，并执行 CLIST，完成显示：3 行 HAPPY BIRTHDAY USERID。

操作步骤（见图 3－75～图 3－76）：

步骤1：在 TE03. CLIST（MEM4）书写符合要求的命令。

```
EDIT       TE03.CLIST(MEM4) - 01.01
****** **************************** Top of Data ***
000100 SET  C = 3
000200 L1: SEND  'HAPPY BIRTHDAY' USER(TE03)
000300     SET  C = &C - 1
000400     IF  &C NE 0 THEN GOTO L1
000500 END
****** **************************** Bottom of Data *
```

图 3－75　案例 4 的 CLIST 编写图

步骤2：执行 CLIST，得到结果。

```
 READY
exec 'TE03.CLIST(MEM4)'
 HAPPY BIRTHDAY TE03
 HAPPY BIRTHDAY TE03
 HAPPY BIRTHDAY TE03
 READY
```

图 3－76　案例 4 的 CLIST 执行结果图

第4章 数据集

数据集（Data Set），顾名思义就是数据的集合。数据集的概念起源于大型主机，在大型主机领域它有明确界定的意义。本章将介绍大型主机数据集的基础知识和操作方法，主要内容包括：数据集的基本概念、分类、存储和分配；数据集的记录格式和命名规范；数据存取方法；编目和 VTOC 的用途。最后通过案例展示，让读者熟悉分配、拷贝、删除和编目数据集的基本操作。

4.1 数据集的基本概念

在 z/OS 系统中，一条逻辑记录（Logical Record）是程序运行的基本信息单位；而盘卷（Volume）是存储设备的统称。数据集就是存放在一个或一组盘卷上的逻辑相关的数据的集合，它是主机范畴内极为重要的一个概念，非常接近大家熟悉的 PC 机上文件、文件夹这样的概念。数据集可以是一行文字、一段文字、一段源程序、一个程序库、一个过程库或一个宏库，可以使用 ISPF 或 TSO 工具对数据集进行操作。

数据集存储在盘卷上，盘卷可以是 DASD 盘卷、磁带盘卷或其他光学存储介质。数据集类型不同，所要求的存储介质也有所不同，例如，所有类型的数据集都能存储在 DASD 盘卷上，但只有顺序数据集才能存储在磁带盘卷上。

4.1.1 DASD 相关概念

DASD（Direct Access Storage Device，直接存取存储设备）是我们通常所说的磁盘驱动器。直接存取存储的意思是指可以在存储系统直接（并随意）设定地址来存取数据，它是磁带采用的顺序存取方式的改进。一个 DASD 卷用来存储数据和可执行程序，其上可以存放多个数据集，DASD 上的空间是可以被重新分配和利用的。

1. 柱面和磁道

DASD 作为磁盘驱动器，其结构是由磁道（Track）、扇区（Sector）、柱面（Cylinder）和磁头（Head）、盘片（Plates）组成的。考虑到后续章节会接触到柱面和磁道的概念，这里仅作一些简单的介绍。

一个磁盘最基本的组成部分是由金属材料制成的涂以磁性介质的盘片，如图 4-1 所示，盘片表面上以盘片中心为圆心，不同半径的同心圆称为磁道，尽管半径不同，各个磁道的容量是相等的；磁盘中，不同盘片相同半径的磁道所组成的圆柱称为柱面。磁盘包含柱面，柱面包含磁道（盘片），数据写在磁道上。因而，一个 DASD 盘卷的容量=盘片数目×柱面数×一个磁道的容量。

如图 4-2 所示，一个 3390-3 盘卷的容量为 56664 B/Track × 15 Track/Cyl × 3 339Cyl/

Vol≈2.84GB/Vol；一个 3390 - 9 盘卷的容量为 56 664 B/Track×15 Track/Cyl×10 017 Cyl/Vol≈8.51GB/Vol，它是 3390 - 3 盘卷存储容量的 3 倍；一个 3390 - 27 盘卷的容量为 56 664 B/Track×15 Track/Cyl×32 760 Cyl/Vol≈27.84 GB/Vol。需要注意的是，3390 - 3、9、27 这 3 种盘卷类型有相同的 56 664 B/Track 以及 15 Track/Cyl，区别在于各类型盘卷包含的柱面数量不等。在一个磁盘阵列中，通常允许不同类型的盘卷同时存在，譬如同时存在 3390 - 9、3390 - 27 类型的磁盘，以满足不同应用对存储容量的需求。

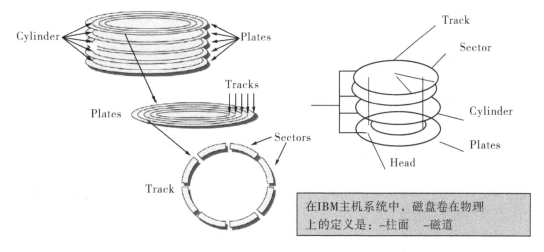

图 4 - 1 柱面和磁道图

3390-3、9、27逻辑盘卷（Volume）容量技术指标				
Unit	B/Track	Track/Cyl	Track/Cyl	Cyls/Vol	GB/Vol
3390-3	56 664	15	50 085	3 339	2.84
3390-9	56 664	15	150 255	10 017	8.51
3390-27	56 664	15	491 400	32 760	27.84

图 4 - 2 3390 - 3、9、27 逻辑盘卷容量技术指标图

2. 逻辑记录与数据块

逻辑记录和数据块是初学者容易混淆的概念。逻辑记录是逻辑概念，而数据块是物理概念。磁道包含了数据记录（Data Records），这里所说的数据记录不是指物理上的记录，而是指逻辑上的记录，也就是逻辑记录（Logical Record）。逻辑记录是能被程序处理的最小的数据单位，它由很多域组成，这些域包含了能被运行的应用程序识别的信息。

当把逻辑记录映射到 DASD、磁带及其他物理介质之上时，组织成的物理记录称作数据块（Data Blocks），数据块是 DASD 的基本记录单位，也是 I/O 传输的最基本的交换单位，是数据的物理记录。在 DASD 盘卷上，每一个数据块都有自己的位置和唯一的标识。数据块与数据的逻辑记录之间是有一定对应关系的，在 4.1.3 节将会介绍。总体来说，数据块的大小可以是固定的或是可变的，设计数据块大小，受到多方面因素的影响，包括输入、输出效率，存储空间代价以及计算机应用特点等。

3. DASD 卷标号

主机环境内囊括了许许多多的盘卷，为了便于识别使用的是哪一个 DASD 盘卷，DASD 的任一盘卷都有唯一的号码标识，这个号码称作 DASD 卷标号（DASD Volume Label 或 Volume Serial Number），它存放在 DASD 磁盘的 0 柱面 0 磁道，通常由 6 位字符构成。对于每一个 DASD 磁盘，卷标号都是由系统初始化程序产生的，在使用这些盘卷之前，系统的工具程序都会初始化每一个 DASD 的盘卷的卷标号。

4.1.2　定位数据集

一般来说，数据集可以通过如下三个参数来定位：

● 设备类型（Device Type）：指的是数据集存放在哪种设备上，可以是 DASD 盘卷、磁带盘卷，或是其他介质上。无论是哪类设备，每类设备都有唯一的设备类型号。

● 卷标号（Volume Serial Number）：明确是哪类设备之后，定位数据集，就需要找到是在这种设备的哪一个或哪几个盘卷上。

● 数据集名（Data Set Name）：就是数据集的名称，同类设备同一盘卷上的数据集的名称必须是唯一的，不可重名。显然，在明确设备类型、卷标号后，要定位数据集，直接给出数据集的名字就能顺利定位到。

4.1.3　数据记录格式

数据块大小（BLKSIZE）与数据的逻辑记录长度（LRECL）之间的对应关系定义为数据记录格式（Data Record Formats）。在主机范畴内，数据记录格式通常分为 F、FB、V、VB 和 U 共五类，它们的关系如图 4 - 3 所示。

● F：表示定长记录（Fixed Records）格式，此格式表征一个数据块对应一条逻辑记录，即一个逻辑记录的长度等于一个块大小，BLKSIZE = LRECL。

● FB：表示定长块记录（Fixed Blocked Records）格式，此格式表征一个数据块对应多条逻辑记录，记 BLKSIZE = n × LRECL。假定某个数据集的记录格式是 FB，若定义 LRECL = 80，那么 BLKSIZE = 80 × n（n 为大于零的整数），如果把 BLKSIZE 设置为 320，那么磁盘内部数据传送将按 1 个块大小（4 个逻辑记录长），即 320 B 进行传送。

● V：表示可变记录（Variable Records）格式，此格式表征一个数据块的大小是不固定的、可变的。BLKSIZE ≥ LRECL（LRECL = 4 + Data Length）。其中，RDW（Record Descriptor Word，记录描述字）占 4 个字节，记录了每一个块的逻辑记录的长度信息。RDW 头 2 个字节用来记录逻辑记录的长度，可以从 4 到 32 760 字节，后 2 个字节必须为 0，因为其他值是用来表示跨范围记录的，很少使用。

● VB：表示可变记录（Variable Blocked Records）格式，此格式表征一个数据块的大小同样是不固定的、可变的，而且每个块可以由多个逻辑记录组成。BLKSIZE ≥ 4 + n × LRECL（LRECL = 4 + data length）。除了每条逻辑记录前都有 4 字节的 RDW 记录其长度外，每个块还分配有 4 个字节的 BDW（Block Descriptor Word，块描述字）用于描述整个块的长度。

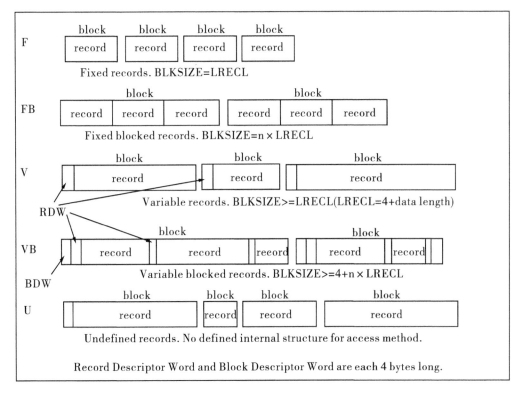

图4-3 数据记录格式图

● U：表示未定义记录（Undefined）格式，此格式表征一个数据块的大小是未定义的。由没有预先定义结构的变长的物理记录/块组成，且不方便管理，该格式通常只用于可执行模块，较少使用。

4.1.4 存取方法

存取方法（Access Method）指的是存取数据采用的某种技术。每一种存取方法不仅有自己的数据集结构来组织数据，还有系统提供的程序或宏来定义数据集，以及系统提供工具程序来处理数据集。

访问方法主要由数据集组织的形式所决定。譬如，可以使用基本顺序访问方法（BSAM）去访问一个顺序数据集。当然，可以用一种访问方法去访问用另外一种访问方法创建的数据集。例如，一个用 BSAM 方法创建的顺序数据集可以用基本直接访问方法（BDAM）去访问；反之亦可。下面介绍六种常用的访问方法：

（1）QSAM（Queued Sequential Access Method）。

QSAM 按照记录进入系统的顺序安排记录的存放位置，组织成一个顺序数据集。为了提高性能，QSAM 往往在记录被使用之前就已将其提前读入内存。

（2）BSAM（Basic Sequential Access Method）。

BSAM 将记录按照其进入系统的顺序安排记录的存放位置。按照这种方式组织的数据集称为顺序数据集。用户将多个记录组织成块，称之为基本访问。与 BSAM 不同，QSAM 由系统组织记录的组块与分解，也就是说，系统将多个记录组成块。

（3）VSAM（Virtual Sequential Access Method）。

VSAM 以索引键或相对字节地址来安排记录的存放位置。VSAM 用于直接或顺序处理固定或可变长度的记录。为了方便访问，以 VSAM 方式组织的数据均经过了分类。

（4）BPAM（Basic Partitioned Access Method）。

BPAM 将记录作为分区数据集（PDS）或扩展的分区数据集（PDSE）的成员安排在磁盘数据集中。可以像顺序数据集那样访问其中的每一个成员。PDS 或 PDSE 包含一个目录，反映了成员名及其在数据集中的位置关系。

（5）BDAM（Basic Direct Access Method）。

BDAM 由程序去指定记录的存放位置，当然读取记录时要以实际地址或相对地址的方式给定相对记录。如果不知道记录的准确位置，可以在数据集中给定一个点，然后从这里开始查找记录的起始位置。以这种方式组织的数据集称为直接数据集。这种数据集的使用有效性远差于 VSAM 数据集。通常不建议使用这种访问方法，但考虑到兼容性，现在的操作系统仍然支持这种访问方法。

（6）ISAM（Index Sequential Access Method）。

ISAM 包括两种访问方法：基本的索引顺序访问方法（BISAM）和队列式的索引顺序访问方法（QISAM）。由 ISAM 方法创建的数据集称之为索引顺序数据集。ISAM 以关键字值的顺序安排记录的存放顺序，并以关键字访问记录。在 ISAM 中，多索引的结构类似于 VSAM。IBM 并不推荐使用 ISAM，但为了与 IBM 的其他操作系统相兼容，依然保留了对它的支持。

4.1.5 分配数据集

要使用一个数据集，首先需要分配（Allocate）它，然后使用恰当的存取方法来存取数据。分配一个数据集，即新建数据集需要完成如下两个方面的工作：

（1）在磁盘上为新的数据集分配空间；

（2）在一个作业步和任意数据集之间建立逻辑联系。

一般地，分配数据集的操作可以通过以下四个渠道来完成：

（1）使用 ISPF 工具的 3.2 选项，进入"Allocate New Data Set"面板来分配数据集；

（2）使用存取方法服务工具来分配数据集；

（3）使用 TSO Allocate 命令来分配数据集；

（4）书写作业控制语言来分配数据集。

4.1.6 数据集命名规则

数据集的命名规则是相当讲究的，不良的数据集名称将被系统拒绝，一个数据集名字可以由一个或多个名字段（Name Segment）构成，如果由多个名字段构成，段与段之间用"."号分隔，每一个段代表处于某一层次的域（A Level of Qualification），最左边的名字段称作高层域（High Level Qualifier，HLQ），最右边的名字段称作低层域（Low Level Qualifier，LLQ）。

例如：数据集 USER01. LAB1. DATA，数据集名称由"USER01""LAB1""DATA"三个名字段组成，HLQ 是"USER01"，LLQ 是"DATA"；而数据集 LAB1，其数据集名由"LAB1"单独的一个名字段构成。数据集命名规则如下：

（1）数据集名称长度不超过 44 个字符（包括段与段之间连接的"."号）；

（2）数据集名称最多由 22 个名字段组成；

（3）每一个名字段的命名规范：

● 可以由 1 个到 8 个字符组成。

● 首字符必须为字母（A～Z）或特殊字符（@、#、$）。

● 除首字符外的其他字符可以为字母（A～Z）、数字（0～9）、连接符（－）。

【例1】请判断如下数据集命名是否有效：

① HLQ. ABCDEFGHI. XYZ

无效：ABCDEFGHI 长于 8 个字符。

② HLQ. . ABC

无效：中间名字域短于 1 个字符。

③ HLQ. ABC.

无效：名字段之间才需要"."号分隔。

④ HLQ. 123. XYZ

无效：每一个名字段首字符必须为字母或特殊字符。

⑤ $STEP(8)

无效：( ) 为非法字符。

⑥ *STEP1

无效：每一个名字段首字符必须为字母或特殊字符，* 号不是特殊字符。

⑦ @APPL#1

有效。

总体上说，遵循上述的命名规则，可以完全保证数据集名称的有效性，不过，为了便于互相查找查看数据集，IBM 还是给出了一些推荐规范，有了这些共识之后，数据集的命名将会变得更加合理，大大提高工作效率。这些共识包括：

● LIB 作为一个名字段，通常表示这个数据集是一个库（Library）；

● CNTL、JCL 或 JOB 作为一个名字段，通常表示这个数据集包含的是一篇 JCL；

● LOAD、LOADLIB 或 LINKLIB 作为一个名字段，通常表示数据集包含了可执行程序；

● PROC、PRC 或 PROCLIB 作为一个名字段，通常表示这个数据集是一个 JCL 过程库；

● COBOL、ASSEMBLER、FORTRAN、PL/I、JAVA、C 或 C＋＋作为一个名字段，通常表示这个数据集是一段由 COBOL 语言、汇编语言、FORTRAN 语言、PL/I 语言、JAVA 语言、C 语言或 C＋＋语言编写的源程序。

4.2 数据集的分类

z/OS 系统的数据集宏观上分为 VSAM 数据集和非 VSAM 数据集，其中，非 VSAM 数据集又包括顺序数据集（PS）、分区数据集（PDS）和扩展的分区数据集（PDSE）。

4.2.1 顺序数据集

顺序数据集（Sequential Data Set，PS）由一条或多条记录构成，这些记录顺序存储在物理介质上并且被顺序处理。对于用户而言，在屏幕中看到的一行信息就是一条记录（逻辑记录），记录按顺序排放，新记录写在末尾，如图 4-4 所示。当记录数超过该顺序数据集所分配的初始空间时，系统会为它进行空间扩充，一共可扩充 15 次。首次分配的空间与扩展的空间值大小可以由用户在分配这个数据集时指定。

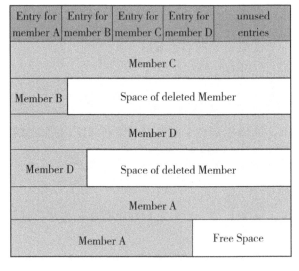

图 4-4　顺序数据集的结构图　　　　图 4-5　分区数据集结构图

4.2.2 分区数据集

分区数据集（Partitioned Data Set，PDS）由一个或多个顺序数据集组成，这些顺序数据集被称为成员（Member），每个成员实际上就是一个顺序数据集。任何成员的命名不超过 8 位字符。分区数据集还包含有一个目录，目录记录了每一个成员以及空闲空间的入口信息（指针指向对应的成员所在地址），成员按成员名的字母顺序排列在目录里，如图 4-5 所示。分区数据集也可称为库文件，通常用来存放程序源代码、可执行模块、系统及应用程序的控制参数、JCL 以及 JCL 过程等。相比于顺序数据集，分区数据集具备如下优势：

（1）提供类似于文件夹的功能，将离散的各类顺序数据集整理在一起，方便管理和查找。需要注意的是，在主机范畴内，分区数据集是二层结构，分区数据集里只能是顺序数据集。

（2）z/OS 为数据集分配空间时，通常是从磁盘某个磁道的边界开始分配，譬如为数据集 A 分配磁道 TRK1 的空间，那么之后为数据集 B 分配空间时，就不可以再使用磁道 TRK1。而如果使用 PDS，则可以支持在一个磁道上存储多于一个的数据集（成员）。因此，从某种意义上来说，PDS 比 PS 更节省系统的存储空间。

（3）PDS 中的成员具备顺序数据集的所有特性；可以将多个 PDS 连接在一起形成一个大的库文件。

此外，分区数据集也有如下的缺点：

① 浪费空间。

• 当对分区数据集内某个成员进行修改或添加时，系统会重新为这个成员所在分区数据集内分配空间，容易造成空间的浪费。

• 当删除分区数据集中的某个成员，这个成员在目录中的指针也被同时删除，造成本可以重新利用的空间无法利用起来。

因此，需要对 PDS 进行常规性的手工压缩处理以回收浪费的空间。

② 目录块大小受限。

• 在分配 PDS 时，目录块大小需要事先设定好。如果之后由于 PDS 内容不断增加，设定的空间无法满足需求时，只能放弃使用这个 PDS。

③ 目录搜索效率不高。

由于目录是按照成员名字的字符顺序进行排序，在搜索字符比较靠后的成员名时，几乎需要遍历整个目录，搜索效率不高。

4.2.3 扩展的分区数据集

扩展的分区数据集（Partitioned Data Set Extended，PDSE）只能保存在磁盘上，不可以保存在磁带上。扩展的分区数据集同样包含目录（见图 4-6），目录的大小可以按需求自适应增长，最高可以支持 522 236 个成员。此外，为了查询优化，目录中已建好索引。在 PDS 中由于删除或修改目录导致空间的浪费在 PDSE 里做了很好的修正，这些空间都会被自动回收，所以不会产生 PDS 那样的空间碎片，因此不需要特别地使用压缩命令来完成空间释放。PDSE 的空间可以追加 123 次，每个成员的最大记录可达到 15 728 639 B。需要注意的是，PDSE 不可以用来存储装载模块（Load Modules）。总体来看，PDS 可存放任何类型的数据，其目录区大小固定，目录区按字母顺序查找，成员可以增减，但成员被删除后所占用的空间不可再被利用，除非对整个数据集进行压缩；PDSE 可存放大多数类型的数据，但不能用于存放装载模块库，

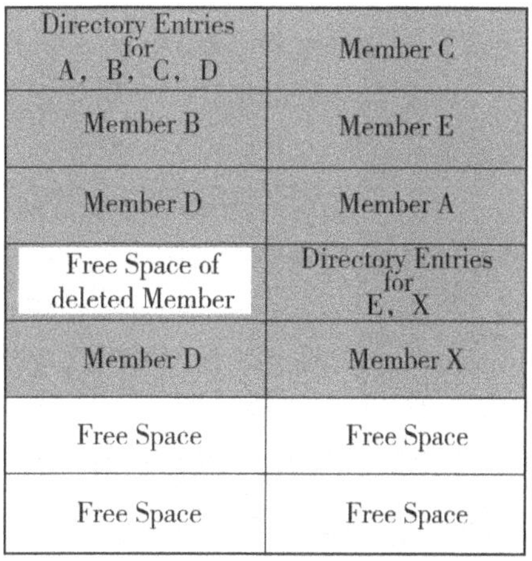

Directory Entries for A, B, C, D	Member C
Member B	Member E
Member D	Member A
Free Space of deleted Member	Directory Entries for E, X
Member D	Member X
Free Space	Free Space
Free Space	Free Space

图 4-6 PDSE 结构图

其目录区大小可变，目录的查找顺序为索引查找，优化了查找速度，而且多个成员可以在同一时间增加或删除，删除成员后其占用的空间可以自动整理，使空间得以再利用。

4.2.4 VSAM 数据集

VSAM（Virtual Storage Access Method）数据集，是一种虚拟存储访问方法，用来组织数据记录并且利用编目实现数据集的维护。它类似于操作系统与应用程序之间的接口，提供两者之间高效的数据存取服务。需要注意的是，VSAM 数据集不同于其他数据集，不可以由 ISPF 编辑器处理，一般使用 DITTO 工具来编辑 VSAM 数据集。根据数据的组织方法，VSAM 数据集分为以下几种：

（1）进入顺序数据集（ESDS）：记录以进入数据集的顺序安排其存放位置，新加入的记录加在数据集的末尾。

（2）关键字顺序数据集（KSDS）：记录以关键字升序的顺序存放，以关键字或相对字节地址进行访问。

（3）线性数据集（LDS）：线性数据集中的数据没有记录边界，也没有其他 VSAM 数据集中所具有的控制信息。这种数据集必须被集成的编目机制（ICF）所编目。

（4）相对记录数据集（RRDS）：记录以其相对记录号顺序存放，访问也是通过相对记录号来进行访问。有两种 RRDS 数据集：固定长度的 RRDS，记录必须是定长的；可变长度的 RRDS，记录长度是可变的。

VSAM 数据集有两个独有的概念，分别是 CI 和 CA。

1. CI

CI（Control Interval），称为控制区间，是一段可以直接访问的连续区域，用来给 VSAM 文件存放记录以及描述这些记录的控制信息。当需要某个 CI 上的记录，整个 CI 都会被转存到 VSAM I/O 的虚拟存储缓存中，而需要用到的记录则会从这个缓存中取出，放到用户定义的缓存区或工作区供使用。控制区间主要包含如下内容：

① 数据记录：一条或多条逻辑记录；

② 未使用的空间：可以使用的空间；

③ 记录描述符（RDF）：一个 RDF 描述了一个逻辑记录的信息，对于定长格式的记录，只需要两个 RDF，一个用于记录逻辑记录的长度，另一个则记录有多少个该种长度的记录；

④ 一个控制区间描述符域（CIDF）：包含未使用空间的大小和位置信息，占 4 个字节，每个 CI 只有一个 CIDF，位于 CI 的尾端。

2. CA

由两个或两个以上 CI 组成了控制区域 CA（Control Area），换句话说，多个 CI 位于一个 CA 中。VSAM 数据集由一个或多个 CA 构成。

VSAM 数据集的组件分为两种，一种称作数据部件，另一种称作索引部件。除 KSDS 和 RRDS VSAM 数据集包含这两种部件外，其他 VSAM 数据集只包含数据部件。

① 数据部件：数据部件是 VSAM 数据集的一部分，用来存放数据记录。

② 索引部件：索引部件包含了数据的键值以及数据记录的入口信息。

4.3 编目和 VTOC

4.1.2 节介绍了定位数据集所必要的三个参数：设备类型、卷标号以及数据集的名称。通常地，设备类型并不复杂，最常用的就是磁盘存储设备，譬如 3390。问题在于磁盘卷的数目非常庞大，卷标号往往不容易被记住，如果把卷标号弄错，肯定无法正确定位数据集。随着操作系统的发展，尤其是数据集管理技术的发展，产生出一些很好的技术来代替人工的操作，编目（Catalog）技术就是其中之一，目前数据集的管理主要是通过编目来实现的，编目本身就是一个数据集，它包含其他数据集的入口信息以支持仅通过数据集的名称来定位数据集。因此，有了编目技术之后，定位数据集只需要指定数据集的名称即可。

4.3.1 VTOC

通常磁盘第 1 个柱面第 1 个磁道的第 1 条记录，记录了卷标号（Label、Volser 或 Volume Serial Number），它由 6 位字符构成，如 USER02。卷标号包含了一个指针指向磁盘的 VTOC。

当一个磁盘被初始化的时候，VTOC（Volume Table of Content）会由系统程序自动生成。VTOC 是一种数据结构，提供在某个磁盘卷上定位数据集的方法，它除了包含某个盘卷上所有数据集的名字、大小、地址和权限信息，还包含了盘卷上每一个邻接的空闲空间的入口信息（见图 4-7）。由于卷标号包含了指向 VTOC 的指针，因此，通过卷标号我们就能获取 VTOC 的地址，而获取 VTOC，利用 VTOC 记录的信息，就可以定位到盘卷上的数据集。

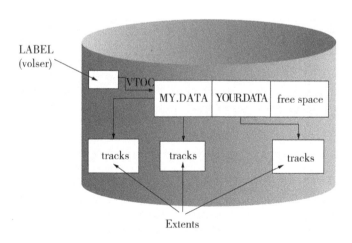

图 4-7 VTOC 的结构图

VTOC 由多个数据集控制块组成（Data Set Control Blocks，DSCBs），这些控制块可分为 0～6 类型共 7 大类：VTOC 的第一个 DSCB 通常属于类型 4，它描述了 VTOC 本身以及当前盘卷的一些属性信息；VTOC 的第二个 DSCB 通常属于类型 5，它描述了 VTOC 里的剩余空间信息；VTOC 其他的 DSCB 包括了类型 0，它是一个空的入口；类型 3，描述的是数据集，包含了这个盘卷上每个数据集的起始地址信息和其他相关信息；类型 1，同样描述数据集，包含了各个数据集的初始部分信息；当一个数据集被删除时，它的类型 1 的 DSCB 会被重写，变回到类型 0 的 DSCB。

VTOC 的查找方式为按顺序地扫描 DSCB，直到找到一个正确的类型 1 的 DSCB 为止，或者直到遍历完整个 VTOC 为止。因此，磁盘上的数据集越多，VTOC 的搜索速度就会越慢，当然，索引技术的引入可以优化 VTOC 的搜索速度。

4.3.2 编目的结构

z/OS 系统通常包含一个主编目和多个用户编目，如果整个系统只有一个编目，那它一定是主编目，它记录了系统中所有数据集的位置入口信息。一般来说，用户编目记录用户数据集的名字和位置信息（包括 DSN、VOLUME 和 UNIT 等），而主编目则记录了系统数据集的名字和位置信息、用户编目数据集的 HLQ 信息、VSAM 和其他数据集的入口信息（见图 4 - 8）。

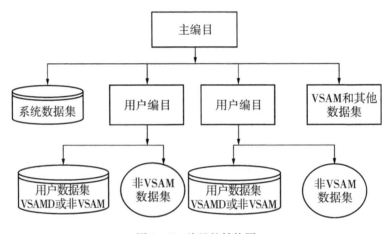

图 4 - 8　编目的结构图

主编目必须放在系统盘卷中，用户编目可以存放在任何盘卷中。由于系统中对数据集的访问极其频繁，编目的目录文件，其 I/O 的访问频率更是惊人，于是 IBM 推出了目录的 Cache 技术，实际上是一种让目录驻留在内存中的技术。编目的 Cache 技术有两种：

● CAS（Catalog Address Storage），又称 ISC（IN - Storage Cache），主要用于存放主编目，虽然用户编目也可存放其中，但由于 CAS 的空间有限，所以尽量不存放用户编目；

● CDSC（Catalog Data Space Cache），由 VLF 技术支持，用于存放用户目录，在系统参数库（COFVLFxx）中定义，凡是定义在其中的用户编目，自动将它们存放在 CDSC 中。

4.3.3 编目的过程

对数据集的编目实际上是在数据集的入口建立列表和索引，访问数据集时，系统通过查找编目来定位已编目的数据集。编目中包括数据集名、卷标和设备类型。当读取编目的时候，只需指定数据集名和数据集状态（在 JCL 指定数据集时，需要同时指定数据集状态），无需指定 VOLUME 和 UNIT 参数。系统通过数据集名查找编目，从编目中获取 UNIT 和 VOLUME 信息，然后通过 UNIT 参数和 VOLUME 参数指定的 VTOC 获取数据集的位置、大小等信息。接下来以图 4 - 9 分别举 2 个例子，讲述如何通过编目和 VTOC 进行数据集定位。

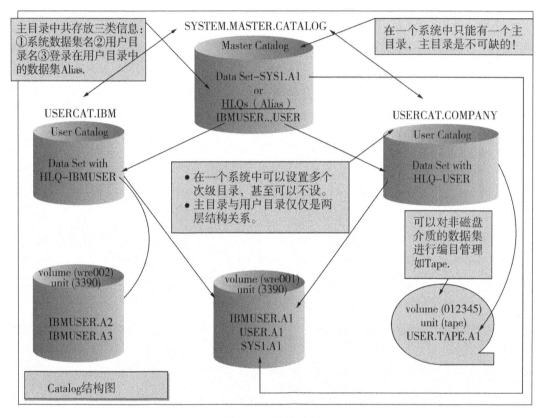

图 4 - 9　编目过程

【例 2】系统如何定位 SYS1. A1 系统数据集？

首先从主编目开始搜索，由于 SYS1. A1 是系统数据集，所有系统数据集的位置信息直接记录在主编目里，因此主编目返回 SYS1. A1 的盘卷和设备信息，分别是 wrk001 和 3390，表示 SYS1. A1 存储在 3390 磁盘设备的 wrk001 盘卷上。拿到卷标号 wrk001，它包含了 VTOC 的地址信息，通过这个地址找到 VTOC。由于 VTOC 记录了磁盘上所有数据集的名字和位置信息，因此系统可以成功定位 SYS1. A1 数据集。

【例 3】系统如何定位 IBMUSER. A2 用户数据集？

仍然从主编目开始搜索，由于 IBMUSER. A2 是用户数据集，主编目中只会记录它的 HLQ，即 IBMUSER，以及它所对应的用户编目：USERCAT. IBM。系统把这次定位需求移交给用户编目 USERCAT. IBM，USERCAT. IBM 中记录了 IBMUSER. A2 所在的盘卷和设备信息，分别是 wrk002 和 3390，通过卷标号 wrk002 及 VTOC 拿到 IBMUSER. A2 的位置信息，完成定位。

4.4 数据集的操作案例

根据需求，针对数据集可以进行各类操作。在这一节，采用案例展现的方式，讲解数据集最基本的几项操作，包括分配顺序数据集、分配分区数据集、数据集的拷贝，以及对数据集编目和取消编目。

4.4.1 分配顺序数据集

案例 1：在 ISPF 环境下，参照以下参数，建立一个名称为'USERID. PS1'的顺序数据集（PS）：

A. 所在卷：USER01。

B. SPACE UNITS 单位用磁道：TRKS。

C. 目录块大小：0；首次分配量：1；再次分配量：1。

D. 记录格式：FB；记录长度：80；块大小：800。

操作步骤（见图 4 - 10 ～图 4 - 12）：

步骤 1：进入 ISPF，在"Option ===〉"处输入命令：3.2，进入 Data Set Utility 面板，在 Data Set Name 处输入需要建立的数据集名：PS1，也可写成'USERID. PS1'（这种写法必须要用''号括起来）；在 Volume Serial 处输入在盘卷号；在"Option ===〉"处输入命令：a，表示 allocate，即使用分配命令建立数据集。

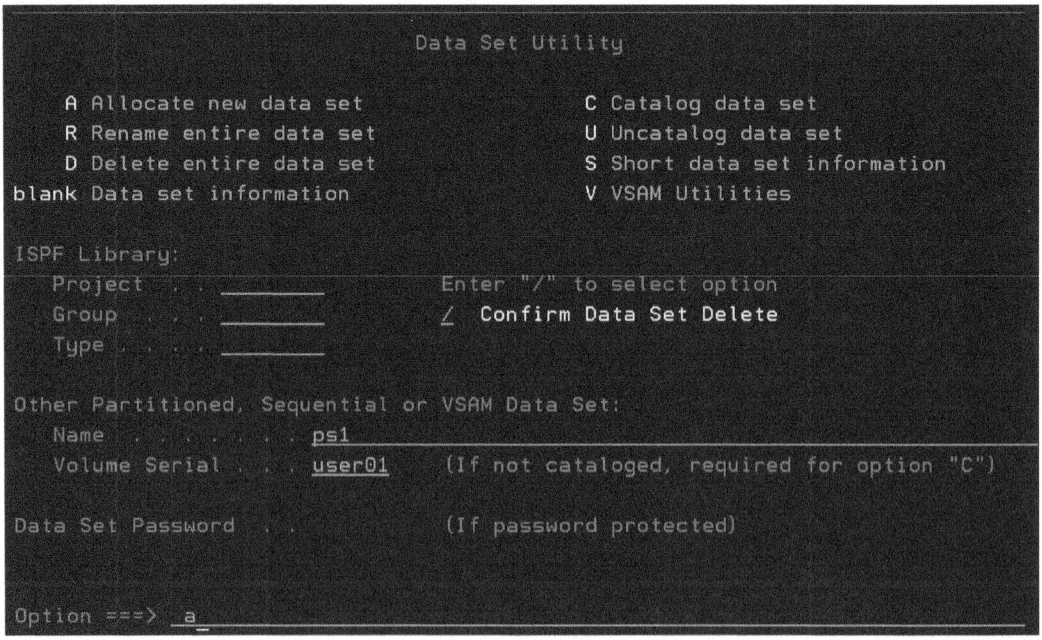

```
                            Data Set Utility

     A Allocate new data set            C Catalog data set
     R Rename entire data set           U Uncatalog data set
     D Delete entire data set           S Short data set information
blank Data set information              V VSAM Utilities

ISPF Library:
    Project . . _____          Enter "/" to select option
    Group . . . _____           / Confirm Data Set Delete
    Type  . . . _____

Other Partitioned, Sequential or VSAM Data Set:
    Name . . . . . . ps1
    Volume Serial . . user01     (If not cataloged, required for option "C")

Data Set Password . .            (If password protected)


Option ===> a
```

图 4 - 10　案例 1 步骤 1 图

步骤2：回车，进入 Allocate New Data Set 面板。为数据集设置参数：将 Space units 参数设置为 TRKS，表示本数据集以磁道为基本分配单位；Primary quantity 参数设置为 1，Secondary quantity 参数设置为 1，表示系统将为本数据集初始分配 1 个磁道，再次追加的量为 1 次 1 个磁道；Directory blocks 设置为 0，表示当前建立的数据集是一个顺序数据集；Record format 设置为 FB，表示数据记录的格式是定长块（Fixed Block）格式，这种格式意味着 Block size=N×Record length（N 为正整数）；Record length 参数设置为 80，表示本数据集逻辑记录长度为 80；Block size 的值设置为 80 的整数倍，这里设置为 800。

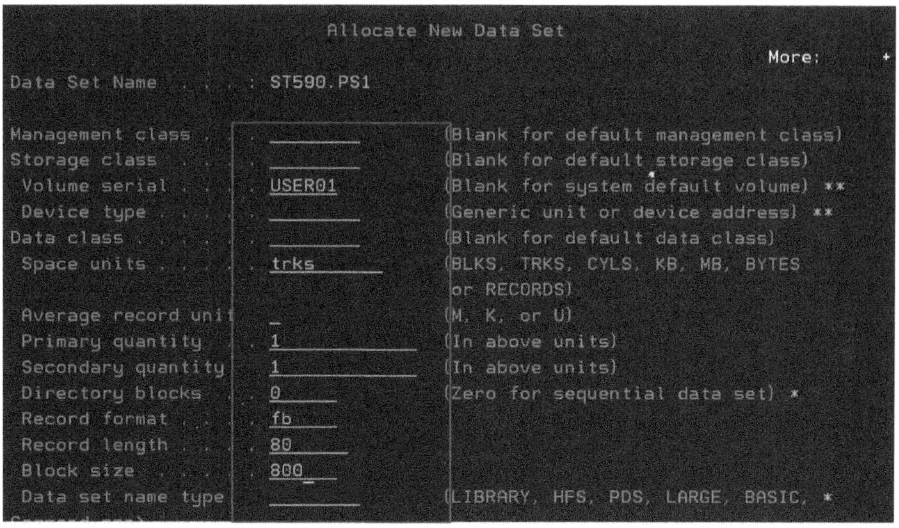

图4-11 案例1步骤2图

步骤3：回车，回到 Data Set Utility 面板，此时在面板的右上方提示：Data set allocated，表示数据集'USERID. PS1'已建立好。

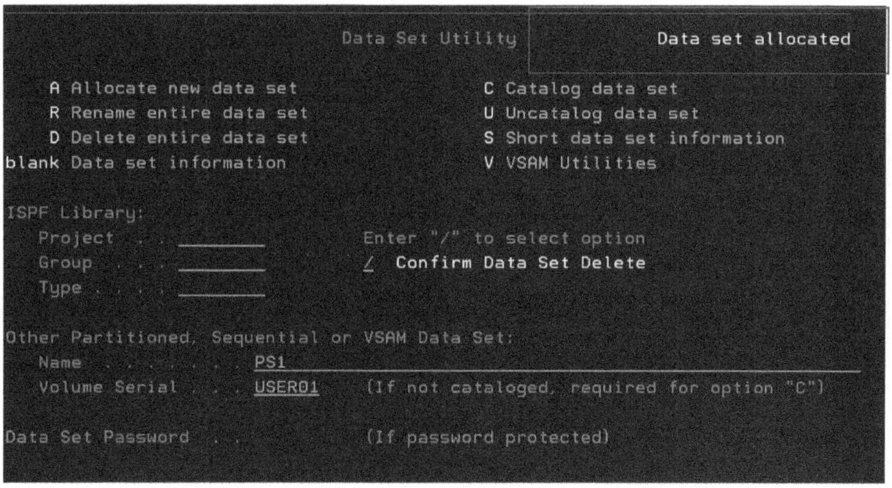

图4-12 案例1步骤3图

4.4.2 分配分区数据集

案例 2：在 ISPF 环境下，参照以下参数，分配一个名称为'USERID. PDS1'的分区数据集（PDS）：

A. 所在卷：USER01。

B. SPACE UNITS 单位用磁道：TRKS。

C. 目录块大小：2。

D. 首次分配量：1。

E. 二次分配量：1。

F. 记录格式：FB；记录长度：80；块大小：800。

'USERID. PDS1'数据集建立后，为其分配 3 个成员（MEMBER），分别命名为 MEM1、MEM2 和 MEM3。并在已建立的'USERID. PDS1'的分区数据集的 MEM1 内输入：THIS MEMBER NAMED MEMBER1！

操作步骤（见图 4 – 13～图 4 – 25）：

步骤 1：进入 Data Set Utility 面板，在 Data Set Name 处输入需要建立的数据集名字 PDS1，也可写成'USERID. PDS1'；在 Volume Serial 处输入 PDS1 存放的盘卷：USER01；在"Option ===〉"处输入命令：A，创建数据集。

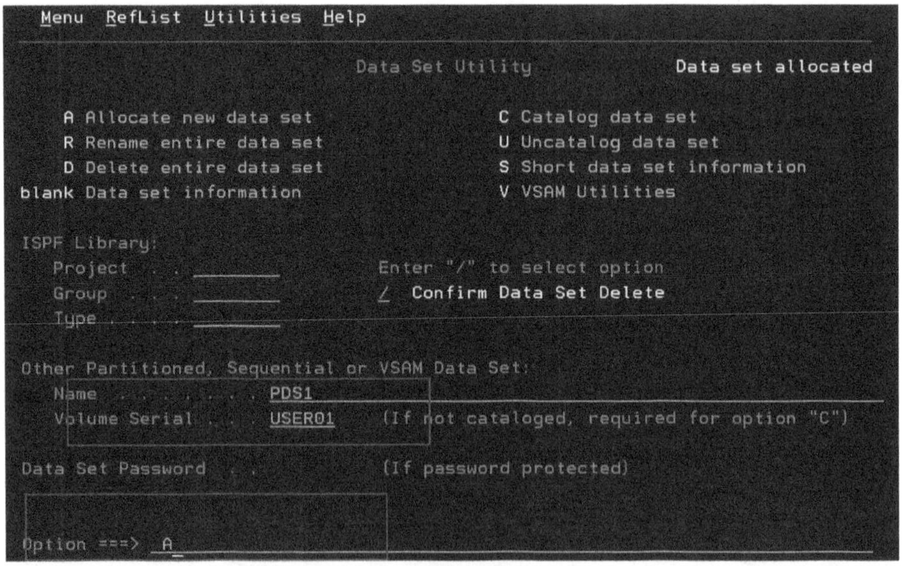

图 4 – 13 案例 2 步骤 1 图

步骤 2：回车，进入 Allocate New Data Set 面板，按照实验要求，为数据集设置参数，将 Space units 参数设置为 TRKS；Primary quantity 参数设置为 1，Secondary quantity 参数设置为 1；Record format 设置为 FB；Record length 参数设置为 80；Block size 设置为 800；

Directory blocks 设置为 2，表示为数据集的目录分配两个目录块大小的空间，潜在说明这个数据集一定是一个分区数据集，将值设置为 2，代表这个分区数据集里最多可以存放 $2 \times 5 = 10$ 个成员。需要注意的是，如果已经为这个分区数据集分配了 10 个成员，试图分配第 11 个成员，系统会在面板右上方提示"目录空间不够（No space in directory）"的错误信息，遇到这样的问题，一个可行的解决办法是：重新分配一个新的分区数据集，把它的 Directory blocks 参数设置为大于 2 的整数，使得这个新的数据集可以容纳更多的成员。新的数据集建好之后，将原来数据集的所有分区拷贝过去，放弃原有数据集，继续使用新的数据集。

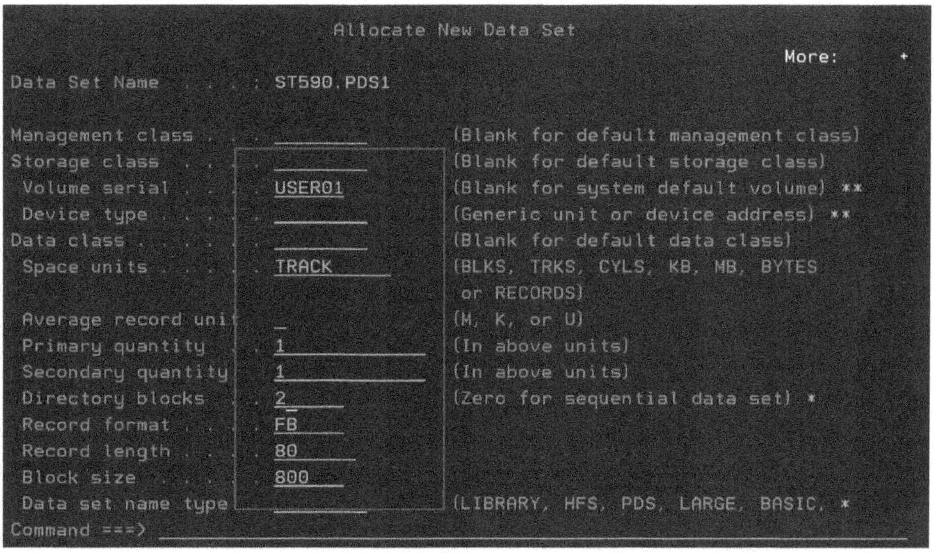

图 4 – 14　案例 2 步骤 2 图

步骤 3：回车，回到 Data Set Utility 面板，'USERID. PDS1' 数据集已建立好。

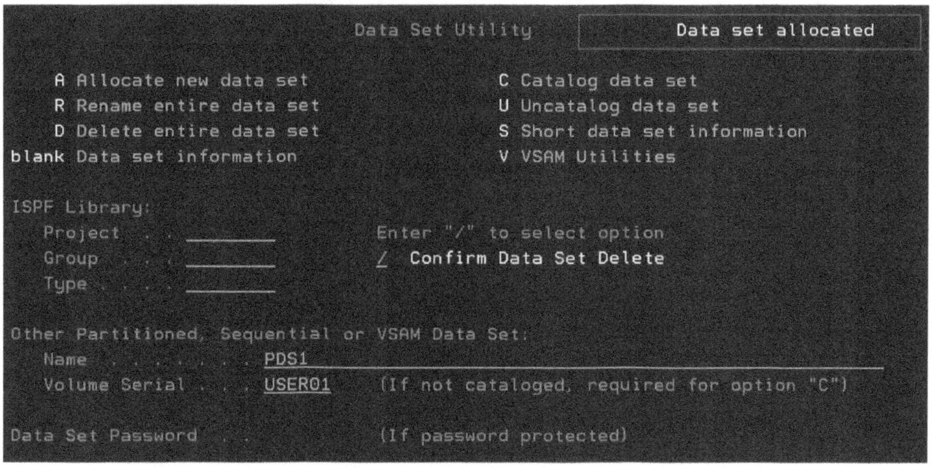

图 4 – 15　案例 2 步骤 3 图

步骤 4：在 Data Set Utility 面板的"Option ===〉"处输入命令：=3. 4，回车跳转至 Data Set List Utility 面板，在 Dsname Level 处输入 USERID，如：ST590，回车进入 DSLIST 面板，该面板以列表形式列出以 USERID（ST590）为 HLQ 的所有数据集。

```
DSLIST - Data Sets Matching ST590                              Row 1 of 5

Command - Enter "/" to select action            Message        Volume
 --------------------------------------------------------------------
     ST590                                                     *ALIAS
     ST590.PDS1                                                USER01
     ST590.PS1                                                 USER01
     ST590.SOW1.ISPF.ISPPROF                                   VPD91C
     ST590.SOW1.SPFLOG1.LIST                                   VPMVSH
********************************* End of Data Set list ***************
```

图 4 - 16 案例 2 步骤 4 图

步骤 5：找到刚才建立的'USERID. PDS1'数据集，在这一行的 Command 列处输入行命令：E，随后在'USERID. PDS1'后输入：（MEM1），表示要对'USERID. PDS1'分区数据集使用 EDIT 命令分配第一个 MEMBER，这个成员的名字为 MEM1。

```
DSLIST - Data Sets Matching ST590                              Row 1 of 5

Command - Enter "/" to select action            Message        Volume
 --------------------------------------------------------------------
     ST590                                                     *ALIAS
 E   ST590.PDS1(MEM1)_                                         USER01
     ST590.PS1                                                 USER01
     ST590.SOW1.ISPF.ISPPROF                                   VPD91C
     ST590.SOW1.SPFLOG1.LIST                                   VPMVSH
********************************* End of Data Set list ***************
```

图 4 - 17 案例 2 步骤 5 图

步骤 6：回车，弹出 EDIT Entry Panel 面板，不用修改任何内容。

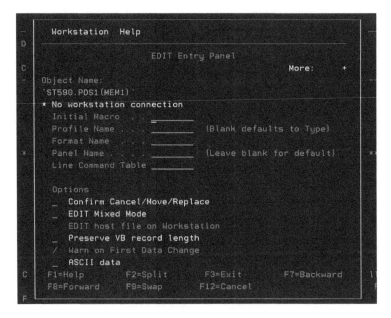

图 4 - 18 案例 2 步骤 6 图

步骤7：回车，直接进入 MEM1 数据集的编辑页面，按要求输入：This is Member Named Mem1！

```
EDIT        ST590.PDS1(MEM1) - 01.00              Columns 00001 00072
****** ********************************* Top of Data *********************************
==MSG> -Warning- The UNDO command is not available until you change
==MSG>           your edit profile using the command RECOVERY ON.
       This is member named mem1!_
```

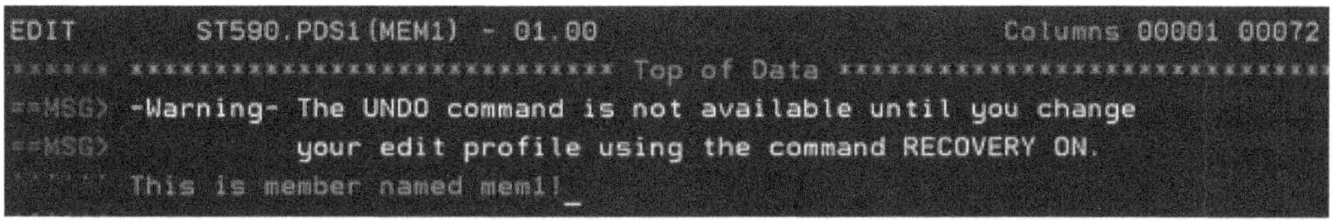

图 4 - 19　案例 2 步骤 7 图

步骤8：回车，按 F3 键保存退出，此时第 1 个成员 MEM1 已经建立好。

步骤9：接下来继续为'USERID. PDS1'建立第 2 个和第 3 个 MEMBER，可以按照刚才建立 MEM1 的方法来建立新的 MEM2 和 MEM3。当然，也可以用接下来讲述的步骤，更快速地建立新的 MEMBER。

步骤10：找到建立的'USERID. PDS1'，在这一行的 Command 列处输入命令：e。

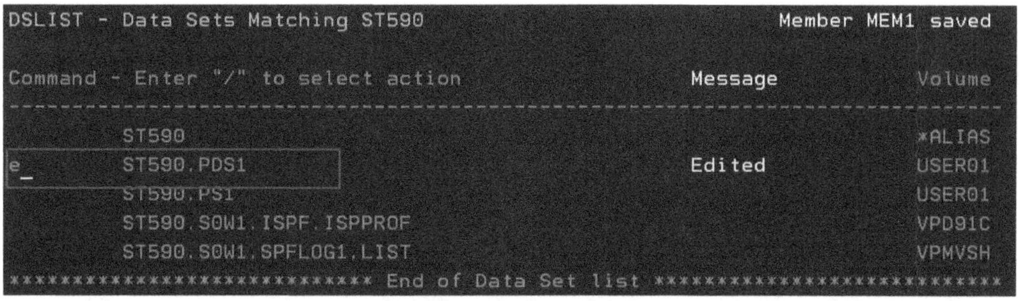

```
DSLIST - Data Sets Matching ST590                    Member MEM1 saved

Command - Enter "/" to select action          Message          Volume
------------------------------------------------------------------------
         ST590                                                  *ALIAS
e_       ST590.PDS1                           Edited            USER01
         ST590.PS1                                              USER01
         ST590.SOW1.ISPF.ISPPROF                                VPD91C
         ST590.SOW1.SPFLOG1.LIST                                VPMVSH
**************************** End of Data Set list ****************************
```

图 4 - 20　案例 2 步骤 10 图

步骤11：回车进入'USERID. PDS1'，可以看见刚才建立的第 1 个成员 MEM1，在"Command ===〉"处输入命令：S MEM2，表示建立一个名称为 MEM2 的 MEMBER。

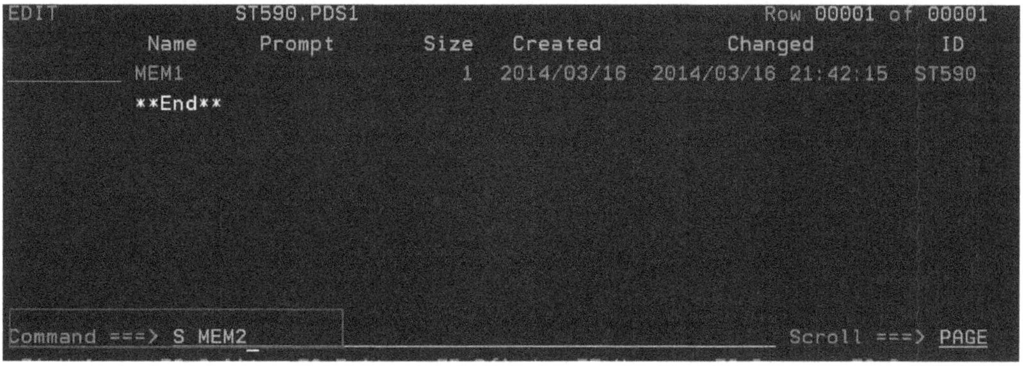

```
EDIT              ST590.PDS1                      Row 00001 of 00001
        Name      Prompt      Size   Created      Changed        ID
_       MEM1                    1    2014/03/16  2014/03/16 21:42:15  ST590
        **End**




Command ===> S MEM2_                              Scroll ===> PAGE
```

图 4 - 21　案例 2 步骤 11 图

步骤12：回车，将直接进入 MEM2 数据集的编辑页面。

```
EDIT       ST590.PDS1(MEM2) - 01.00              Columns 00001 00072
****** ******************************** Top of Data *****************************
==MSG> -Warning- The UNDO command is not available until you change
==MSG>           your edit profile using the command RECOVERY ON.
```

图 4 - 22   案例 2 步骤 12 图

步骤 13：如果不在 MEM2 中输入任何内容，但要保存 MEM2 这个数据集，请在 "Command ===〉"处输入命令：SAVE，表示保存建立这个数据集（注意：如果在 MEM2 中不输入任何内容，而只是按 F3 键退出，系统会认为你将放弃 MEM2 数据集的建立）。

```
EDIT       ST590.PDS1(MEM2) - 01.00              Columns 00001 00072
****** ******************************** Top of Data *****************************
==MSG> -Warning- The UNDO command is not available until you change
==MSG>           your edit profile using the command RECOVERY ON.












Command ===> SAVE                                Scroll ===> PAGE
```

图 4 - 23   案例 2 步骤 13 图

步骤 14：回车，按 F3 键保存退出。回到 EDIT 'USERID. PDS1' 面板，MEM2 已经建立好。不过，MEM1 怎么失踪了呢？继续在 "Command ===〉"处输入命令：REF，表示 REFRESH，刷新列表。

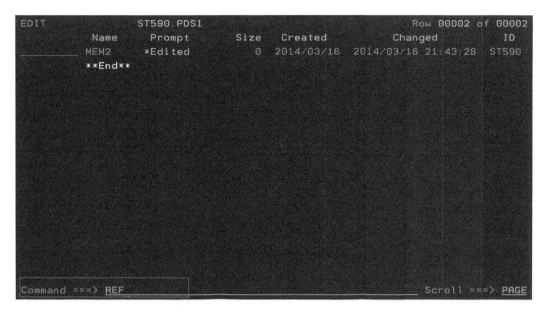

图 4-24 案例 2 步骤 14 图

步骤 15：刷新之后，MEM1 出现了。

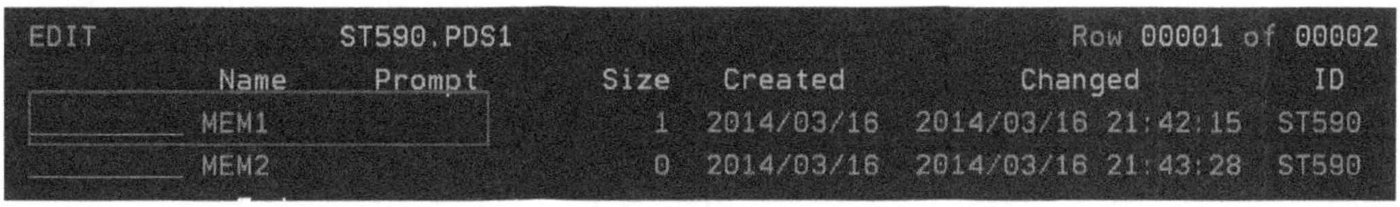

图 4-25 案例 2 步骤 15 图

步骤 16：接下来，按照步骤 10 到步骤 15 的方法，建立第 3 个成员 MEM3。

4.4.3 顺序数据集的拷贝

案例 3：在已建立的'USERID. PS1'顺序数据集内输入如下内容：I HAVE ALLOCATED A NEW PS，WHICH NAME IS PS1；然后将'USERID. PS1'数据集拷贝到目标数据集'USERID. PS2'，保持'USERID. PS2'数据集与'USERID. PS1'数据集的分配参数一致。完成后，请查看数据集'USERID. PS1'是否建立，内容是否与'USERID. PS1'一致。

操作步骤（见图 4-26 ～图 4-32）：

步骤 1：在'USERID. PS1'数据集中，按要求输入 I HAVE ALLOCATED A NEW PS，WHICH NAME IS PS1。

步骤 2：在 DSLIST 面板找到刚才建立的'USERID. PS1'，在这一行的 Command 列处输入命令：CO，表示将要进行复制操作。

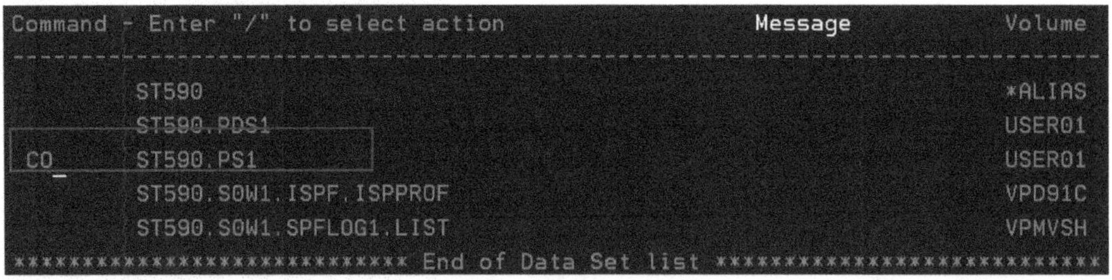

```
Command - Enter "/" to select action               Message            Volume
----------------------------------------------------------------------------
         ST590                                                         *ALIAS
         ST590.PDS1                                                    USER01
CO   _   ST590.PS1                                                     USER01
         ST590.SOW1.ISPF.ISPPROF                                       VPD91C
         ST590.SOW1.SPFLOG1.LIST                                       VPMVSH
*********************** End of Data Set list ********************************
```

图 4 – 26　案例 3 步骤 2 图

步骤 3：回车，进入 COPY Entry Panel 面板，在 Data Set Name 处输入拷贝的目标数据集名称：PS2 数据集。

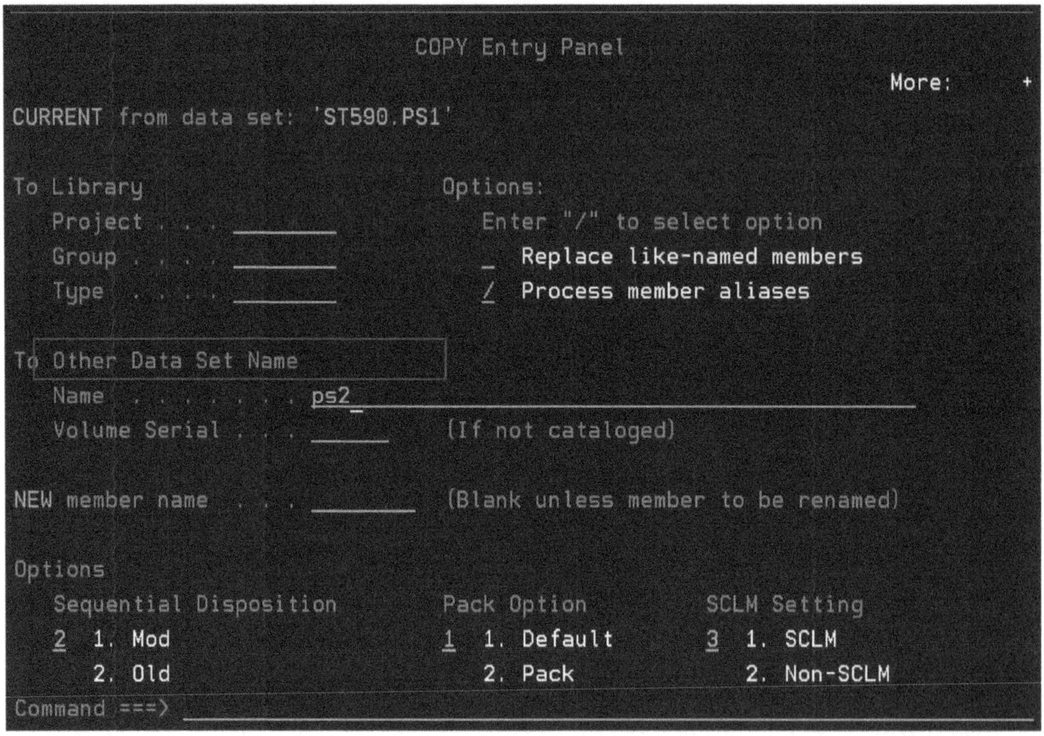

```
                          COPY Entry Panel
                                                         More:        +
CURRENT from data set: 'ST590.PS1'

To Library                     Options:
   Project . . .  _____        Enter "/" to select option
   Group . . . .  _____        _  Replace like-named members
   Type . . . .   _____        /  Process member aliases

To Other Data Set Name
   Name . . . . . . . .  ps2_
   Volume Serial . . . .  _____     (If not cataloged)

NEW member name . . .  _____      (Blank unless member to be renamed)

Options
   Sequential Disposition       Pack Option          SCLM Setting
   2  1. Mod                    1  1. Default         3  1. SCLM
      2. Old                       2. Pack               2. Non-SCLM
Command ===>
```

图 4 – 27　案例 3 步骤 3 图

步骤 4：回车，进入 Allocate Target Data Set 面板，在 Allocation Options 下横线处输入：1，表示保持目标数据集 'USERID. PS2' 与源数据集 'USERID. PS1' 数据集的分配参数一致。需要注意的是，通过这种拷贝方式，'USERID. PS2' 数据集不会采用 'USERID. PS1' 所使用的 VOLUME 参数，系统会自动分配一个盘卷供 'USERID. PS2' 数据集使用。

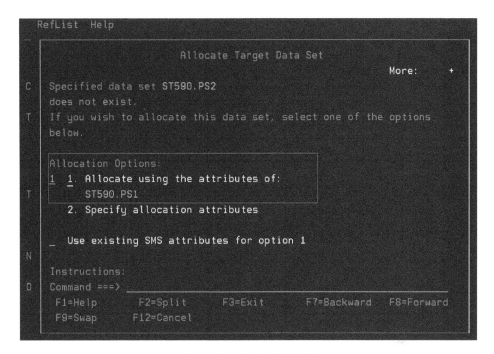

图 4 – 28 案例 3 步骤 4 图

步骤 5：回车返回 DSLIST 面板，'USERID. PS1'右方提示"Copied"，代表拷贝完成。

```
Command - Enter "/" to select action                    Message            Volume
-----------------------------------------------------------------------------------
        ST590                                                               *ALIAS
        ST590.PDS1                                                          USER01
        ST590.PS1                                       Copied             USER01
_       ST590.SOW1.ISPF.ISPPROF                                             VPD91C
        ST590.SOW1.SPFLOG1.LIST                                            VPMVSH
****************************** End of Data Set list ********************************
```

图 4 – 29 案例 3 步骤 5 图

步骤 6：在"Command ===〉"处输入命令：REF，数据集'USERID. PS2'出现。

```
Command - Enter "/" to select action                    Message            Volume
-----------------------------------------------------------------------------------
        ST590                                                               *ALIAS
        ST590.PDS1                                                          USER01
        ST590.PS1                                                           USER01
        ST590.PS2                                                           VPMVSE
        ST590.SOW1.ISPF.ISPPROF                                             VPD91C
        ST590.SOW1.SPFLOG1.LIST                                            VPMVSH
****************************** End of Data Set list ********************************
```

图 4 – 30 案例 3 步骤 6 图

步骤7：通过 B（BROWSER）命令查看数据集 PS2 中的内容。

ST590.PS1
USER01
b_
ST590.PS2
VPMVSE

图 4－31　案例 3 步骤 7 图

步骤8：回车可见‘USERID. PS2’已将‘USERID. PS1’的内容完整拷贝过来，拷贝成功。

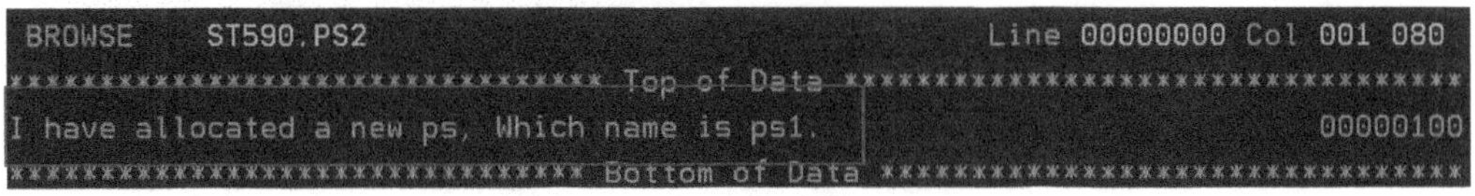

BROWSE　ST590.PS2
Line 00000000 Col 001 080
******************************** Top of Data ********************************
I have allocated a new ps, Which name is ps1.
00000100
******************************** Bottom of Data ********************************

图 4－32　案例 3 步骤 8 图

4.4.4　分区数据集成员的拷贝

案例4：将‘USERID. PDS1’的 MEM1 中的数据拷贝到目标数据集‘USERID. PDS1’的新成员中，命名为 MEM4。完成后，查看数据集‘USERID. PDS1’的 MEM4 是否建立，并且内容是否与‘USERID. PDS1’的 MEM1 一致。

操作步骤（见图 4－33～图 4－37）：

步骤1：进入 EDIT‘USERID. PDS1’面板，在 MEM1 前输入 C 命令，表示需要拷贝的源数据集为 MEM1。

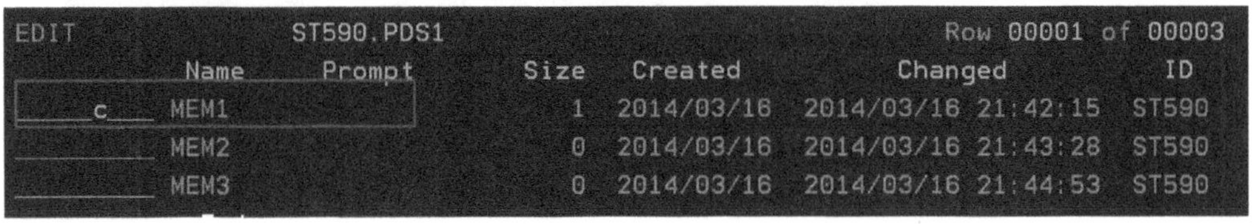

EDIT　ST590.PDS1
Row 00001 of 00003
Name　Prompt　Size　Created　Changed　ID
c　MEM1　1　2014/03/16　2014/03/16 21:42:15　ST590
MEM2　0　2014/03/16　2014/03/16 21:43:28　ST590
MEM3　0　2014/03/16　2014/03/16 21:44:53　ST590

图 4－33　案例 4 步骤 1 图

步骤2：回车，进入 Copy Entry Panel 面板，因为是在同一个数据集中对其成员进行拷贝，所以在 Data Set Name 处输入的目标数据集名称同样为 PDS1，在 NEW member name 处输入目标成员数据集，它是一个新的成员，命名为 MEM4。

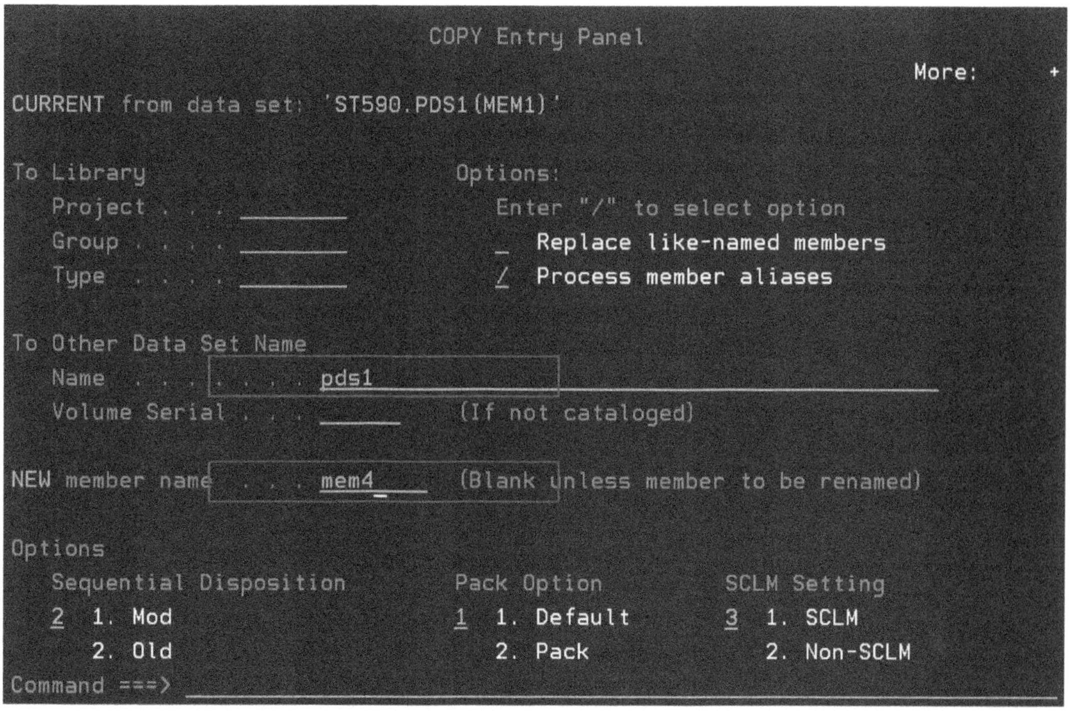

```
                            COPY Entry Panel
                                                              More:        +
CURRENT from data set: 'ST590.PDS1(MEM1)'

To Library                      Options:
   Project . . .  _____          Enter "/" to select option
   Group . . . .  _____          _  Replace like-named members
   Type . . . .   _____        /  Process member aliases

To Other Data Set Name
   Name . . . .  . . . . .  pds1_____
   Volume Serial . . .  _____      (If not cataloged)

NEW member name  . . .  mem4____   (Blank unless member to be renamed)

Options
   Sequential Disposition       Pack Option        SCLM Setting
   2  1. Mod                    1  1. Default       3  1. SCLM
      2. Old                       2. Pack             2. Non-SCLM
Command ===>  _____
```

图 4 - 34   案例 4 步骤 2 图

步骤 3：回车，返回到 EDIT 的‘USERID. PDS1’面板，在"Command ===〉"区输入：ref 命令，刷新列表面板。

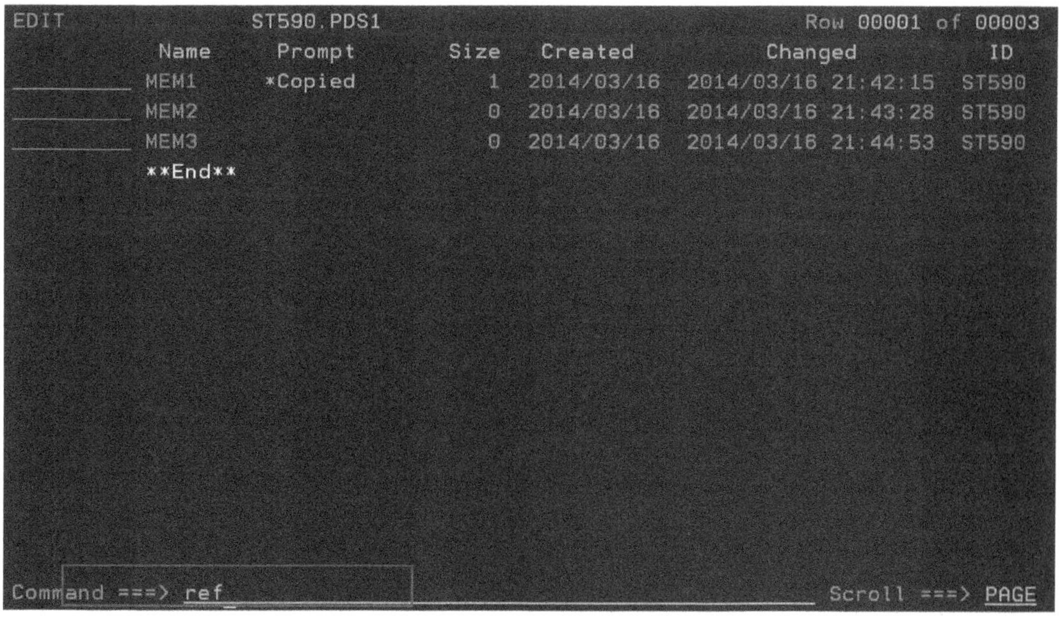

```
EDIT              ST590.PDS1                      Row 00001 of 00003
         Name    Prompt    Size  Created      Changed           ID
_____ MEM1    *Copied      1  2014/03/16  2014/03/16 21:42:15 ST590
_____ MEM2                 0  2014/03/16  2014/03/16 21:43:28 ST590
_____ MEM3                 0  2014/03/16  2014/03/16 21:44:53 ST590
         **End**








Command ===> ref_____            Scroll ===> PAGE
```

图 4 - 35   案例 4 步骤 3 图

步骤4：在 MEM4 前输入命令：b，以查看 MEM4 数据集。

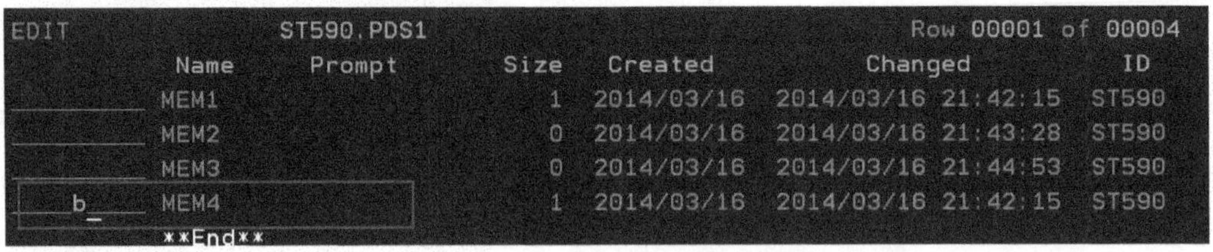

```
EDIT                ST590.PDS1                         Row 00001 of 00004
            Name      Prompt        Size   Created       Changed           ID
            MEM1                     1    2014/03/16   2014/03/16 21:42:15  ST590
            MEM2                     0    2014/03/16   2014/03/16 21:43:28  ST590
            MEM3                     0    2014/03/16   2014/03/16 21:44:53  ST590
     b_     MEM4                     1    2014/03/16   2014/03/16 21:42:15  ST590
            **End**
```

图 4 – 36　案例 4 步骤 4 图

步骤5：回车，可见 MEM4 的内容与 MEM1 的内容一致，拷贝成功。

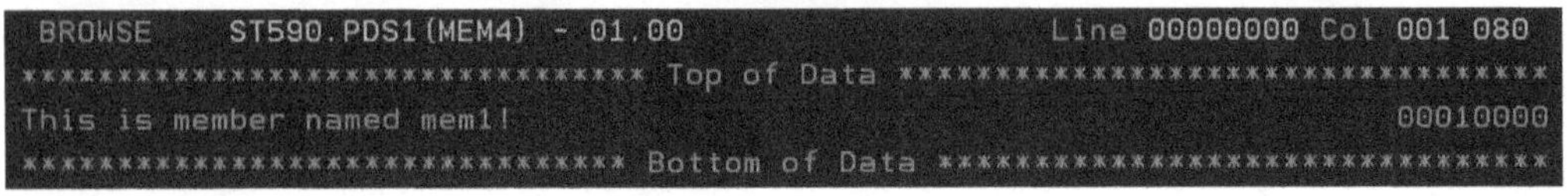

```
BROWSE    ST590.PDS1(MEM4) - 01.00                 Line 00000000 Col 001 080
************************* Top of Data **************************************
This is member named mem1!                                        00010000
*********************** Bottom of Data ************************************
```

图 4 – 37　案例 4 步骤 5 图

4.4.5　分区数据集个别成员的拷贝

案例5：拷贝'USERID.PDS1'分区数据集 MEM 1、MEM 2 的内容到新的分区数据集中，将这个新的分区数据集命名为'USERID.PDS2'，并且保持该数据集与'USERID.PDS1'的数据集参数一致（VOLUME 参数除外）。完成以后，查看数据集'USERID.PDS2'是否建立好，是否已经成功将'USERID.PDS1'分区数据集中 MEM 1、MEM 2 的数据拷贝过来。

操作步骤（见图 4 – 38～图 4 – 43）：

步骤1：进入 DSLIST 面板，在'USERID.PDS1'前输入命令：CO，表示将对其进行拷贝操作。回车，在需要拷贝的 MEM1 和 MEM2 前输入命令：s，代表 selected，表示从'USERID.PDS1'数据集中选择这两个成员进行拷贝。

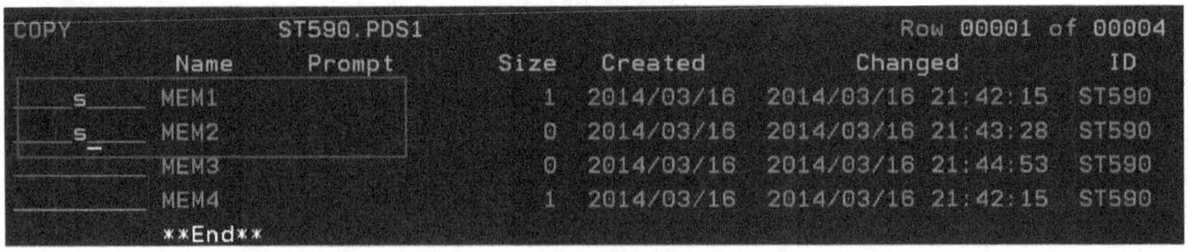

```
COPY                ST590.PDS1                         Row 00001 of 00004
            Name      Prompt        Size   Created       Changed           ID
     s_     MEM1                     1    2014/03/16   2014/03/16 21:42:15  ST590
     s_     MEM2                     0    2014/03/16   2014/03/16 21:43:28  ST590
            MEM3                     0    2014/03/16   2014/03/16 21:44:53  ST590
            MEM4                     1    2014/03/16   2014/03/16 21:42:15  ST590
            **End**
```

图 4 – 38　案例 5 步骤 1 图

步骤2：回车，进入 Copy Entry Panel 面板，在 Data Set Name 处输入目标数据集名称 PDS2。

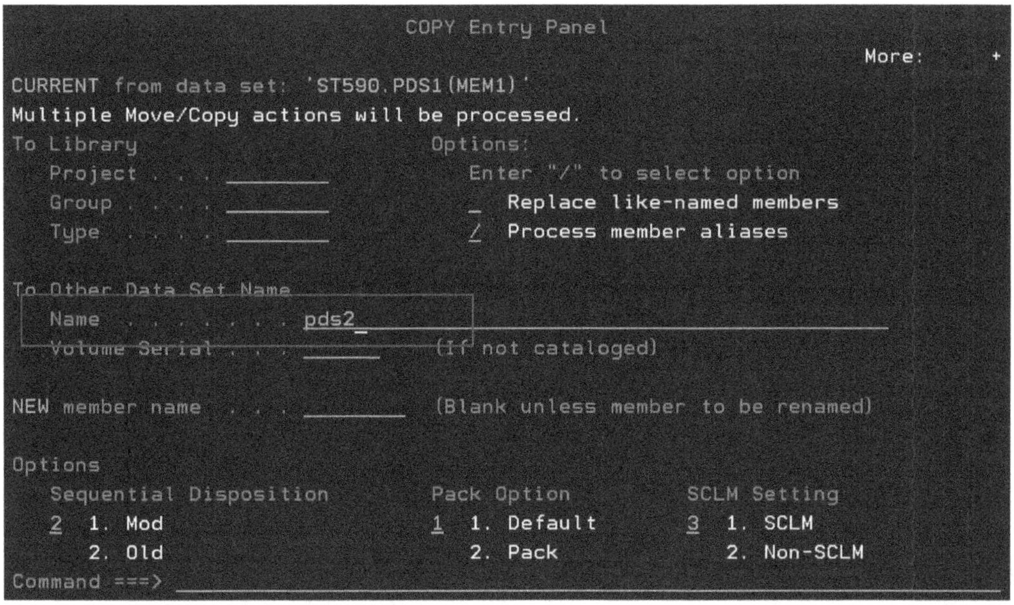

```
                              COPY Entry Panel
                                                          More:        +
CURRENT from data set: 'ST590.PDS1(MEM1)'
Multiple Move/Copy actions will be processed.
To Library                          Options:
   Project . . . _____               Enter "/" to select option
   Group . . . . _____             _  Replace like-named members
   Type  . . . . _____             /  Process member aliases

To Other Data Set Name
   Name . . . . . . . .  pds2_____
   Volume Serial . . . _____    (If not cataloged)

NEW member name . . . . _____    (Blank unless member to be renamed)

Options
   Sequential Disposition      Pack Option         SCLM Setting
   2  1. Mod                   1  1. Default        3  1. SCLM
      2. Old                      2. Pack              2. Non-SCLM
Command ===> _____
```

图 4 – 39　案例 5 步骤 2 图

步骤 3：回车，进入 Allocate Target Data Set 面板，在 Allocation Options 下横线处输入：1。PDS2 是一个需要新建的数据集，选择"1"代表其数据集的分配参数参照'USERID. PDS1'（VOLUME 参数除外）。

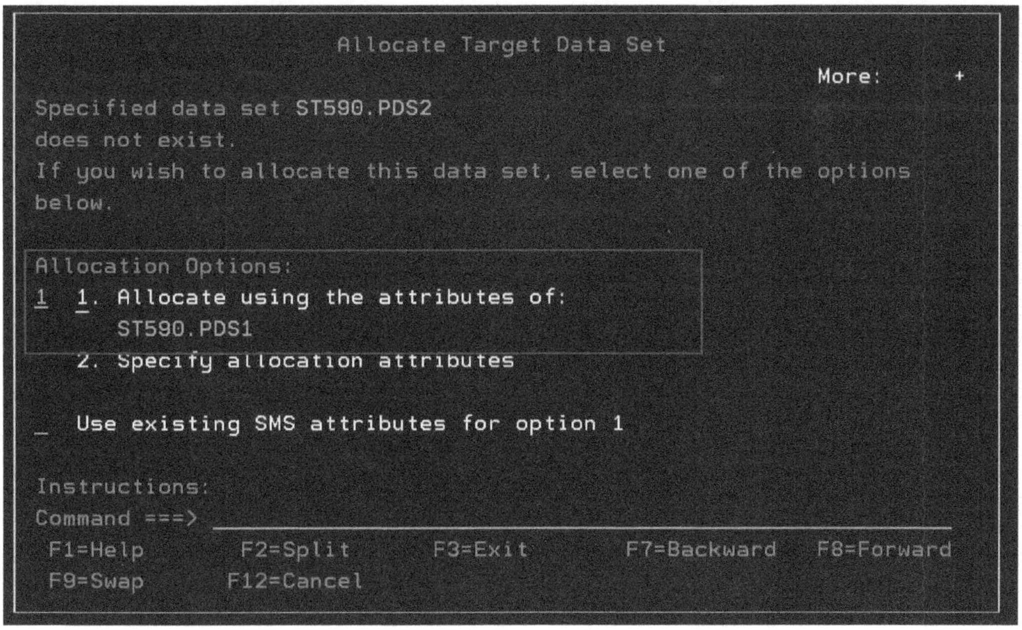

```
                      Allocate Target Data Set
                                                    More:        +
Specified data set ST590.PDS2
does not exist.
If you wish to allocate this data set, select one of the options
below.

Allocation Options:
1  1. Allocate using the attributes of:
      ST590.PDS1
   2. Specify allocation attributes

_  Use existing SMS attributes for option 1

Instructions:
Command ===> _____
 F1=Help       F2=Split      F3=Exit      F7=Backward    F8=Forward
 F9=Swap       F12=Cancel
```

图 4 – 40　案例 5 步骤 3 图

步骤 4：回车，MEM1，MEM2 成员的右方提示"Copied"，表示这两个成员均已拷贝完成。

```
COPY                ST590.PDS1                        Row 00001 of 00004
          Name      Prompt        Size  Created       Changed           ID
          MEM1      *Copied       1     2014/03/16    2014/03/16 21:42:15  ST590
          MEM2      *Copied       0     2014/03/16    2014/03/16 21:43:28  ST590
          MEM3                    0     2014/03/16    2014/03/16 21:44:53  ST590
          MEM4                    1     2014/03/16    2014/03/16 21:42:15  ST590
          **End**
```

图 4－41　案例 5 步骤 4 图

步骤 5：按 F3 退出，回车，返回到 DSLIST 面板，在"Command ===〉"区输入 ref 命令，刷新面板。回车，可见到拷贝的目标数据集'USERID. PDS2'已建立好。接下来，查看是否拷贝正确，在'USERID. PDS2'前输入命令：b，查看数据集。

```
DSLIST - Data Sets Matching ST590                     0 Members processed

Command - Enter "/" to select action                 Message        Volume
------------------------------------------------------------------------
          ST590                                                      *ALIAS
          ST590.PDS1                                                 USER01
  b_      ST590.PDS2                              Browsed            VPMVSC
          ST590.PS1                                                  USER01
          ST590.PS2                                                  VPMVSE
          ST590.SOW1.ISPF.ISPPROF                                    VPD91C
          ST590.SOW1.SPFLOG1.LIST                                    VPMVSH
************************** End of Data Set list **************************
```

图 4－42　案例 5 步骤 5 图

步骤 6：回车，可见拷贝成功。

```
BROWSE              ST590.PDS2                        Row 00001 of 00002
          Name      Prompt        Size  Created       Changed           ID
          MEM1                    1     2014/03/16    2014/03/16 21:42:15  ST590
          MEM2                    0     2014/03/16    2014/03/16 21:43:28  ST590
          **End**
```

图 4－43　案例 5 步骤 6 图

4.4.6　删除数据集

案例 6：删除刚创建的分区数据集'USERID. PDS2'。

操作步骤（见图 4－44 ～图 4－45）：

步骤 1：进入 DSLIST 面板，在'USERID. PDS2'前输入命令：d，表示要删除此数据集。

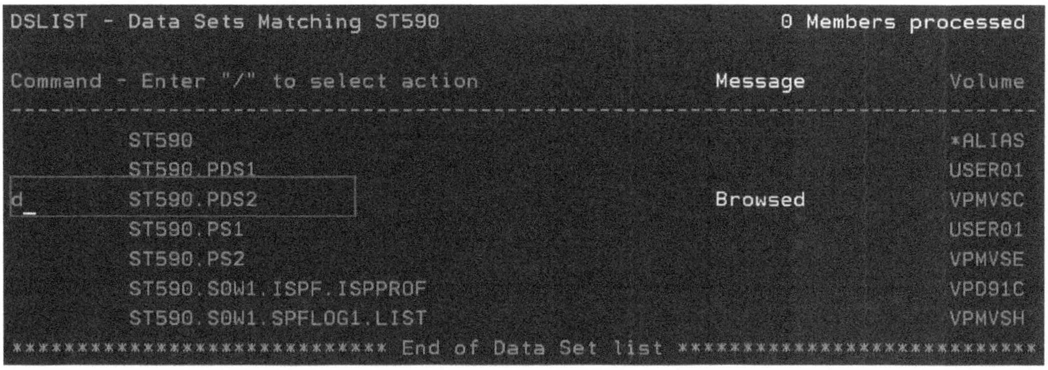

图 4 - 44 案例 6 步骤 1 图

步骤 2：回车，进入 CONFIRM DELETE 面板，回车，返回到 DSLIST 面板，可见 'USERID. PDS2' 数据集后有 "Deleted" 提示消息，代表 'USERID. PDS2' 数据集成功删除。

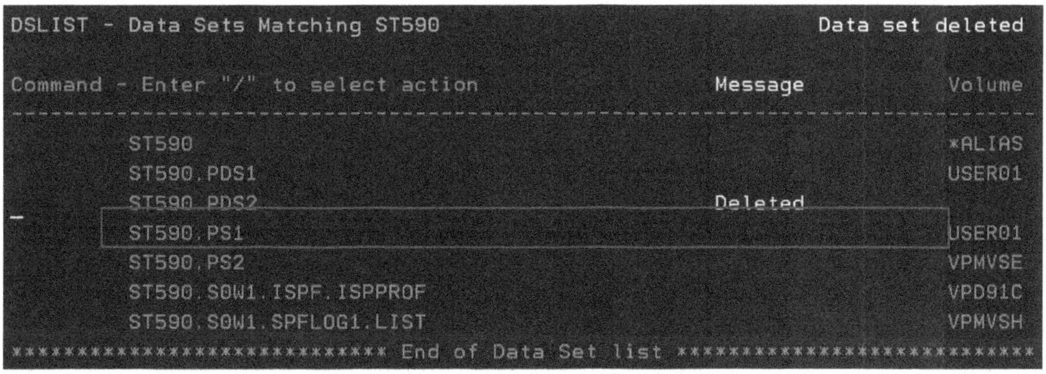

图 4 - 45 案例 6 步骤 2 图

4.4.7 数据集编目和取消编目

案例 7：对 'USERID. PS1' 数据集作取消编目 uncatalog 和编目 catalog 的操作，以理解编目的作用。

操作步骤（见图 4 - 46 ～图 4 - 54）：

步骤 1：进入 DSLIST 面板，在 'USERID. PS2' 前输入命令：u，代表 uncatalog，表示对该数据集进行取消编目的操作。

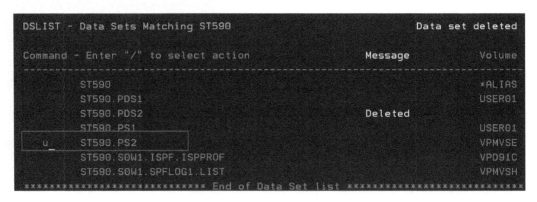

图 4 - 46　案例 7 步骤 1 图

步骤 2：回车，出现"Data set uncataloged"的提示信息，表示对'USERID. PS2'数据集取消编目的操作已经完成。

```
DSLIST - Data Sets Matching ST590                        Data set uncataloged

Command - Enter "/" to select action            Message        Volume
---------------------------------------------------------------------------
          ST590                                                 *ALIAS
          ST590.PDS1                                            USER01
          ST590.PDS2                            Deleted
          ST590.PS1                                             USER01
_         ST590.PS2                            Uncataloged      VPMVSE
          ST590.SOW1.ISPF.ISPPROF                               VPD91C
          ST590.SOW1.SPFLOG1.LIST                               VPMVSH
*********************** End of Data Set list ***********************
```

图 4 - 47　案例 7 步骤 2 图

步骤 3：按 F3，退回到"Data Set List Utility"面板。再次进入 DSLIST 面板，此时'USERID. PS2'数据集不见踪影。这是由于之前的步骤对'USERID. PS2'数据集作了取消编目的操作，因此，无法仅通过在"Data Set List Utility"面板输入 DSNAME LEVEL 这个过滤条件，比如 ST590，而查找到这个数据集。

```
DSLIST - Data Sets Matching ST590                           Row 1 of 5

Command - Enter "/" to select action            Message        Volume
---------------------------------------------------------------------------
          ST590                                                 *ALIAS
          ST590.PDS1                                            USER01
          ST590.PS1                                             USER01
          ST590.SOW1.ISPF.ISPPROF                               VPD91C
          ST590.SOW1.SPFLOG1.LIST                               VPMVSH
*********************** End of Data Set list ***********************
```

图 4 - 48　案例 7 步骤 3 图

步骤4：如何查到'USERID. PS2'数据集呢？按 F3，再次回到"Data Set List Utility"面板，在 Volume serial 处输入 VPMVSE（因为之前在创建'USERID. PS2'数据集时，系统将它存放在 VPMVSE 盘卷上）。

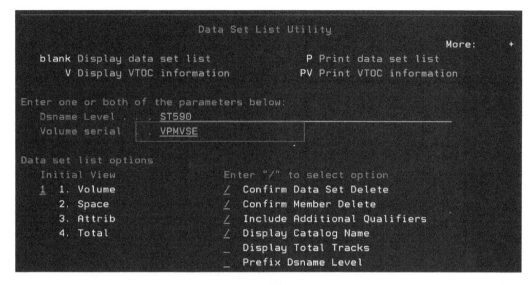

图4-49 案例7步骤4图

步骤5：回车，可以查看到'USERID. PS2'数据集。

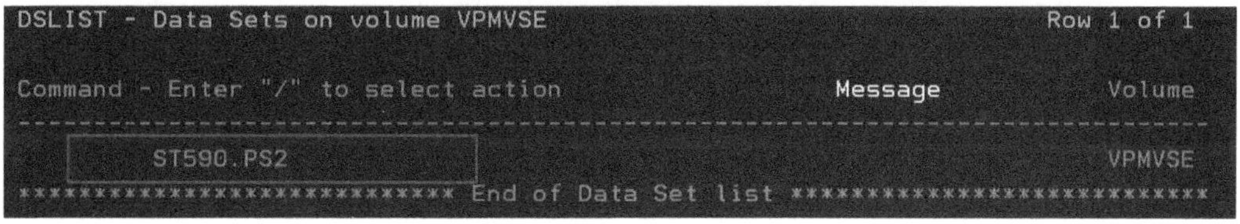

```
DSLIST - Data Sets on volume VPMVSE                        Row 1 of 1

Command - Enter "/" to select action          Message           Volume
---------------------------------------------------------------------
     ST590.PS2                                                  VPMVSE
************************** End of Data Set list ***************************
```

图4-50 案例7步骤5图

步骤6：未编目的数据集，不利于用户查找和定位。接下来，对'USERID. PS2'数据集作编目操作。在此数据集前输入 C 命令，代表 CATALOG，表示对这个数据集进行编目。

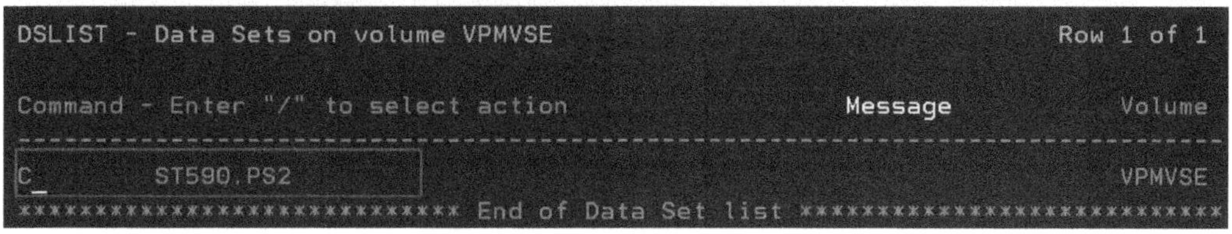

```
DSLIST - Data Sets on volume VPMVSE                        Row 1 of 1

Command - Enter "/" to select action          Message           Volume
---------------------------------------------------------------------
C    ST590.PS2                                                  VPMVSE
************************** End of Data Set list ***************************
```

图4-51 案例7步骤6图

步骤7：回车，'USERID. PS2'数据集右边出现"Data set cataloged"的提示信息，

表示'USERID. PS2'数据集已编目。

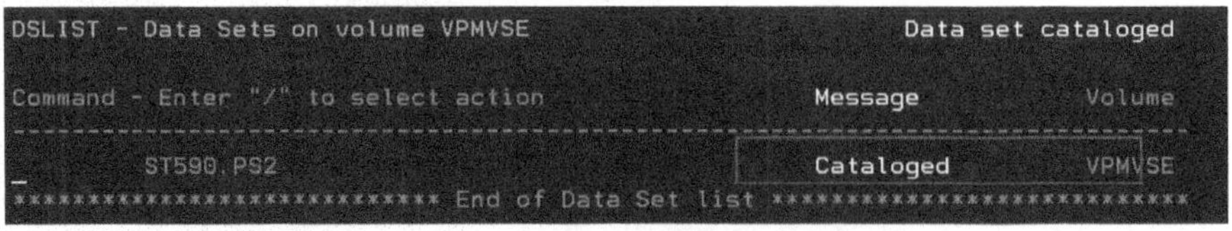

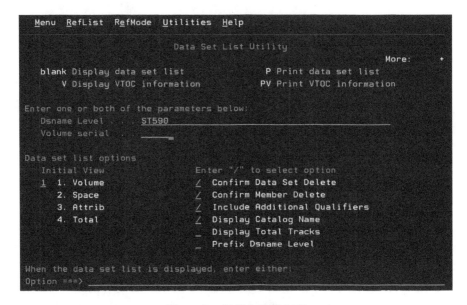

图 4 - 52　案例 7 步骤 7 图

步骤 8：按 F3，退回到"Data Set List Utility"面板，删除 Volume serial 处的 VPMVSE。

图 4 - 53　案例 7 步骤 8 图

步骤 9：回车，可见编目后的数据集'USERID. PS2'。

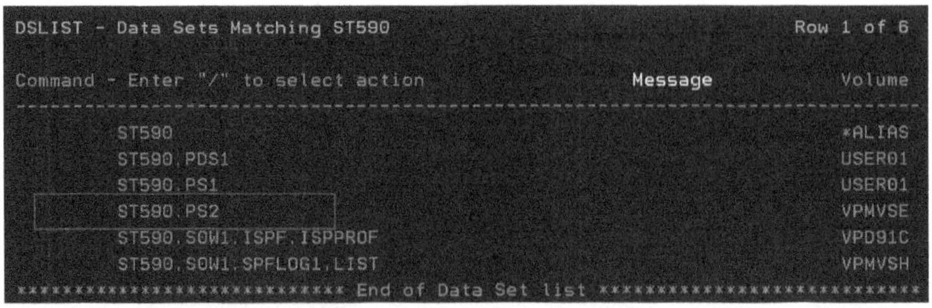

图 4 - 54　案例 7 步骤 9 图

因此，编目技术为用户带来的便利是，不需要记住每一个数据集存放的盘卷信息，只需要输入 DSNAME LEVEL 过滤条件（通常是数据集的 HLQ），就可以快速定位到需要查找的数据集。

第5章　作业控制语言

大型主机的工作负载分为两类（见图5-1）：批处理作业（Batch job）和在线交易（Online transaction or real time transaction）。

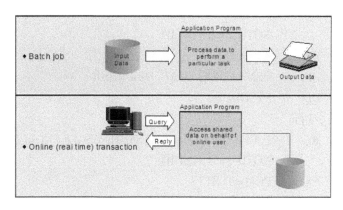

图5-1　大型主机工作负载图

1．批处理作业

批处理作业这个名词来源于穿孔卡片的时代，程序员将作业写在一张或多张卡片上，这些卡片集中排列在读卡机入口处等待批量执行（见图5-2），执行完后输出结果。而如今，我们将那些无需或需要最少终端用户交互，并在资源允许的情况下按预定需求执行的作业，统称为批处理作业。批处理作业的特点包括：① 需要最少的人机交互。作业在提交后，一般无需人机交互，直到作业执行完毕；② 按照预定的时间或基于某种需要执行。譬如银行每个月中旬对银行卡用户进行利息计算，就是在预定的时间批量执行计息作业。

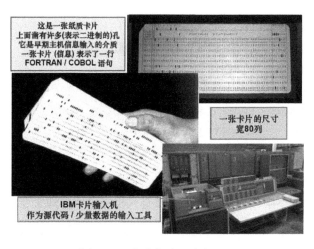

图5-2　穿孔卡片及读卡机图

下面给出 2 个典型的批处理作业例子。

【并行批处理例】 并行执行三个作业，它们是 COMJ1、COMJ2 和 COMJ3。

```
//COMJ1        JOB     1, CLASS = A, MSGCLASS = H, MSGLEVEL = (1, 1),
//                     NOTIFY = &SYSUID
//STEP1        EXEC    PGM = TEST1
//STEPLIB      DD      DSN = XUKE. LOAD, DISP = SHR
//SYSPRINT     DD      SYSOUT = *
(此处必须空至少1行)
//COMJ2        JOB     1, CLASS = A, MSGCLASS = H, MSGLEVEL = (1, 1),
//                     NOTIFY = &SYSUID
//STEP1        EXEC    PGM = TEST2
//STEPLIB      DD      DSN = XUKE. LOAD, DISP = SHR
//SYSPRINT     DD      SYSOUT = *
(此处必须空至少1行)
//COMJ3        JOB     1, CLASS = A, MSGCLASS = H, MSGLEVEL = (1, 1),
//                     NOTIFY = &SYSUID
//STEP1        EXEC    PGM = TEST3
//STEPLIB      DD      DSN = XUKE. LOAD, DISP = SHR
//SYSPRINT     DD      SYSOUT = *
```

【串行批处理例】 在一个作业（COMJ1）中顺序执行三个程序，它们是 TEST1、TEST2 和 TEST3。

```
//COMJ1        JOB     1, CLASS = A, MSGCLASS = H, MSGLEVEL = (1, 1),
//                     NOTIFY = &SYSUID
//STEP1        EXEC    PGM = TEST1
//STEPLIB      DD      DSN = XUKE. LOAD, DISP = SHR
//SYSPRINT     DD      SYSOUT = *
//*
//STEP2        EXEC    PGM = TEST2
//STEPLIB      DD      DSN = XUKE. LOAD, DISP = SHR
//SYSPRINT     DD      SYSOUT = *
//*
//STEP3        EXEC    PGM = TEST3
//STEPLIB      DD      DSN = XUKE. LOAD, DISP = SHR
//SYSPRINT     DD      SYSOUT = *
```

2. 在线交易

在线交易和批处理不同，在交易过程中需要人机来来回回地交互，而且是快速的执行与响应过程。譬如去柜员机取钱，用户输入银行卡密码，后台主机快速响应，立即进行密码及操作权限核实工作，若通过核实，取款人则输入取款金额，后台主机迅速处理这笔取款交易请求，结算银行卡金额，返回处理结果。很明显，在线交易是一种即时的、需要用户伴随参与的执行过程。

本章将围绕批处理作业这一类工作负载展开讨论，讲述的内容主要包括作业及其相关概念、作业控制语言以及 SDSF 的使用。由于交易处理已超过本书范畴，读者可以通过查阅 CICS 相关书籍或文献以获取更多知识。

5.1 作业相关概念

作业（Job）是指用户在完成某项任务时要求大型主机所做的工作的集合。当用户需要使用大型主机完成某项批处理任务时，用户必须准备一篇作业流（Job Stream），作业流内可以包含一个或多个作业。

5.1.1 作业的生命周期

一个作业的生命周期分为六个阶段（见图 5 – 3），分别是输入（Input）、转换（Conversion）、执行（Processing）、输出（Output）、打印（Hard-copy）和清除（Purge）。作业入口子系统（JES2）和 z/OS 的初始化器（Initiator）掌管作业生命周期的不同阶段，作业以队列形式被管理，这些队列包括：等待运行的作业（转化队列），现在正在运行的作业（执行队列），等待生成输出的作业（输出队列），已经生成输出的作业（硬拷贝队列），等待从系统中清理的作业（清理队列）。

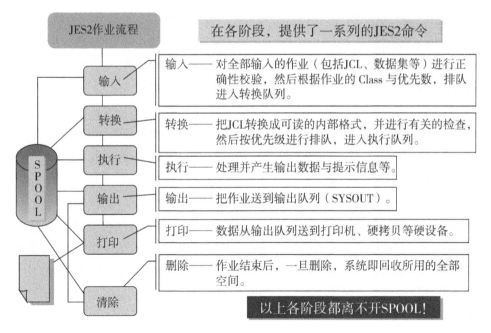

图 5 – 3　作业生命周期图

5.1.2 作业入口子系统

z/OS 具有十分强劲的后台批处理功能，作业入口子系统（Job Entry System，JES）则是 z/OS 执行后台批处理的子系统，它用来接收作业、管理作业队列、控制作业相关的输入数据和输出结果。JES 在作业执行就绪前就做好各类准备工作，在作业执行后，JES 也会活跃起来，以完成作业执行后的输出、打印或清理工作。IBM 提供两个版本的作业入口子系统，分别是 JES2 和 JES3，它们的基本功能如下：

（1）接收以下各种方式提交的作业：

● 以 SUBMIT 命令通过 ISPF 提交。

● 通过网络或读卡器提交。

● 通过正在运行的程序提交，该程序可以通过 JES 内部阅读器（Internal Reader）提交其他作业。这里，z/OS 使用内部阅读器把输入流传给 JES，JES 通过多个内部阅读器同时接收多个 Job。

（2）把作业的 JCL 转换成内部可读形式，并进行相关的语法检查和程序替换。

（3）定义和管理作业队列，并将等待执行的作业放入队列中。

（4）按照某种规则对作业进行排队，等待 Initiator 处理。

（5）接收运行作业的输出，并且将输出放入输出队列中。

（6）如果需要，可以把输出结果发送到打印机，或者把它保存在 SPOOL 上。

（7）作业所有处理完毕，将其放入清理队列中，等待清理资源。

（8）清理并释放被作业占用的 SPOOL 等资源。

从作业的生命周期来看，JES2（这里以 JES2 为例）掌管输入、转换、输出、打印、清除这五个阶段。

（1）输入阶段。

JES2 接收作业到系统中，这些作业是以输入数据流的形式存在；JES2 在接收输入数据流的同时，也为每一个作业分配一个作业标识符，并将每一个作业的 JCL、JES 的控制语句和作业的输入数据 SYSIN 存放在一个叫 SPOOL 数据集的 DASD 盘卷上。接着 JES2 从 SPOOL 数据集中选择作业进行相关处理。

（2）转换阶段。

JES2 使用一个转换程序来分析作业的 JCL 语句。这个转化程序接收作业的 JCL 并与过程库的 JCL 进行合并。然后，JES2 将组合好的 JCL 转换成 JES2 和初始化器都可以识别的内部格式并存储在 SPOOL 数据集中。如果 JES2 检测到任何 JCL 错误，它会发出消息，作业会被送到输出处理队列而不被执行。如果没有错误，JES2 就会将这个作业放到执行队列中去等待执行。

（3）输出阶段。

JES2 控制所有的 SYSOUT 处理。SYSOUT 是系统产生的输出，也就是系统为一个作业产生的所有输出结果，包含所有必须被打印的系统信息，用户申请的必须被打印的数据集等。作业结束后，JES2 通过输出类和设备设置要求来分析作业输出的特征，然后 JES2 将具有相似特征的数据集归为一组。JES2 将输出作业放入队列。

（4）打印阶段。

JES2 根据输出类别和优先级等条件从输出队列中选择输出结果集进行处理。位于输出队列的输出结果分为两类：本地处理和远程处理。

（5）清除阶段。

在为一个特定的作业处理了所有的输出后，JES2 将作业放到清理队列中。JES2 释放分配给作业的 SPOOL 空间，使这些空间能分配给其他作业使用。JES2 接着向操作者发送一个消息表明作业已经从系统中清理了。

5.1.3　初始化器

初始化器（Initiator）是 z/OS 操作系统中一个完整的程序，它可以读取、解析并且执行 JCL 语言，它被 JES 或 z/OS 系统中的 WLM 组件控制，启动作业，分配所需资源，允许该作业与正在运行的作业进行资源竞争。

通常情况下，Initiator 运行在几个地址空间，而在同一地址空间一次只能运行一个作业。如果有 10 个 Initiator 都在活动（在 10 个地址空间），那么这 10 个批处理作业就可以同时运行。为了更有效地利用可使用的系统资源，系统会将每一个 Initiator 与一个或多个作业类（Job Class）相关联。在遵从作业本身优先级的情况下，Initiator 选择那些作业类与其分配类相匹配的作业运行。

图 5-4 是一张通过 SDSF 查看 z/OS 操作系统 Initiator 基本情况的截图。可以看到，Initiator 运行在四个地址空间，ID 号 1～4 表示系统定义了 4 个 Initiator，并为第 1 个 Initiator 分配 A 类作业，为第 2 个 Initiator 分配 A 类和 B 类作业，为第 3 个 Initiator 分配 A，B，C 三类作业，为第 4 个 Initiator 分配 A，B，C，D，E 共五类作业。那么当一个作业类为 E 的作业需要执行，只有第 4 个 Initiator 可以执行它；而一个 A 类作业则可以被 Initiator 1 至 4 的任何一个执行。

```
SDSF INITIATOR DISPLAY  P390                        LINE 1-17 (22)
NP     ID Status        Classes  JobName  StepName ProcStep JobID   C A$ID ASID
        1 INACTIVE      A                                         23 001
        2 INACTIVE      AB                                        34 002
        3 INACTIVE      ABC                                       35 002
        4 INACTIVE      ABCDE                                     36 002
```

图 5-4　Initiator 列表截图

批处理作业的执行，最复杂的一个问题是数据集会否引起冲突。譬如，两个作业同时写入同一个数据集，就会发生冲突导致坏数据的产生。为了异步运行多个作业，Initiator 必须确保多个作业不会在数据集使用上发生冲突。

从作业的生命周期来看，Initiator 负责作业运行阶段的工作，主要包括：

● 由 Initiator 来启动一个作业，启动哪一个作业来运行，是 JES 根据 Initiator 所对应的作业类被搜索的优先级别选择作业。

● 作业启动后，Initiator 将为作业分配资源（设备资源、作业所请求的可执行程序等），在确认资源都有效后，Initiator 便开始执行作业。

5.1.4　SPOOL

SPOOL 是同时外围联机操作（Simultaneous Peripheral Operations Online）的缩略语，它使用一个或多个 DASD 磁盘盘卷，其实就是将系统内多个磁盘资源整合起来，作为作业生命周期过程中数据存取的数据集。

SPOOL 数据集内部格式不是使用标准的访问方法格式，并且不会被应用程序直接读写。输入的作业和来自作业的打印输出均被存储在 SPOOL 数据集中。在一个小的 z/OS 操作系统中 SPOOL 数据集可能占据几百个柱面的磁盘空间；而在一个大的系统中，它可能是由磁盘空间中许多完整的卷构成。

5.2　作业控制语言

批处理作业是 z/OS 最基本的功能，它是一种非交互式的完全自动化的运行模式。由于批处理作业的用户不能直接与他们的作业进行交互，只能委托操作系统来对作业进行控制和干预。作业控制语言（JCL，Job Control Language）便是提供给用户实现所需作业控制功能委托系统代为控制的一种语言。用户通过 JCL 的相应语句来与操作系统通信，获得作业所需的资源，并按照自己的意图来控制作业的执行。简单地说，JCL 是批处理作业的用户与 z/OS 操作系统进行交互的接口。

5.2.1　JCL 的基本概念

作业控制语言（JCL）用来告诉系统需要执行的程序或过程是什么，并且提供作业运行所需要的各种输入/输出资源。不同于我们熟悉的 COBOL 语言、C 语言或 JAVA 等高级语言的是，JCL 告诉系统要执行哪个 COBOL 程序（或其他程序），如何执行这个程序，提供什么样的参数，给出怎样的输出，等等。JCL 可以由如下 9 种语句组成，其中 JOB 语句、EXEC 语句和 DD 语句为 JCL 的三条基本语句。

（1）JOB 语句（作业语句）：总体描述作业，标志一个作业的开始，提供系统运行该作业所需的参数。

（2）EXEC 语句（执行语句）：标志一个作业步（Jobstep）的开始，定义本作业步需要执行的过程或程序。一个作业中，每一段程序的执行称为一个作业步，各个作业步必须顺序执行，因此一个作业步的输出可以作为下一个作业步的输入。只有一个作业步的作业称为单步作业；由多个作业步构成的作业称为多步作业。

（3）DD 语句（数据定义语句）：用于描述完成这次作业、执行各个作业步的程序或过程所需要的各种资源。例如需要什么样的数据集、数量，输入输出如何定义等。

（4）/* 语句：表示作业中数据流结束。

（5）//* 语句：注释语句，随后的注释内容可以书写在第4列至第80列范围内。

（6）// 语句：空语句，用来标识一个作业的结束。

（7）PROC 语句：流内过程或编目过程的起始标志。

（8）PEND 语句：标志一个流内过程的结束。

（9）COMMAND 语句：操作员用这个语句在输入流中写入操作命令。

5.2.2 JCL 的基本语法

5.2.2.1 JCL 语句的逻辑分区

JCL 中除/*语句外的所有语句均以第1，2列的"//"符号作为开始标志，系统规定这些语句的长度为80列，这80列在逻辑上被划分为5个区域，分别是标志符区、名字区、操作符区、参数区和注释区。

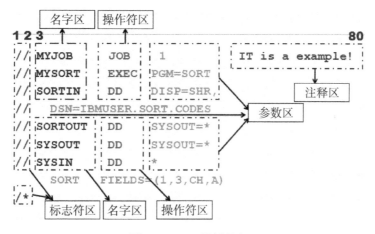

图 5-5 JCL 样例程序

图 5-5 是一篇 JCL 的样例程序，这篇程序的目的是对 IBMUSER. SORT. CODES 数据集进行排序，排序的规则是按照 1~3 列字符的升序进行排序，排序的结果写到系统日志中去。接下来，我们以这篇样例程序来讲解五个逻辑区域。

（1）标志符区：标志符区位于每条语句的第1，2列（，3列），符号可以为"//"，"//*"或"/*"。标志符区的符号为"//"，表明该条语句为一条普通的 JCL 语句，// 后面的文字必须"大写"；标志符区的符号为"//*"，表明该条语句是 JCL 的注释语句；标志符区的符号为"/*"，表明作业数据流的结束。如图 5-5 所示，倒数第二行的语句没有出现标志符区的任何一种符号，表明这行语句不是 JCL 的语句。其他行的语句第1，2 列符号为"//"或"/*"，表明都是 JCL 的语句。

（2）名字区：名字区从第 3 列起，指明本作业或本条语句的名字，便于系统控制块或其他语句引用。名字可以由 1～8 位的字母数字或通配符构成，但第 1 个字符必须是字母或通配符（@，＄，#）。需要注意的是，多数情况下，受系统本身或程序本身等的限制，名字区不可以自由命名，具体的命名限制会在后续的内容中加以说明。如图 5-5 所示，MYJOB、MYSORT、SORTIN、SORTOUT、SYSOUT 和 SYSIN 都是名字区的名字。

（3）操作符区：操作符区位于名字区之后，与名字区之间空一格或多格。操作符区规定了 JCL 语句的类型，可以是任意 JCL 语句中的一种。如图 5-5 所示，第一条语句是 JOB 语句，对应名字区的 MYJOB 称为作业名；第二条语句是 EXEC 语句，对应名字区的 MYSORT 称为作业步的名字；第三条语句是 DD 语句，对应名字区的 SORTIN 称为 DD 名；第四至第六条语句也是 DD 语句，名字区的 SORTOUT、SYSOUT 和 SYSIN 也都是对应 DD 语句的 DD 名。需要特别说明的是，第四行的语句 DSN=IBMUSER. SORT. CODES 是第三行语句的续行语句，仍然归属第三条语句。

（4）参数区：参数区位于操作符区之后，与操作符区之间空一格或多格。参数区内可以书写多个参数，各参数用逗号分隔。这些参数决定 JCL 语句被处理或者调用的程序如何被执行，参数区没有固定的长度和列数要求。如图 5-5 所示，1 是 JOB 语句的参数；PGM=SORT 是 EXEC 语句的参数；DISP=SHR 和 DSN=IBMUSER. SORT. CODES 是 DD 名为 SORTIN 的 DD 语句的参数；两个"SYSOUT=＊"分别为 SORTOUT DD 语句和 SYSOUT DD 语句的参数；SYSIN DD 语句的参数为"＊"号，SORT FIELDS=(1,3,CH,A)不是参数。

（5）注释区：也称说明区，位于参数区之后，与参数区之间空一格或多格。参数区用于对相应语句作注释说明。注意：仅当参数出现时，才能书写说明信息，不然容易与参数混淆。如图 5-5 所示，"IT is a example!"写在 JOB 语句的注释区，是一条说明（注释）信息。

5.2.2.2　续行及参数规则

JCL 只允许在参数区和说明区有续行，当需要续行时，在当前行的第 71 列前必须将某个参数或某个子参数以及参数后的逗号写完整，且在下一行第 1～2 列书写"//"，第 3 列空格，续行的内容只能从 4～16 列开始书写，如果书写在 16 列之后，将被认为是注释语句。如图 5-5 所示，SORTIN DD 语句的参数有续行。该语句也可以书写成如图 5-6 所示的续行写法。

```
//SORTIN     DD
//   DISP=SHR,DSN=IBMUSER.SORT.CODES
```

图 5-6　续行 JCL 片段

JCL 参数区内的参数分为两类：位置参数和关键字参数。① 位置参数：和位置息息相关，与其他参数保持相对位置的参数；②关键字参数：可以由一个关键字或带等号后面的可变数据组成。所有关键字参数必须写在位置参数之后，参数之间用逗号分隔，各关键字参数的书写顺序可以随意调整，不影响程序的编译执行。如图 5 - 5 所示，JOB 语句的参数 "1" 为位置参数，SYSIN DD 语句的参数 " * " 为位置参数，其余语句的参数都是关键字参数。

5.2.2.3 基本语句的书写要求

JCL 有 JOB、EXEC 和 DD 三条基本语句。这三条基本语句的书写有如下要求：

（1）一个作业有且只有一条 JOB 语句，且位于第一行。

（2）一个作业可以有 1 ~ 255 条 EXEC 语句，也就是说一个作业可以有 1 ~ 255 个作业步（Jobstep）。图 5 - 5 的作业只存在一条 EXEC 语句，它是一个单步作业；图 5 - 7 存在多条 EXEC 语句，它是一个由两个作业步构成的多步作业。

（3）一个作业内可以没有 DD 语句。

（4）所有 JCL 的有效语句在 72 列前结束。

多步作业如图 5 - 7 所示。

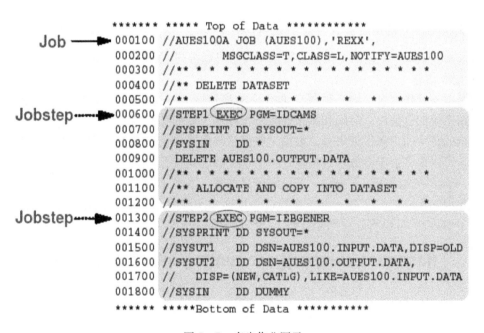

图 5 - 7　多步作业图示

5.2.3　JOB 语句

JOB 语句标志一个作业的开始、分配作业名并设置相关的位置参数及关键字参数。每个作业的第一条语句必须是 JOB 语句，有且仅有一条。JOB 语句的格式如下：

//作业名　JOB［位置参数 1］［,位置参数 2］［,关键字参数］［,关键字参数］［注释说明］

第 1，2 列书写"//"，紧跟的从第 3 列开始书写作业名，作业名后空一格或多格书写 JOB 操作符，操作符后空一格或多格书写 JOB 语句的参数，参数之间用逗号分隔。如果有位置参数，位置参数写在相应位置上，关键字参数写在所有位置参数之后。JOB 语句可选的位置参数有两个，关键字参数可选的有多个。参数区之后空一格或多格可书写注释说明（注意：JOB 语句格式中的方形框"［］"，表示可选内容）。

5.2.3.1　作业名

作业名是用户给作业指定的名字，方便操作系统识别作业。由于系统不能同时运行具有相同名字的作业，因此最好给作业指定一个唯一的名字。一般来说，建议用户采用"USERID + 数字或字符"的作业名命名方式，这也是出于 RACF 安全控制的考虑，让每个用户只能控制和管理属于自己的作业。譬如，用户的 USERID 为 ST400，则作业名可指定为 ST400A。此外，也可以采用代真的写法，譬如，作业名书写成 &SYSUID. J1，那么当作业执行的时候，&SYSUID 会将执行者的 USERID（ST400）代真进去，得到作业名：ST400J1。

5.2.3.2　位置参数

JOB 语句有两个位置参数，分别为记账信息（Accounting information）和程序员名（Programmer's name）。这两个位置参数根据需求可以都写或都不写，或选其中之一写。

1. 记账信息

如果书写记账信息，则必须写在 JOB 语句参数区第一个位置上。记账信息用于提供用户使用系统的合法性、时间和纸张的收费管理等。譬如在某些大型企业，信息部门会为使用主机的每个用户提供记账号，根据记账信息收取主机使用费。记账信息也是一个组合参数，可以由多个子参数复合构成，各个子参数都是位置参数，在特定位置上表达相应的含义，子参数之间用逗号分隔。若记账信息书写了多个子参数，必须用一个外层的括号把它们包围起来；若只书写一个子参数，并且这个子参数是第一个位置上的子参数（用户账号子参数），可以将外层括号省略。记账信息的格式如图 5 - 8 所示。

([account-number][,accounting-information]...)

用户账号　　　　　　　　附加的记账信息，如房间号和部门名等

图 5 - 8　记账信息格式

记账信息参数及其子参数最多不可超过 143 个字符（包括分隔子参数的逗号，不包括外层括号）。如果参数包含有特殊字符，必须用单引号括起来。举 2 个例子：

【例 1】//EXAMPLE1　JOB　　(D1,'30/9/14')

【例 2】//EXAMPLE2　JOB　　D1

例 3 是一条 JOB 语句，作业名为 EXAMPLE1，有一个位置参数且位于第一个位置上，表示记账信息。这个位置参数由 2 个子参数构成，第一个位置上的子参数 D1 表示用户账

号；由于第二个位置上的子参数 30/9/14 存在"／"这样的特殊符号，所以整体用单引号将其包围起来。

例 4 的位置参数 D1 位于第一个位置上，且是一个单独存在的子参数，表示它位于子参数的第一个位置上，代表用户账号。

2．程序员名

如果有程序员名，则必须位于参数区的第二个参数位置上。程序员名用于标识作业的所有者信息，包括特殊字符在内，其长度不得超过 20 个字符。同样，特殊字符必须用单引号括起来。举 3 个例子：

【例 3】//EXAMPLE3　JOB　D2012，ST400

【例 4】//EXAMPLE4　JOB　D2013,'J SPA'

【例 5】//EXAMPLE5　JOB　D2013，J SPA

例 3 的 JOB 语句有两个位置参数，参数 D2012 在第一个位置上，表示用户账号；参数 ST400 在第二个位置上，代表程序员名。例 4 的程序员名为 J SPA，因为名字内存在空格，所以用单引号将其括起来。例 5 的程序员名为 J，空格之后的 SPA 为说明区的说明。

3．位置参数的书写

位置参数与位置相关，下面用几个例子来讲解位置参数，特别是缺省时的书写方法。

（1）带有全部位置参数的作业语句。

【例 6】//EXAMPLE6　JOB　（2014，60），ST400，CLASS＝S

例 6 的 JOB 语句书写了两个位置参数，第一个位置上的参数（2014，60）表示记账信息，第二个位置上的参数 ST400 表示程序员名。CLASS＝S 为一个关键字参数，必须书写在所有位置参数之后。

（2）省略记账信息的作业语句。

【例 7】//EXAMPLE7　JOB　，ST400，CLASS＝S

例 7 的 JOB 语句省略了第一个位置上的参数，即记账信息，并用逗号把第一个位置留出来，ST400 书写在第二个位置上，表示 ST400 为程序员名。

（3）省略程序员名的作业语句。

【例 8】//EXAMPLE8　JOB　2014，CLASS＝S

例 8 的 JOB 语句只有一个参数 2014，它位于第一个位置上，表示记账信息，其后紧跟着关键字参数 CLASS＝S。这条语句省略了第二个位置上的参数，即程序员名。

（4）不带位置参数的作业语句。

【例 9】//EXAMPLE9　JOB　CLASS＝S

例 9 的 JOB 语句只有一个关键字参数 CLASS＝S，并未书写任何一个位置参数，表示这条 JOB 语句没有位置参数。

5.2.3.3　关键字参数

JOB 语句提供许多关键字参数，常用的包括 NOTIFY 参数、ADDRSPC 参数、REGION

参数、CLASS 参数、MSGCLASS 参数、PRTY 参数、MSGLEVEL 参数和 TIME 参数等。

1. NOTIFY 参数

JCL 在提交至系统执行后不再与用户交互，除了在作业执行完毕后检查输出结果，或是去授权的系统功能面板查看作业运行情况，用户没有更快捷的办法来确定作业当前执行的基本情况。NOTIFY 参数则为用户提供了一个可以及时了解作业运行情况的通知，尽管通知内容有限，但也可以使用户了解到刚提交的作业运行是否正常。

NOTIFY 参数指明作业处理完毕将发送通知，以及通知消息发送的对象。其书写格式为：NOTIFY=USERID 或者 NOTIFY=&SYSUID 。前者明确地书写出用户的 USERID，表示该作业 NOTIFY 的通知消息将发送给指定的 USERID 用户；而后者 NOTIFY=&SYSUID 是一种动态赋值的写法，它的含义是：谁提交了这个作业，作业运行完毕的通知消息就发送给谁。换句话说，即使这篇 JCL 作业不是提交者所写，通知消息也只会发送给作业的提交者。举 2 个例子：

【例 10】 //EXAMPL10   JOB,BAKER,NOTIFY=ST400

【例 11】 //EXAMPL11   JOB   D222,ST400,NOTIFY=&SYSUID

例 10 的 JOB 语句省略了第一个位置上的参数，程序员名为 BAKER，这篇作业提交后，ST400 用户可以收到 NOTIFY 的通知消息。

例 11 的 JOB 语句的程序员名为 ST400。如果 ST405 用户提交了这篇作业，NOTIFY 的通知消息将返回给 ST405。

作业 ST590A 的 NOTIFY 参数返回的通知消息如图 5-9 所示。尽管返回的消息内容有限，但也足够让我们判断作业执行的基本情况。该如何判断？作业的每一次提交，JES 都会为该作业分配一个作业号（JOBID），如图 5-9 所示，作业号为 JOB 00885，随后的 ST590A 为该作业的作业名，也就是这篇 JCL 的 JOB 语句的名字。MAXCC 的值非常重要，需要通过它来判断作业的执行状况。通常来说，MAXCC 等于 0000 的时候，表示作业已执行完毕并且运行正常；如果等于 4 表示存在一些警告（Warning），但不影响整个作业的执行；如果等于 8、16、JCL ERROR 甚至 ABEND 等值，代表作业存在错误，需要通过 SDSF 工具进一步查看和定位错误。

```
22.47.55 JOB00885 $HASP165 ST590A   ENDED AT SVSCJES2  MAXCC=0000 CN(INTERNAL)
***
```

图 5-9   ST590A 作业 NOTIFY 通知示例图

这里，对于最大返回码 MAXCC（Maximum Cond Code）的理解是这样的：系统会为作业中每一个作业步的执行返回一个条件码，用以标识各个作业步的执行情况，而 MAXCC 的值就是这些作业步返回的条件码中最大的那一个。譬如某一篇作业由 3 个作业步构成，作业执行完毕，作业步 1 的返回码是 0，作业步 2 的返回码是 4，作业步 3 的返回码是 16，那么 MAXCC=16。

2. ADDRSPC 参数

指明作业所需的存储类型。ADDRSPC=REAL 表示作业请求内存（实存）存储；而

ADDRSPC = VIRT 表示作业请求虚拟存储。如果不特别指定，ADDRSPC = VIRT 是缺省值。

3. REGION 参数

JOB 语句的 REGION 参数指定作业运行所需实存或虚存空间的大小，通常与 ADDRSPC 参数配合来解读。EXEC 语句也可以有 REGION 参数，它和 JOB 语句的 REGION 参数的区别在于作用范围不同，JOB 语句的 REGION 参数限制在整个作业执行的空间，而某一条 EXEC 语句的 REGION 参数的作用范围仅仅限制在某个作业步中。如果一个作业的 JOB 语句缺省 REGION 参数，且在各个作业步也无特别指定 REGION 参数，那么这个作业的执行空间将采用系统初始化时的默认值。作业执行所需空间的大小必须包括以下空间：

- 运行所有作业步指定的程序或过程所需的空间；
- 在运行期间，宏展开所需的空间；
- 任务初始化和终止时所需的空间。

REGION 参数的值可以设置为 KB 或 MB 大小，举 2 个例子：

【例 12】 //EXAMPL12   JOB   ,COCO,ADDRSPC = REAL,REGION =400K
【例 13】 //EXAMPL13   JOB   D222,ADDRSPC = VIRT,REGION =1M

例 12 的作业请求内存空间 400K。例 13 的作业请求虚存空间 1M。

4. CLASS 参数

JES 接收的作业成百上千，而作业执行所需的初始化器（Initiator）资源又特别有限，因此 JES 会安排需要执行的作业进入队列中等待。CLASS 参数规定了作业的输入类别，它将作业置于某个 JES 队列，相同类别的作业处于同一输入队列等待执行，并且具有相同的处理属性。JCL 可以选择的 CLASS 类别有 36 个，A ~ Z，0 ~ 9。当然，是否可以设置为这 36 个值中的某一个，要看系统本身是否已定义好，如果当前使用的系统只定义了 A ~ E，那么把 CLASS 设置为 F 是没有意义的。因此在设置 CLASS 值的时候，需要考虑在 JES 里面是否定义过这个 CLASS。如果不特别指定 CLASS，JES 将使用初始化时缺省的 CLASS。CLASS 参数的书写格式是：CLASS = jobclass。

【例 14】 //EXAMPL14   JOB   D222,CLASS = E

例 14 的作业类别为 E，如果系统的初始化器设置如图 5 - 4 所示，那么这个作业最终只能被第 4 个初始化器执行。

5. MSGCLASS 参数

MSGCLASS 参数与 CLASS 参数类似，不同的是它针对的是作业日志（Job Log），为其设置输出类别。需要输出的作业日志很多，而输出资源有限，JES 将那些需要输出的作业日志安排到输出队列排队。这里，作业日志又称输出日志，指系统记录下来的与作业相关的信息记录。MSGCLASS 的值同样可以设置成 A ~ Z，0 ~ 9 这 36 个中的一个，前提是系统已经定义好了这些队列。若 MSGCLASS 参数缺省，它的值与 CLASS 参数保持一致。

【例 15】 //EXAMPL15   JOB   D222,CLASS = A,MSGCLASS = B

例 15 的作业类别为 A，作业日志的输出类别为 B。

6. PRTY 参数

可以为作业设置优先级，JES 根据作业优先级来选择作业执行。优先级用数字来表示，在 JES2 系统中，取值范围是 0～15，数字越大则优先级越高。对于同一优先级的作业，系统采取先进先执行的策略。

【例 16】//EXAMPL16　JOB　　CLASS＝A,PRTY＝10

例 16 EXAMPL16 作业的 PRTY 参数设置为 10，表示优先级为 10。

7. MSGLEVEL 参数

MSGLEVEL 参数控制 JCL 作业输出清单的内容，它可以由两个位置子参数构成，格式为：MSGLEVEL＝([statements][, messages])。第一个位置上的子参数为 statements，用于指明哪些信息会写到输出日志里去，取值范围为 0～2；第二个位置上的子参数为 messages，用于指明什么情况下执行输出，取值范围为 0 或 1。

① statements 子参数：

statements＝0，仅输出 JOB 语句；

statements＝1，输出所有 JCL 和 JES 语句，包括过程（PROCEDURE）中的语句；

statements＝2，仅输出被提交的 JCL 和 JES 语句，不输出 PROCEDURE 中的语句。

如果缺省 messages 参数，对应以上 statements 参数的 3 个取值，MSGLEVEL 参数可分别书写成：MSGLEVEL＝0、MSGLEVEL＝1 以及 MSGLEVEL＝2。

② messages 子参数：

messages＝0，如果作业异常终止，输出有关 JCL、JES、操作员等信息；

messages＝1，不管作业是否正常结束，都输出 JCL、JES、操作员等信息。

如果缺省 statements 子参数，对应以上 messages 参数的 2 个取值，MSGLEVEL 参数可分别书写成：MSGLEVEL＝(,0) 以及 MSGLEVEL＝(,1)。如果省略 MSGLEVEL，JES 提供初始化时的缺省值，即 MSGLEVEL＝(1,1)。特别地，MSGLEVEL＝(0,0) 表示不输出结果信息，即用户查看不到这个作业的结果信息。

如图 5 - 10 所示的一篇 JCL，JOB 语句的名字为 XUKEA，有两个位置参数，ACCOUNT 表示用户账号，程序员名是 XUKE，作业的输出类别为 X，作业提交后 NOTIFY 的消息返回给 XUKE，作业的输入类别为 A，作业需要 6M 虚存空间。MSGLEVEL＝(1,1) 表示不管这个作业是否正常结束，输出包括过程在内的 JCL、JES、操作员等所有信息。

```
000001 //XUKEA JOB (ACCOUNT),'XUKE',MSGCLASS=X,MSGLEVEL=(1,1),
000002 //         NOTIFY=XUKE,CLASS=A,REGION=6M
000003 //********************************************************
000004 //*   JOB  SUBMITTED FROM USERID.CNTL(LABXXX)          ***
000005 //*   DOC: WRITE THE PURPOSE OF YOUR JOB RIGHT HERE    ***
000006 //********************************************************
000007 //MYPROC   PROC
000008 //PSTEP1   EXEC PGM=IEFBR14
000009 //DD1      DD   DSN=&DS,DISP=(NEW,CATLG),
000010 //              LIKE=XUKE.PS1,VOL=SER=USER01
000011 //         PEND
000012 //STEP1    EXEC MYPROC,DS=XUKE.PROC.PS3
```

图 5 - 10　JCL 范例图

以上的 JCL 范例程序的最后一句，即作业步 STEP1，调用了一个名为 MYPROC 的过程。作业提交后，可以通过 SDSF 工具查看 JESJCL（见图 5 – 11）。JESJCL 里显示如图 5 – 12 所示的信息，包括提交的 JCL 源程序，以及在源程序 JCL 中调用的 MYPROC 此时也被展开，一并记录下来。

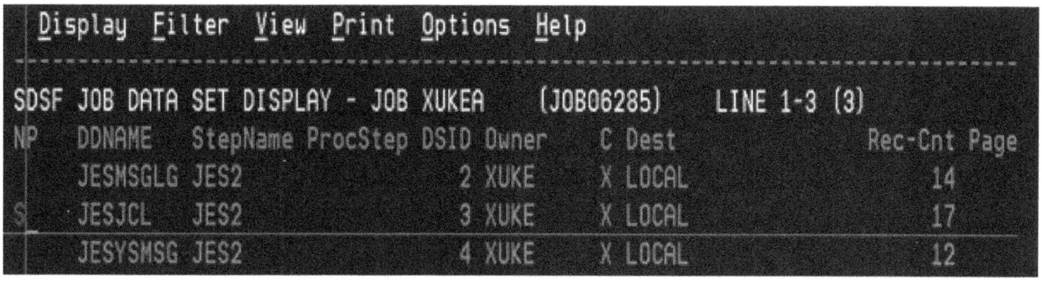

```
 Display  Filter  View  Print  Options  Help
------------------------------------------------------------------------
SDSF JOB DATA SET DISPLAY - JOB XUKEA      (JOB06285)     LINE 1-3 (3)
NP   DDNAME   StepName ProcStep DSID Owner     C Dest              Rec-Cnt Page
     JESMSGLG JES2               2 XUKE       X LOCAL                  14
S    JESJCL   JES2               3 XUKE       X LOCAL                  17
     JESYSMSG JES2               4 XUKE       X LOCAL                  12
```

图 5 – 11　SDSF 里查看 XUKEA 作业的 JESJCL 图

进一步来看，如果把这篇 JCL 的 MSGLEVEL ＝（1,1）参数改为 MSGLEVEL ＝（0,1），那么作业提交后，JESJEC 成员只会记录如图 5 – 12 所示标号为 1 的那一部分内容，即 JOB 语句及 JOB 语句之后的四条注释语句；如果把 MSGLEVEL ＝（1,1）改为 MSGLEVEL ＝（2,1），那么作业提交后，JESJEC 成员会记录标号为 1、2 和 3 的内容，即原本的 JCL 源程序，而不会将 4、5 和 6 这部分展开的 MYPROC 过程记录下来。

```
1 //XUKEA JOB (ACCOUNT),'XUKE',MSGCLASS=X,MSGLEVEL=(1,1),
  //        NOTIFY=XUKE,CLASS=A,REGION=6M
  //****************************************************************
  //*  JOB  SUBMITTED FROM USERID.CNTL(LABXXX)
  //*  DOC: WRITE THE PURPOSE OF YOUR JOB RIGHT HERE
  //****************************************************************
2 //MYPROC   PROC
  //PSTEP1  EXEC PGM=IEFBR14
  //DD1     DD  DSN=&DS,DISP=(NEW,CATLG),
  //        LIKE=XUKE.PS1,VOL=SER=USER01
  //        PEND
3 //STEP1   EXEC MYPROC,DS=XUKE.PROC.PS3
4 ++MYPROC   PROC
5 ++PSTEP1  EXEC PGM=IEFBR14
6 ++DD1     DD  DSN=&DS,DISP=(NEW,CATLG),
  ++        LIKE=XUKE.PS1,VOL=SER=USER01
```

图 5 – 12　JESJCL 记录的内容

8. TIME 参数

TIME 参数用于指定作业占用处理器的最长时间，如果作业运行超过这个时间，系统会立刻终止这个作业。设置 TIME 参数在某些情况下是比较有用的，它可以把作业的执行时间控制在合理范围内，切断程序死循环带来的风险。TIME 参数可以书写成如下三种格式：

①TIME=（［minutes］［，seconds］）。

TIME 参数由 minutes 和 seconds 两个子参数构成，子参数均为位置参数。第一个位置上的 minutes 子参数指定作业可占用处理器最长时间的分钟数（1～357 912）；而 seconds 子参数指定作业可占用处理器最长时间的秒钟数（1～59）。

【例 17】 //EXAMPL17　　JOB　　　　COCO,CLASS=A,TIME=(4,50)

【例 18】 //EXAMPL18　　JOB　　　　CLASS=A,TIME=1440

【例 19】 //EXAMPL19　　JOB　　　　CLASS=A,PRTY=10,TIME=(,22)

例 17 作业的最长执行时间为 4 分 50 秒；例 18 作业的最长执行时间为 1440 分钟，即 24 小时；例 19 作业的最长执行时间为 22 秒。

②TIME=NOLIMIT。

等同于 TIME=1 440。

③TIME=MAXIMUM。

表示作业的最长执行时间为 357 912 分钟，即 248.55 天。

与 REGION 参数类似，TIME 参数也可以在 EXEC 语句中指定。JOB 语句的 TIME 参数控制整篇作业执行的时间，而 EXEC 语句的 TIME 参数仅控制当前作业步可以执行的时间。如果 JOB 语句中没有指明 TIME 参数，那么每个作业步的运行时间限制由 EXEC 语句中 TIME 参数确定；如果 EXEC 语句中也没有指明 TIME 参数，作业将采用系统默认的时间限制值。值得注意的是：在 JOB 语句中不可以将 TIME 参数写作 TIME=0，这样将导致不可预知的后果。而在 EXEC 语句中将 TIME 设置为 0，表示该作业步的执行时间由前面作业步剩余的执行时间决定。

【例 20】 //EXAMPL20　　JOB　　　　COCO,CLASS=A,TIME=5

　　　　　//STEP1　　　　EXEC　　　PGM=IEBCOPY,TIME=3

　　　　　……

　　　　　//STEP2　　　　EXEC　　　PGM=IEFBR14,TIME=1

　　　　　……

例 20 JOB 语句的 TIME 参数等于 5，表示这篇作业的执行时间不超过 5 分钟。这篇作业有两条 EXEC 语句，作业步 1 调用 IEBCOPY 程序，执行时间不超过 3 分钟；作业步 2 调用 IEFBR14 程序，执行时间不超过 1 分钟。因此从两个作业步规定的最长执行时间之和 3+1=4 分钟来看，这个作业提交后，最长执行时间不会达到 5 分钟，甚至都不超过 4 分钟。

【例 21】 //EXAMPL21　　JOB　　　　COCO,CLASS=A,TIME=5

　　　　　//STEP1　　　　EXEC　　　PGM=IEBCOPY,TIME=3

　　　　　……

　　　　　//STEP2　　　　EXEC　　　PGM=IEFBR14,TIME=3

　　　　　……

例 21 的 JOB 语句依然限定整个作业的执行时间不超过 5 分钟，作业步 1 的执行时间不超过 3 分钟。尽管作业步 2 规定了执行时间不超过 3 分钟，但受限于 JOB 语句的 TIME

参数，作业步1如果执行了3分钟，那么作业步2最长可以执行的时间为 5 – 3 =2 分钟，而不是 3 分钟。

5.2.4　EXEC 语句

EXEC 语句告诉系统要执行哪一个程序或者要调用哪一个过程，并为它们的执行分配相应的资源和参数。每一条 EXEC 语句（不包含过程内的 EXEC 语句）标志着一个作业步的开始，一个作业最多可以有 255 个作业步，包括所有在 EXEC 语句中调用的过程中的过程步。EXEC 语句的格式如下：

//［作业步名］　EXEC　位置参数［,关键字参数]［,关键字参数］　［注释说明］

第 1，2 列书写 "//"，紧跟着的第 3 列开始书写作业步名（作业步名也可以省略），作业步名后空一格或多格书写 EXEC 操作符，标志当前是一条 EXEC 语句。操作符后空一格或多格书写 EXEC 语句的参数，参数之间用逗号分隔。EXEC 语句要求必须书写位置参数，而关键字参数可以有多个，所有关键字参数必须书写在位置参数之后。参数区之后空一格或多格可以书写注释说明（注意：EXEC 语句格式中的方形框 "［］"，表示可选内容）。

5.2.4.1　作业步名

从语法规则上看，作业步名可以省略不写。但是一般不建议这么做，合理地定义作业步名不仅可以提高程序的可读性，还可以在作业出错时方便用户快速定位至出错的作业步，以缩小查错范围。譬如定义作业步名为 COBOLCPL，通过作业步名大概可以知道这个作业步的功能是对 COBOL 语句进行编译，如果这篇作业执行的时候在这个作业步出错，那么通过 SDSF 查错的时候，会看到 COBOLCPL 作业步的条件返回码异常，因此查错的工作量将会大幅度缩减，无需遍历通篇 JCL 去找错，查错的范围仅缩小到 COBOLCPL 这个作业步上。需要注意的是，作业步名和主机上大多数命名规则一样，由 1～8 位的字母或通配符开头的数字字符构成，而且作业步名必须在该作业步内以及在该作业步调用的所有过程中是唯一的。接下来举几个作业步命名的例子：

【例 22】　//EXAMPL22　　　　EXEC
【例 23】　//STEP23　　　　　　EXEC
【例 24】　//ST&24　　　　　　EXEC
【例 25】　//EX25 +　　　　　　EXEC
【例 26】　//EXAMPLE26　　　EXEC
【例 27】　//EXAMP 27　　　　EXEC

例 22～24 作业步名定义符合语法规范，而例 25 存在非法字符 " +" 号；例 26 定义的作业步名超过了 8 位；例 27 定义的作业步名存在非法字符空格。

5.2.4.2　位置参数

EXEC 语句必须书写位置参数，位于第一个位置上，它的值取 PGM 或者 PROC。

1. PGM

PGM 是 PROGRAM 的缩写，用于指明当前作业步要执行的是一个程序。这个程序必须是一个分区数据集（PDS）的成员、扩展的分区数据集（PDSE）的成员、系统库（如 SYS1. LINKLIB）的成员、私有库（作业中的 JOBLIB DD 语句或作业步中的 STEPLIB DD 语句定义）的成员等。这些程序可能是 COBOL 书写的程序，也可能是其他高级语言书写的程序。图 5 - 13 是一张系统库 SYS1. LINKLIB（ABA）截图，ABA 是一个已经编译好的高级语言书写的程序。

图 5 - 13　SYS1. LINKLIB（ABA）截图

PGM 调用程序的方法分为直接调用和间接调用，对应的书写格式如下：

① 直接调用程序：

PGM＝program-name，譬如作业步要调用图 5 - 13 所示的 ABA 程序，那么 PGM＝ABA。

② 间接调用程序：

有两种调用方法，PGM＝ ∗ . stepname. ddname 和 PGM＝ ∗ . procname. procstepname. ddname。其中" ∗ . stepname. ddname"表示要执行的程序由本作业步之前名为 stepname 的作业步内名为 ddname 的 DD 语句的 DSN 参数决定；而 ∗ . procname. procstepname. ddname 表示要执行的程序由本作业步前名为 procstepname 的过程中名为 stepname 的过程步里名为 ddname 的 DD 语句中的 DSN 参数决定。举 2 个例子：

【例 28】　//EXAMPL28　JOB　　COCO,CLASS＝A,NOTIFY ＝&SYSUID

　　　　　　//STEP1　　　EXEC　PGM＝IEFBR14

　　　　　　//DD1　　　　DD　　DSN＝SYS1. LINKLIB(ABA) ,DISP＝SHR

　　　　　　//STEP2　　　EXEC　PGM＝ ∗ . STEP1. DD1

例 28 的作业名为 EXAMPLE 28，由两个作业步构成。第一个作业步名为 STEP1，调用 IEFBR14 程序，这个作业步中有一条名为 DD1 的 DD 语句，其中的 DSN 参数指示数据集的名字为 SYS1. LINKLIB（ABA）；第二个作业步名为 STEP2，调用的程序为本作业步（STEP2）前名为 STEP1 的作业步内名为 DD1 的 DD 语句的 DSN 指定的参数，即 SYS1. LINKLIB（ABA），因此 STEP2 作业步最终调用的程序为 ABA，等同于 PGM=ABA。

【例 29】	//EXAMPL29	JOB	COCO,CLASS=A,NOTIFY=&SYSUID
	//PROC1	PROC	
	//PSTEP	EXEC	PGM=IEFBR14
	//PDD1	DD	DSN=SYS1. LINKLIB(ABA),DISP=SHR
	//	PEND	
	//STEP1	EXEC	PGM=*. PROC1. PSTEP. PDD1

例 29 的作业中存在一个流内过程，命名为 PROC1，该过程由第 2 行的 PROC 语句及倒数第 2 行的 PEND 语句包围（有关流内过程的详细了解可参看第 7 章）。PROC1 过程里有一个过程步，命名为 PSTEP（注意：EXEC 语句出现在过程里，被称为过程步而不是作业步），这个过程步包含一条名为 PDD1 的 DD 语句，其中的 DSN 参数指定数据集为 SYS1. LINKLIB（ABA）。这篇作业只有一个作业步，作业步的名字为 STEP1，调用的程序为本作业步（STEP1）前名为 PROC1 的过程里名为 PSTEP 的过程步中的 PDD1 DD 语句的 DSN 所指定的参数，即 SYS1. LINKLIB（ABA），因此 STEP1 作业步最终调用的程序为 ABA 程序。

2. PROC

PROC 是 PROCEDURE 的缩写，用于指明当前作业步要调用的是一个过程。它的书写格式有两种：PROC=procedure－name 或者直接写 procedure－name。调用的过程可以是编目过程的成员名，也可以是流内过程的过程名。

【例 30】	//EXAMPL30	JOB	COCO,NOTIFY=&SYSUID,MSGCLASS=A
	//PROC1	PROC	
	//PSTEP	EXEC	PGM=IEFBR14
	//PDD1	DD	DSN=SYS1. LINKLIB(ABA),DISP=SHR
	//	PEND	
	//STEP1	EXEC	PROC1

例 30 的作业中存在一个流内过程 PROC1，作业步 STEP1 调用的就是 PROC1 这个流内过程。最后一句也可以写成//STEP1 EXEC PROC=PROC1。需要注意的是，如果调用的过程是一个流内过程，那么该流内过程必须在本作业之内的本条作业步之前定义，如本例中 STEP1 作业步要调用流内过程 PROC1，那么 PROC1 必须在这条语句之前就定义好。

5.2.4.3　关键字参数

EXEC 语句的关键字参数都是可选的，作用范围仅限于某个作业步内。这一小节将介绍 EXEC 语句的 ADDRSPC 参数、REGION 参数，COND 参数和 PARM 参数。

1. ADDRSPC 参数

EXEC 语句的 ADDRSPC 参数指明作业步的存储类型，ADDRSPC=VIRT 表示作业步请求虚存空间，是默认值；而 ADDRSPG=REAL 表示作业步请求实存空间。每个作业步的

ADDRSPC 参数只作用于本作业步范围内，如果 JOB 语句也指定了 ADDRSPC 参数，那么它会覆盖所有作业步中的 ADDRSPC 参数。

【例 31】 //EXAMPL31　EXEC　PGM=IEFBR14,ADDRSPC=REAL

【例 32】 //EXAMPL32　EXEC　UPDT,ADDRSPC=VIRT

例 31 的 EXAMPL31 作业步调用 IEFBR14 程序，请求实存空间；例 32 的 EXAMPL32 作业步调用过程 UPDT，请求虚存空间。

2. REGION 参数

EXEC 语句的 REGION 参数的作用范围仅限制在某个作业步中，它指定某个作业步所需的实存或辅存空间的大小。REGION 参数的值可以设置为 KB 或 MB 大小。

【例 33】 //EXAMPL33　　EXEC　UPDT,ADDRSPC=VIRT,REGION=60M

例 33 的 EXAMPL33 作业需要分配 60M 虚存空间。

3. COND 参数

COND 参数是一个条件返回码测试参数，用于测试本作业先前执行的作业步的返回码，以决定是否执行本作业步。一般来说，如果满足测试条件，系统将不会执行本作业步；如果不满足，则执行本作业步。COND 参数的书写格式主要有如下几种：

①COND[. 过程步名]=(code,operator)。

这里，如果书写了过程步的名字，表示对过程步进行 COND 测试。Code 将与作业步或过程步的返回码（Cond code）进行比较，取值范围 0～4 095。Operator 是比较操作符，常用操作符有 GE（大于等于）、LE（小于等于）、EQ（等于）、GT（大于）和 LT（小于）。该书写格式表示，当所有之前的作业步返回码不满足测试条件，本作业步才会执行。

【例 34】 //STEP1　EXEC　PGM=IEFBR14,COND=(8,EQ)
　　　　　 //STEP2　EXEC　PGM=UPDT
　　　　　 //STEP3　EXEC　PGM=IEBGENER,COND=(8,LE)

例 34 有 3 个作业步，STEP1 为第 1 个作业步，存在 COND=(8,EQ) 参数，由于 STEP1 之前没有其他作业步，无法进行测试码的比较，系统将自动忽略掉这个 COND 参数；作业步 STEP2 没有设置 COND 参数，因此它紧接 STEP1 执行；STEP3 的测试条件 COND=(8,LE) 表示 STEP1 和 STEP2 作业步的返回码都小于 8 时，STEP3 作业步才会执行。

②COND[. 过程步名]=(code,operator,作业步名)。

表示当指定作业步的返回码不满足测试条件时，本作业步才会执行。需要注意的是：COND 参数的作业步名必须是在本作业步内定义好的作业步名，而且位于当前测试作业步之前。

【例 35】 //STEP1　EXEC　PGM=IEFBR14
　　　　　 //STEP2　EXEC　PGM=UPDT, COND=(4, EQ, STEP1)

例 35 的作业步 STEP2 设置了 COND 测试条件，表示当 STEP1 的返回码不为 4 时，STEP2 执行。

③COND［.过程步名］=(由①和②组成的多个测试条件)。

COND 参数最多可以有 8 个返回码测试。各个测试条件之间用逗号分隔。

【例36】//STEP1　EXEC　PGM=IEFBR14
　　　　//STEP2　EXEC　PGM=UPDT
　　　　//STEP3　EXEC　PGM=SORT,
　　　　//　　COND=((16,EQ),(4,LE,STEP1),(32,LE,STEP2))

例 36 的作业步 STEP3 执行的条件是：之前的作业步（STEP1 和 STEP2）的返回码不等于 16，作业步 STEP1 的返回码小于 4，并且作业步 STEP2 的返回码小于 32。

④COND=EVEN。

表示无论之前的作业步执行正常与否，不满足测试条件，本作业执行；满足测试条件，本作业步不执行。

⑤COND=ONLY。

表示之前的作业步异常终止，并且不满足测试条件，本作业步才会执行。

EVEN 或 ONLY 参数也可附加在以上书写格式①②③里，以子参数的形式存在。

【例37】//STEP1　EXEC　PGM=IEFBR14
　　　　//STEP2　EXEC　PGM=SORT
　　　　//STEP3　EXEC　PGM=UPDT,COND=((4,LE,STEP1),ONLY)

例 37 的作业步 STEP3 执行的条件是：STEP1 作业步的返回码小于 4，且之前有一个作业步异常终止。由于 STEP1 的返回码小于 4 是 STEP3 可以执行的其中一个条件，而返回码小于 4 表示 STEP1 正常执行，因此只有当 STEP2 异常终止，且 STEP1 的返回码小于 4 时，作业步 STEP3 才执行。

【例38】//STEP1　EXEC　PGM=IEFBR14
　　　　//STEP2　EXEC　PGM=IEBGENER
　　　　//STEP3　EXEC　PGM=UPDT,COND=((8,GT,STEP2),EVEN)

例 38 的作业步 STEP3 的 COND 条件设置了 EVEN 子参数，表示无论之前的作业步正常执行或异常终止，只要 STEP2 的返回码大于等于 8，那么 STEP3 执行。

4. PARM 参数

PARM 参数用于给本作业步调用的程序或过程传递参数。调用的程序或过程本身决定了参数的个数、名字和类型。因此在传递参数时要严格按照程序接收参数的规范来传递。常用的格式是：PARM.［过程步名］=(子参数,子参数…)。子参数之间用逗号分隔，如果子参数有特殊字符，需要用单引号括起来，并用括号或单引号将所有参数包围起来。

【例39】//STEP1　EXEC　PGM=SEASON,PARM=(SPRING,'02 - 04')

例 39 的作业步调用程序 SEASON，系统向其传递 2 个参数 SPRING 和 02 - 04。

5.2.5 DD 语句

DD 语句用于描述一个数据集及其状态，以及这个数据集所需的输入和输出资源。一篇作业、一个作业步或一个过程步都可以没有 DD 语句，也可以有多条 DD 语句。DD 语句的格式如下：

//DD 名　DD　位置参数［,关键字参数］［,关键字参数］　　　　［注释说明］

第 1, 2 列书写"//"，紧跟着的第 3 列开始书写 DD 名，DD 名后空一格或多格书写 DD 操作符，标志当前是一条 DD 语句。操作符后空一格或多格书写 DD 语句的参数，参数之间用逗号分隔，DD 语句的位置参数可选，关键字参数可以有多个，所有关键字参数必须写在位置参数之后。参数区之后空一格或多格是说明区。

5.2.5.1　DD 名

DD 名就是 DD 语句的名字，同样由 1 至 8 位字母或通配符开头的字符数字构成。一个作业步（过程步）内可以有多条 DD 语句，但同一作业步（过程步）的 DD 语句不可重名。如果作业步（过程步）调用的程序对 DD 语句没有特别要求，可以自行定义 DD 语句的名字，需要注意的是，自行定义的 DD 名应避开系统定义的 DD 名，如：JOBCAT、STEPCAT、JOBLIB、STEPLIB、SYSIN、SYSOUT、SYSCHK 等。

【例 40】//EXAMPL40　　　JOB　　　CLASS＝A
　　　　　//STEP1　　　　　EXEC　　　PGM＝IEBGENER
　　　　　//SYSPRINT　　　DD　　　　SYSOUT＝*
　　　　　//SYSUT1　　　　 DD　　　 　*
　　　　　HELLO,EXAMPLE40!
　　　　　//SYSUT2　　　　 DD　　　　DSN＝ST400.PS,DISP＝SHR
　　　　　//SYSIN　　　　　 DD　　　　DUMMY

例 40 的作业有一个作业步 STEP1，调用 IEBGENER 程序，这个程序是系统的实用程序。该作业步内的 DD 语句不可以自行定义，因为 IEBGENER 程序规定必须存在 4 条 DD 语句，分别是 DD 名为 SYSPRINT、SYSUT1、SYSUT2 和 SYSIN 的 DD 语句。每条 DD 语句对于 IEBGENER 程序来说都有特殊的用途和含义，它们对程序的执行起到关键作用。

5.2.5.2　位置参数

DD 语句的位置参数是可选的，可以书写第一个位置上的参数，这个参数从"*""DATA"和"DUMMY"三者选其一。

1. *

参数"*"另起一行（或多行）的内容不是 JCL 的语句，可能是一段文字（如例 40，"HELLO,EXAMPLE40!"），可能是一段控制数据（如图 5 – 5 的 JCL 样例程序，SORT　FIELDS＝(1,3,CH,A)）。这些内容统称为流内数据。参数"*"标志流内数据的开始。下列符号表示流内数据的结束：

- 第 1, 2 列为/*。或者
- 第 1, 2 列为//

流内数据不以第 1, 2 列为//打头。如果流内数据本身存在"//"，而这样的字符又必须出现在第 1, 2 列，则不可以使用参数"*"，可用参数"DATA"替代。

【例41】//DD1　DD　＊

    Have a good time！

    //DD2　DD　＊

    It is easy！

    Just do it.

    /＊

例41有两条DD语句，名为DD1的DD语句中有流内数据"Have a good time！"，第3行的第1，2列为//打头，表示是一条JCL语句，DD1 DD语句的数据流结束。DD2 DD语句的流内数据占据2行，最后一行的第1，2列为/＊，表示DD2 DD语句的流内数据结束。

2. DATA

参数"DATA"和参数"＊"一样，都是表示流内数据的开始。不同的是，参数"DATA"允许书写第1，2列为//打头的流内数据，流内数据结束的标志是第1，2列为/＊。如果在例41中使用DATA参数，则需要进行微小的修改（如例42），表达出同样的含义。

【例42】//DD1　DD　DATA

    Have a good time！

    /＊

    //DD2　DD　DATA

    It is easy！

    Just do it.

    /＊

【例43】//DD2　DD　DATA

    //HELLO！

    /＊

例43的DD2 DD语句的流内数据为"//HELLO！"。

3. DUMMY

参数"DUMMY"表示没有设备或外存空间分配给DSN参数所指定的数据集，对数据集不进行任何操作或处理，系统只对参数"DUMMY"所在的参数区的参数进行语法检查。通常使用参数"DUMMY"的原因有两个。

原因一：由于DD语句的参数比较复杂，通常需要对数据集做出处理或操作。通过设置"DUMMY"参数，系统不会真正执行DD语句的这些参数，只进行语法检查工作，以测试参数语法的正确性。当测试完毕，可以移除"DUMMY"参数，恢复参数的实际操作。

【例44】//DD1　DD　DUMMY,DSNAME=ST400. EXP,VOL=SER=USER01,

    //　DISP=（NEW,CATLG）,SPACE=（TRK,（1,1,1））

例44的DD1 DD语句定义了一个需要新建的数据集ST400. EXP，并为其分配空间和盘卷。由于位置参数设置为"DUMMY"，系统只会对参数区的参数做语法检查，而不真正创建这个数据集。

原因二：例 40 的最后一条 SYSIN DD 语句，使用参数"DUMMY"，其原因是，IEBGENER 要求必须有一条 SYSIN DD 语句，用于控制语句的输入。即使根据需求不需要控制语句，这条语句也必须出现。因此给这条 DD 语句设置参数"DUMMY"，既符合 IEBGENER 程序的语法规则，也不会对程序本身产生任何负面影响。JCL 书写中类似的情况有很多，都可以采用 DD 语句设置参数"DUMMY"来解决。

【例 45】//DD1   DD   DUMMY

例 45 的 DD 语句不起作用，可以看作是一个空语句。

5.2.5.3 关键字参数

DD 语句的关键字参数分为如下两类：

① 设备相关参数：

用于描述设备类型及数量（UNIT）、盘卷信息（VOLUME）、空间分配（SPACE）等。

② 数据集或数据相关参数：

用于定义数据集的名字（DSNAME）、描述数据集的状态或对数据集的操作（DISP）、设置数据集的记录格式（DCB）、将数据集标识为系统输出数据集（SYSOUT）等。接下来，将分别介绍这些参数。

1. DSNAME

DSNAME 参数用于指定一个顺序数据集或分区数据集的名字。如果这个数据集已经存在，DSNAME 参数的作用是让系统定位该数据集。如果这个数据集不存在，DSNAME 参数则用来指定需要新建的数据集的名字（对数据集的命名规则请参看 4.1.6 节）。DSNAME 参数需要与 DISP 参数配合使用。DSNAME 参数的格式是：

DSNAME=数据集名字 或者 DSN=数据集名字 又或者引用的方式

DSNAME（DSN）= *. stepname. ddname

【例 46】//SYSUT2   DD   DSN=ST400. PS1

例 46 的 DD 语句指定数据集名为 ST400. PS1，由于并未书写 DISP 参数，将使用系统默认的 DISP=（NEW,DELETE,DELETE）对这个数据集进行处理。

【例 47】//STEP   EXEC   PGM=IEFBR14
　　　　//DD1   DD   DSN=LIKING,DISP=OLD
　　　　//STEP2   EXEC   PGM=IEFBR14
　　　　//DD2   DD   DSN= *. STEP. DD1,DISP=（OLD,CATLG,KEEP）

例 47 的 DD1 语句指定的数据集名字为 LIKING，而 DD2 指定的数据集由本作业步（STEP2）之前名为 STEP 的作业步中 DD1 DD 语句的 DSN 参数决定，因而，最后指定的仍然是数据集 LIKING。

【例 48】//DD1   DD   DSN=DATA1,DISP=SHR
　　　　//   DD   DSN=DATA2,DISP=SHR

例 48 的 DD 语句写法较为特殊，有两个 DD 操作符，共用一个 DD 名，可以看作是同一条 DD 语句。这条 DD 描述了两个数据集，分别是数据集 DATA1 和 DATA2，程序在执行过程中对这两个数据集进行定位。

2. DISP

DISP 参数可以用来描述 DSNAME 参数定义的数据集的状态，或对该数据集进行操作。它的格式为：DISP=（[状态][,正常结束参数][,异常结束参数]）。DISP 参数是一个组合参数，每个子参数都是位置参数。第 1 个位置上的参数表示数据集的状态，第 2、3 个位置上的参数分别表示作业步正常结束、异常结束时对数据集进行的操作。

状态子参数可以取下列 4 个值中的一个：

① NEW：表示创建一个新的数据集，它是缺省值。

② OLD：表示数据集已存在。当前作业步将以独占的方式使用这个数据集。独占的意思是指其他的作业不可以同时使用这个数据集。

③ SHR：可写作 SHARE。表示数据集已存在，当前作业步将以共享的方式使用数据集。

④ MOD：如果数据集不存在，则新建数据集，这个数据集将以独占的方式被使用；如果数据集已存在，记录将被添加到数据集的末尾，前提是这个数据集必须是顺序数据集。

正常结束子参数用于设定当前作业步执行完毕、未发生异常终止时所采取的操作。取值为下列 5 个值中的一个：

① DELETE：删除数据集，并释放所占用的空间。对于一个需要新建的数据集，DELETE 是正常结束参数的缺省值。

② KEEP：保持数据集的状态不变。对于一个已经存在的数据集，KEEP 是正常结束参数的缺省值。

③ PASS：保留数据集并传递到同一作业的后续作业步中使用。

④ CATLG：对数据集进行编目操作，即在系统编目或用户编目中设置它的入口指针。

⑤ UNCATLG：对数据集取消编目，即从系统编目或用户编目里删除它的入口指针。

异常结束子参数（又称异常终止子参数），用于设定当前作业步异常终止时所采取的操作，取值为下列 4 个值中的一个：

① DELETE：删除数据集，并释放所占用的空间。对于一个需要新建的数据集，DELETE 也是异常结束参数的缺省值；

② KEEP：保持数据集的状态不变。对于一个已经存在的数据集，KEEP 也是异常结束参数的缺省值。

③ CATLG：编目数据集。

④ UNCATLG：取消数据集编目。

如果在 DD 语句中缺省 DISP 参数，系统给它的默认值为 DISP=（NEW，DELETE，DELETE），表示无论这个作业步正常执行或异常终止，这个新建的数据集都会被删除。因此，在 JCL 的书写过程中，要根据实际需求谨慎书写 DISP 参数，避免因此带来的各种问题。下面是 DISP 参数缺省各个子参数的基本写法：

• 如果只书写状态参数，可以省略括号。譬如：DISP=NEW。

- 如果缺省状态参数，而书写正常结束或异常终止的子参数时，必须使用逗号将状态子参数的位置留出，代表状态子参数 NEW 的缺省。譬如：DISP=(,KEEP),DISP=(,CATLG,DELETE)。

- 如果缺省正常结束参数，而书写异常结束参数，必须使用逗号表示正常结束参数的缺省。譬如：DISP=(OLD,,DELETE),DISP=(,,KEEP)。

- 如果缺省异常结束参数，而书写正常结束子参数或状态参数，可以在写法上直接忽略掉异常结束参数。譬如：DISP=(,DELETE),(NEW,DELETE)。

【例 49】//STEP1　　EXEC　　PGM=IEFBR14
　　　　//DD1　　　DD　　　　DSN=PS2,DISP=(OLD,,DELETE)

例 49 的作业步 STEP1 有一条 DD 语句，指定的数据集为 PS2，DISP 的 OLD 子参数表示 PS2 是一个系统中已存在的数据集，该作业步将以独占的方式使用这个数据集。DISP 参数省略了正常结束参数，缺省值应为 KEEP。如果作业步 STEP1 正常执行完毕，数据集 PS2 保持原来的状态；如果 STEP1 异常终止，参照 DISP 的 DELETE 子参数，数据集 PS2 将被删除。

【例 50】//STEP1　　EXEC　PGM=IEFBR14
　　　　//DD1　　　DD　　　DSN=PS3,DISP=NEW
　　　　//DD2　　　DD　　　DSN=LAB,DISP=(NEW,CATLG,DELETE)
　　　　//DD3　　　DD　　　DSN=SPRING,DISP=OLD

例 50 的 DD1 DD 语句指定数据集 PS3，DISP=NEW 表示 PS3 是一个需要新建的数据集，无论作业步 STEP1 执行正常与否，该数据集都会被删除；DD2 DD 语句定义了数据集 LAB，DISP=(NEW,CATLG,DELETE)表示这个数据集同样需要创建，如果作业步 STEP1 正常结束，系统会对数据集 LAB 进行编目操作；反之，系统将 LAB 数据集删除。DD3 DD 语句的 DISP 参数表示：如果 STEP1 正常结束，SPRING 数据集将保留；若异常结束，这个数据集依然保留，相当于 DISP=(OLD，KEEP，KEEP)。

【例 51】//STEP1　　EXEC　PGM=PGM1
　　　　//DD1　　　DD　　　DSN=SUMMER,DISP=(NEW,PASS),UNIT=3390
　　　　//　　　　　　　　　VOL=SER=USER01,SPACE=(TRK,(1,1))
　　　　//STEP2　　EXEC　PGM=PGM2
　　　　//DD2　　　DD　　　DSN=*.STEP1.DD1,DISP=(OLD,CATLG,DELETE)

例 51 有两个作业步，作业步 STEP1 调用程序 PGM1，DD1 DD 语句定义了一个新建的数据集，名字为 SUMMER，如果这个作业步正确执行，SUMMER 数据集将传递给后续的作业步使用；如果异常结束，这个数据集将被删除。作业步 STEP2 指定了一个数据集，该数据集采用引用的方式给出，表示数据集由当前作业步（STEP2）之前名为 STEP1 作业步中的 DD1 DD 语句的 DSN 参数决定，因此，DSN 最终指定的是 SUMMER 数据集，这个数据集需要在 STEP1 里已经建好，如果作业步 STEP2 正常结束，系统将对其编目；如果异常结束，系统将其删除。

3. UNIT

UNIT 参数用于设定系统磁盘、磁带、设备地址、设备组、特殊设备类型以及设备数等与设备相关的信息。它的常见书写格式如下。

① UNIT=设备地址。

设备地址是在系统安装时设置的，一个设备地址由一个 3 位的十进制数或者 4 位的十六进制数构成。譬如请求设备地址 330，那么 UNIT=330。

② UNIT=（设备类型，设备数）。

主机系统支持不同类型的设备，例如磁盘、磁带等。通常将磁带机的设备类型设置为 3490、3590 这样的数字标识，把磁盘机设置为 3375，3380，3390。特别地，UNIT=3390 表示磁盘适用于任何版本的 z/OS。设备数是指请求的设备的个数，可以不写，缺省时的个数为 1 个。

【例 52】//DD1　DD　DSN=SUMMER,DISP=（NEW,CATLG）,UNIT=（3390,3）

例 52 的 DD1 DD 语句请求分配 3 个 3390 磁盘设备。

③ UNIT=设备组名。

系统安装的时候可以定义设备组，设备组由一系列磁盘或磁带等资源组成。常见的设备组包括：DASD，TAPE，SYSDA 等。DASD 设备组表示的是一系列磁盘资源，TAPE 设备组表示的是一系列磁带资源。譬如：UNIT=SYSDA，表示可以在一系列可用设备中选择任何可用的盘卷。

4. VOLUME

VOLUME 参数用于指定 DSNAME 参数定义的数据集存放在哪个盘卷或盘卷组上。如果 DSNAME 参数指定的数据集是一个已经存在的数据集，那么 VOLUME 参数需要按这个数据集实际存在的盘卷书写，不可错写；如果这个数据集需要新建，那么 VOLUME 参数用于指定这个数据集存放的盘卷信息。当然，也可以在新建数据集时，不特别地指定 VOLUME 参数，这种情况下系统将自动分配某个盘卷给新数据集使用，我们也称这种方法为分配非特定卷。

VOLUME 参数的书写根据实际需要而定，可以通过 SER 子参数指定一个特定的卷、一组卷、具有特定序列号的卷，也可以通过 REF 子参数引用其他数据集所使用的卷。常规的书写方法如下。

① VOLUME=SER=卷标号　或　VOL=SER=卷标号。

注意，VOLUME 子参数的书写和前面介绍的子参数的书写不太一样，它是一种连等号的写法。卷标号、又称盘卷号或盘卷序列号，在第 4 章有相关介绍，它记录在磁盘第一个柱面的第一条磁道上，由 6 位字符组成，通常在系统环境建设之初就已经定义好。

【例 53】//DD1　DD　DSN=SUMMER,UNIT=3390,DISP=（NEW,CATLG），
　　　　//　VOL=SER=USER01

例 53 的 DD1 DD 语句将为新数据集 SUMMER 分配 3390 磁盘设备和 USER01 盘卷资源。

【例 54】//DD2　DD　DSN=LAB1,DISP=SHR,VOL=SER=USER02

例 54 的 DD2 DD 语句指定的数据集 LAB1 是一个已经存在的数据集。由于书写了 VOL 参数，那么这个参数不可以写错，如果 USER02 盘卷上并未存放 LAB1 数据集，系统将报错。

【例 55】//DD3　　DD　　DSN=SPRING,DISP=(NEW,CATLG)

例 55 的 DD3 DD 语句指定的数据集 SPRING 需要新建。该语句并未书写 VOL 参数，因而，系统将为这个数据集自动分配一个非特定卷。

② VOLUME(VOL)=(卷标号 1，卷标号 2…)。

为数据集设定一组盘卷资源。各卷标号之间用逗号分隔。

【例 56】//DD4　　DD　　DSN=DATA1,DISP=(NEW,CATLG),
　　　　//　　VOL=SER=(USER01,UER02)

例 56 为新建的数据集 DATA1 分配 USER01 和 USER02 盘卷资源。

③ VOLUME(VOL)=REF=ddname　或　VOLUME(VOL)=REF=＊.ddname　或
VOLUME(VOL)=REF=＊.stepname.ddname　或
VOLUME(VOL)=REF=＊.procname.procstepname.ddname

这 4 种书写方法的本质是参照前面已存在的某个数据集来分配盘卷资源。被参照的数据集本身的状态必须为 PASS 或 CATLG。

【例 57】//STEP1　　EXEC　　PGM=PROGA
　　　　//DD1　　　DD　　　DSN=SPRING,VOL=SER=USER01,DISP=SHR
　　　　//DD2　　　DD　　　DSN=SUMMER,DISP=(NEW,CATLG),
　　　　//　　VOL=REF=＊.DD1
　　　　//DD3　　　DD　　　DSN=LAB,DIPS=(NEW,CATLG),
　　　　//　　VOL=REF=SPRING

例 57 的 DD1 DD 语句指定了已存在的数据集 SPRING，DD2 DD 语句定义新建数据集 SUMMER，它分配与 SPRING 同样的盘卷 USER01。需要注意两点：一是数据集 SPRING 的盘卷号不可以写错；二是 SPRING 必须是一个已编目的或 PASSED 的数据集。DD3 DD 语句新建数据集 LAB，这个数据集参照数据集 SPRING 的盘卷信息进行分配。

【例 58】//STEP1　　EXEC　　PGM=PROGA
　　　　//DD1　　　DD　　　DSN=SPRING,VOL=SER=USER02,
　　　　//　　DISP=(NEW,PASS)
　　　　//STEP2　　EXEC　　PGM=PROGB
　　　　//DD2　　　DD　　　DSN=SUMMER,DISP=(NEW,CATLG),
　　　　//　　VOL=REF=＊.STEP1.DD1

例 58 的作业步 STEP1 有一条 DD1 DD 语句，指定了数据集 SPRING，这个数据集将传递到余下的作业步中使用。DD2 DD 语句新建数据集 SUMMER，它参照 DD1 DD 语句的 SPRING 数据集分配 USER02 盘卷。

【例 59】//PCR1　　　　PROC

```
//PSTEP1    EXEC    PGM=PRGA
//DD1       DD      DSN=PRO11,VOL=SER=USER03,
//   DISP=(NEW,CATLG)
//          PEND
//STEP1     EXEC    PGM=IEFBR14
//DD2       DD      DSN=SUMMER,DISP=(NEW,CATLG),
//   VOL=REF=*.PCR1.PSTEP1.DD1
```

例 59 存在一个流内过程 PCR1，DD2 DD 语句的数据集 SUMMER 将参照 PCR1 过程的 PSTEP1 过程步中 DD1 语句中的 PRO11 数据集，同样使用 USER03 盘卷。

5. SPACE 参数

SPACE 参数用于为新建数据集分配磁盘空间（对于磁带卷不起作用），它告诉系统所要分配空间的存储单位以及存储空间单位的数量。SPACE 参数的功能等同于通过 ISPF 的 3.2 面板创建数据集时所分配的 SPACE Units 参数、Primary quantity 参数、Secondary quantity 参数和 Directory Blocks 参数（见图 5－14）。

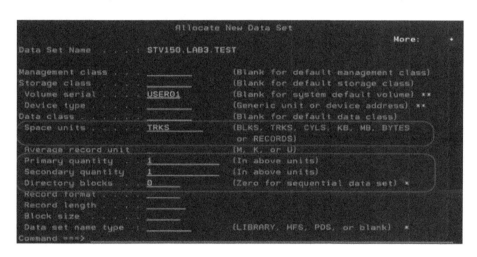

图 5－14　分配数据集参数截图 1

为数据集分配的存储单位可以是磁道、柱面等基本单位，存储数量包括首次分配数量、再次分配数量和目录空间大小。SPACE 参数的格式如下：

SPACE=（存储单位，（首次分配数量[，再次分配数量][，目录空间]））

SPACE 参数是一个组合参数，各个子参数都是位置参数。第一个位置上的子参数表示存储单位。第二个位置参数也是一个组合参数，由 3 个子子参数组成，它们都是位置参数。第一个子子参数表示首次分配量，第二个子子参数表示再次分配量，第三个子子参数表示目录空间大小。具体描述如下：

① 存储单位指分配的空间类型。可以是柱面（CYL）、磁道（TRK）、块（BLK）、KB、MB、BYTES 以及记录（RECORD）。

② 首次分配数量是指首次分配的存储单位的数量，系统必须有足够的空间满足首次分配，否则作业将失败。随着数据集的使用，首次分配的空间将不够用，系统会自动根据

再次分配数量为数据集追加空间，这时分配的空间可以是不连续的。

③ 目录空间是指分区数据集目录空间的大小。因此，只有在需要新建的数据集是分区数据集时，才会使用这个参数。缺省目录空间，表示当前的数据集是一个顺序数据集。目录空间以目录块（255 字节）为单位进行分配，每个块长可包含 5 个成员相关的目录内容。

【例 60】//DD1　　DD　　DSN=ST400. DDP,DISP=（NEW,CATLG），UNIT=3390，
　　　　　//　　　　VOL=SER=WORK03,SPACE=（TRK,（1,1,2））

例 60 的 DD1 DD 语句，新建数据集 ST400. DDP，为其分配 3390 磁盘设备的 WORK03 盘卷，以磁道为基本的分配单位，首次分配一个磁道，如果不够再次追加一个磁道，总共可以追加 15 次。该数据集是一个分区数据集，分配两个目录块大小的目录空间，数据集中最多可创建 2×5=10 个成员。

【例 61】//DD2　　DD　　DSN=ST400. SDP,DISP=（NEW,CATLG），UNIT=3390，
　　　　　//　　　　VOL=SER=WORK01,SPACE=（CYL,（1,2））

例 61 的 DD2 DD 语句为 ST400. SDP 数据集首次分配一个柱面的空间，如果不够用，再次追加二个柱面，同样可以追加 15 次。由于未设置目录空间大小，表示它是一个顺序数据集。

【例 62】//DD3　　DD　　DSN=SUV,DISP=（NEW,CATLG），
　　　　　//　　　　VOL=SER=USER01,SPACE=（CYL,2）

例 62 的 SUV 数据集，系统初次分配两个柱面大小给其使用，它是一个顺序数据集。SPACE 参数等同于 SPACE=（CYL,（2））。

【例 63】//DD4　　DD　　DSN=SAB,DISP=（NEW,CATLG），SPACE=（TRK,（1,,1））

例 63 的数据集，以磁道为基本的分配单位，首次分配 1 个磁道，未设置再次分配数量，目录空间大小为 1，它是一个分区数据集，可以在其中最多创建 1×5=5 个成员。

【例 64】//DD5　　DD　　DSN=TAB,DISP=（NEW,CATLG），
　　　　　//　　　　SPACE=（100,（30000,20000））

例 64 的 DD5 DD 语句为数据集 TAB 首次分配 30 000 个记录，如果不够追加 20 000 个记录。每个记录长度为 100 字节。

6. DCB

DCB 参数，即数据控制块参数（Data Control Block Parameters），用于描述数据集的记录长度、格式和记录块大小等信息，在新建数据集时使用。DCB 参数本身是一个组合参数，可以由多个子参数构成，它的格式为：DCB=（子参数 1,子参数 2,子参数 3…）。由于 DCB 各个子参数都是关键字参数，因此它们与顺序无关。通常我们也会把这些子参数独立出来书写，即写成：子参数 1,子参数 2,子参数 3…

DCB 参数包含非常多的子参数，这里我们主要介绍四个，分别是 LRECL 子参数、BLKSIZE 子参数、RECFM 子参数和 DSORG 子参数。这些参数的用途等同于在 ISPF 环境

的 3.2 工具创建数据集时分配如图 5 – 15 所示圆角框内的参数。

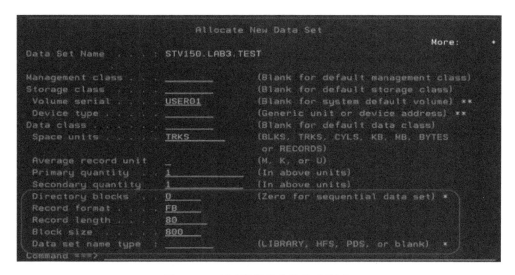

图 5 – 15   创建数据集参数分配截图 2

① LRECL 子参数。

用于指定逻辑记录的长度，也就是数据集的一行。若定义 LRECL=80，那么数据集一行最多写 80 个字节。根据 JCL 的语法特性，在屏幕中可书写的 JCL 宽度为 72 列（另外 8 列用于行号），因此，通常将 JCL 程序的 LRECL 设置为 80。

② BLKSIZE 子参数。

用于指定块容量，块是程序 I/O 的基本单位。若定义 BLKSIZE=800，那么块大小为 800 字节，程序一次读写 800 字节的内容。注意：BLKSIZE=0 表示默认使用系统选取的最优值。

③ RECFM 子参数。

RECFM 子参数定义了 LRECL 子参数和 BLKSIZE 子参数之间的关系（具体可参看 4.1.3 节）。

④ DSORG 子参数。

用于设置数据集的组织方式，定义数据集的类型。DSORG=PS，表示顺序数据集；DSORG=PO，表示分区数据集。DSORG 参数通常也可以不写，因为通过 SPACE 参数可以标识新建的数据集是顺序的还是分区的。

【例 65】// DDA   DD   DSN=SATA,VOL=SER=USER01,SPACE=(TRK,(1,1,1)),
　　　　//   RECFM=FB,LRECL=80,BLKSIZE=8000,DISP=NEW,DSORG=PO

例 65 的 DDA DD 语句，新建数据集 SATA，DISP=NEW 表示无论 DD 语句所在的作业步执行正确与否，这个数据集都会被删除。SATA 建在 USER01 盘卷上，以磁道为基本分配单位，首次分配 1 个磁道，再次追加 1 个磁道，使用一个目录块，是一个分区数据集。记录格式为 FB，表示块大小是逻辑记录长度的 N 倍。这里设置逻辑记录长度为 80，块大小为 8 000。DSORG=PO 表示 SATA 是一个分区数据集。需要注意的是，当 DD 语句已定义好 RECFM 和 LRECL 参数时，如果需要书写 BLKSIZE 参数，则必须合理设置它的值，譬如例 65 里若将 BLKSIZE 设置为 1 000，JCL 会报错，因为不符合 RECFM=FB 格式的要求。

【例 66】//DDB   DD   DSN=SPRING,VOL=SER=USER02,SPACE=(TRK,(1,2)),
    //   RECFM=FB,LRECL=200

例 66 中 DDB DD 语句未指定 BLKSIZE，系统将自动选取一个合适的块大小。

【例 67】//DDC   DD   DSN=SUMMER,VOL=SER=USER02,SPACE=(TRK,(1,1)),
    //   RECFM=F,LRECL=100

例 67 中 DDC DD 语句采用记录格式 F，那么块大小就等于逻辑记录长度，取值 100 B。

【例 68】//DDD   DD   DSN=DDEX,VOL=SER=WORK01,SPACE=(TRK,1),
    //   RECFM=V,LRECL=4092,BLKSIZE=4096

例 68 中记录格式设置为 V，LRECL 设置为 4 092，那么 BLKSIZE 等于 4 092+4=4 096 字节。

【例 69】//STEP1   EXEC   PGM=AMD
    //DD1   DD   DSN=DATA1,DISP=(NEW,KEEP),
    //   VOL=SER=USER01,SPACE=(TRK,10),
    //   DCB=(RECFM=FB,LRECL=80,BLKSIZE=800)
    //STEP2   EXEC   PGM=ADDE
    //DD2   DD   DSN=DATA2,DISP=(NEW,KEEP),
    //   VOL=SER=USER01,SPACE=(TRK,8),
    //   DCB=(*.STEP1.DD1,BLKSIZE=1600)

例 69 中除了 BLKSIZE=1 600，DD2 的 DCB 属性都与 DD1 的 DCB 属性相同。

7．SYSOUT

SYSOUT 参数用于定义打印位置（以及输出队列或数据集），它可以将 DSN 参数标识的数据集定义成一个系统输出数据集，并与一个输出类关联。这里，对输出类的理解可以参看 5.2.3.3 节关于 MSGCLASS 参数的介绍。

【例 70】//DD1   DD   DSN=SORT.OUT,SYSOUT=A

例 70 的 DD1 语句将 SORT.OUT 数据集定义成一个系统输出数据集，并写到处理 A 类的输出设备上。

【例 71】//DD2   DD   SYSOUT=*

例 71 的 DD2 语句并未特别指定数据集的 DSN 参数，SYSOUT=* 表示 JES 将系统输出数据集写到这样一个输出类上去：如果 JOB 语句定义了 MSGCLASS 参数，那么采用这个输出类；如果 JOB 语句未定义 MSGCLASS 参数，则采用系统默认的输出类，通常为 A类，等同于 SYSOUT=A。

5.3 作业的提交

作业提交的环境有多种，通常于 TSO 或 ISPF 环境提交作业。

1. 通过 TSO 环境提交作业

进入 TSO 环境，在 Ready 提示符下输入 Submit 命令提交作业，如图 5 – 16 所示，提交的作业书写在名为 TSOFS20. TSOE. CNTL（IEFBR14）数据集里。作业提交完成，TSO会提示作业已提交（SUBMITTED），并分配作业号（如 JOB04970）。

```
READY
submit 'tsofs20.tsoe.cntl(iefbr14)'
 JOB TSOFS20A(JOB04970) SUBMITTED
READY
```

在TSO中提交一个作业到后台去执行
假定这个作业存放在
TSOFS20.TSOE.CNTL (IEFBR14) 中

图 5 – 16　TSO 环境提交作业

2. 通过 ISPF 的编辑工具提交

在数据集里（见图 5 – 17）写好 JCL 之后，可以直接在"Command = = = >"处输入Submit 或 SUB 命令以提交作业。同样 JES 系统会为其分配作业号。

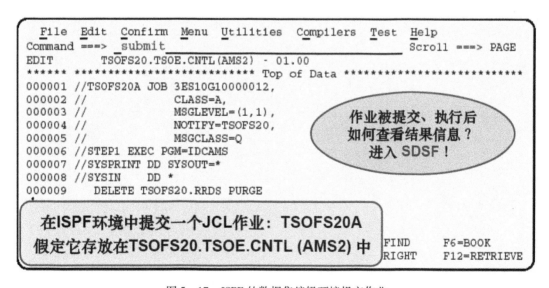

图 5 – 17　ISPF 的数据集编辑环境提交作业

无论以上何种方式，作业提交之后，都可以通过 SDSF 工具查看作业的状态及执行情况。

5.4 SDSF 工具

SDSF（System Display and Search Facility）是 TSO 和 ISPF 环境下的常用工具软件，其作用是对作业子系统进行控制和操作，帮助用户了解作业执行的情况和结果，查看作业队列，显示系统消息，输入和执行系统命令等。SDSF 提供的主要功能如下：

- 查看系统日志，并提供字符串查找功能。
- 输入并执行系统命令。
- 查看作业状态，控制作业的处理（作业排队、释放资源、取消作业、清除作业等）。
- 监控正在执行的作业。
- 在决定打印之前显示作业输出。
- 控制各个作业被处理的顺序。
- 查看并控制打印机和初始化器。

在 ISPF 主面板输入 SD 命令进入 SDSF 主面板（见图 5 – 18、图 5 – 19），提供 DA、I、O 等选项，除此之外，也可以在任何子菜单的命令行处输入命令：TSO SDSF 进入 SDSF 主面板。根据用户权限的不同，SDSF 可使用的选项、选项内可使用的命令也不同。

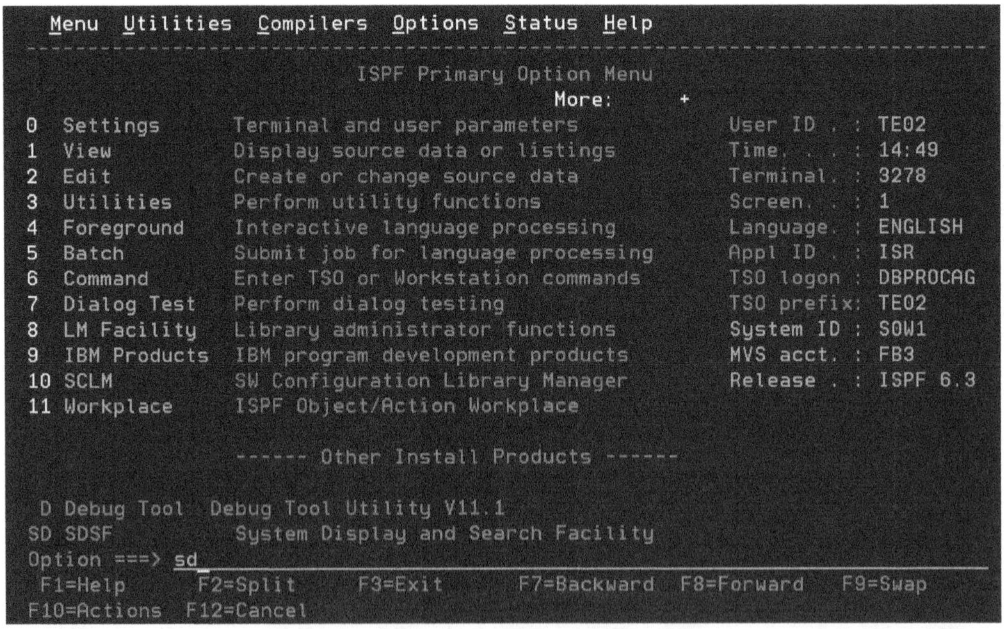

```
   Menu  Utilities  Compilers  Options  Status  Help
 --------------------------------------------------------------------------
                          ISPF Primary Option Menu
                                More:        +
    0  Settings      Terminal and user parameters      User ID . : TE02
    1  View          Display source data or listings   Time. . . : 14:49
    2  Edit          Create or change source data      Terminal. : 3278
    3  Utilities     Perform utility functions         Screen. . : 1
    4  Foreground    Interactive language processing   Language. : ENGLISH
    5  Batch         Submit job for language processing Appl ID . : ISR
    6  Command       Enter TSO or Workstation commands  TSO logon : DBPROCAG
    7  Dialog Test   Perform dialog testing            TSO prefix: TE02
    8  LM Facility   Library administrator functions   System ID : SOW1
    9  IBM Products  IBM program development products  MVS acct. : FB3
   10  SCLM          SW Configuration Library Manager   Release . : ISPF 6.3
   11  Workplace     ISPF Object/Action Workplace

                 ------ Other Install Products ------

    D Debug Tool  Debug Tool Utility V11.1
   SD SDSF          System Display and Search Facility
   Option ===> sd
    F1=Help    F2=Split   F3=Exit        F7=Backward  F8=Forward    F9=Swap
   F10=Actions  F12=Cancel
```

图 5 – 18　ISPF 主面板输入 SD 命令截图

DA 选项用于查看系统中活动的用户列表；I、O 和 H 选项分别用于查看 INPUT 输入队列、OUTPUT 输出队列以及保留队列的内容；通过 ST 选项可以查看系统中作业的状态以及执行情况；LOG 选项输出系统日志信息；JC 选项描述系统定义的作业类；INIT 选项

```
HQX7780 ---------------- SDSF PRIMARY OPTION MENU -----------------
DA      Active users               INIT   Initiators
I       Input queue                PR     Printers
O       Output queue               PUN    Punches
H       Held output queue          RDR    Readers
ST      Status of jobs             LINE   Lines
                                   NODE   Nodes
LOG     System log                 SO     Spool offload
SR      System requests            SP     Spool volumes
MAS     Members in the MAS         NS     Network servers
JC      Job classes                NC     Network connections
SE      Scheduling environments
RES     WLM resources              RM     Resource monitor
```

图 5 - 19 SDSF 主面板截图

用于查看系统定义的初始化器及对应可以处理的作业类别；SP 选项用于查看系统的
SPOOL 盘卷信息；RM 选项提供系统资源的监控管理。需要注意的是，各个选项的列表信
息都可以通过 F7/F8 键上下翻页查看，或者通过 F10/F11 键左右翻阅。接下来以最高权
限用户——管理员权限，介绍常用选项。

5.4.1 DA 选项

在 SDSF 主面板输入 DA（Display Acitive USERs）命令（见图 5 - 20），进入 DA 选
项。该选项提供系统所有 Active USERs（活动用户）的信息列表（见图 5 - 21、图 5 -
22）。

```
HQX7780 ---------------- SDSF PRIMARY OPTION MENU -----------------
DA      Active users               INIT   Initiators
I       Input queue                PR     Printers
O       Output queue               PUN    Punches
H       Held output queue          RDR    Readers
ST      Status of jobs             LINE   Lines
                                   NODE   Nodes
LOG     System log                 SO     Spool offload
SR      System requests            SP     Spool volumes
MAS     Members in the MAS         NS     Network servers
JC      Job classes                NC     Network connections
SE      Scheduling environments
RES     WLM resources              RM     Resource monitor
ENC     Enclaves                   CK     Health checker
PS      Processes
                                   ULOG   User session log

END     Exit SDSF

COMMAND INPUT ===> DA_                              SCROLL ===> PAGE
```

图 5 - 20 SDSF 主面板输入 DA 命令截图

活动用户的信息列表包含了大量的内容。主要包括 JOBNAME（作业名），StepName
（作业步名），ProcStep 表示过程步名，Owner（拥有者），Real（分配的实存），CPU%

大
型
主
机
操
作
系
统
基
础
教
程

Mainframe Operating System Basic

```
SDSF DA SOW1      SOW1       PAG   O  CPU/L      O/***       LINE 1-20 (55)
COMMAND INPUT ===>                                          SCROLL ===> PAGE
PREFIX=* DEST=(ALL)  OWNER=*  SYSNAME=
NP   JOBNAME  StepName ProcStep JobID    Owner       C Pos DP Real Paging    SIO
     *MASTER*                   STC00314 +MASTER+      NS  FF 3329   0.00    0.00
     PCAUTH   PCAUTH                                   NS  FF  150   0.00    0.00
     RASP     RASP                                     NS  FF  234   0.00    0.00
     TRACE    TRACE                                    NS  FF 2998   0.00    0.00
     DUMPSRV  DUMPSRV  DUMPSRV                          NS  FF  694   0.00    0.00
     XCFAS    XCFAS    IEFPROC                         NS  FF 9035   0.00    0.00
     GRS      GRS                                      NS  FF 3805   0.00    0.00
     SMSPDSE  SMSPDSE                                  NS  FF 5634   0.00    0.00
     CONSOLE  CONSOLE                                  NS  FF 4643   0.00    0.00
     WLM      WLM      IEFPROC                         NS  FF 1770   0.00    0.00
     ANTMAIN  ANTMAIN  IEFPROC                         NS  FF 1472   0.00    0.00
     ANTAS000 ANTAS000 IEFPROC                         NS  C3 1556   0.00    0.00
     DEVMAN   DEVMAN   IEFPROC                         NS  FF 1015   0.00    0.00
     OMVS     OMVS     OMVS                            NS  FF  10T   0.00    0.00
     IEFSCHAS IEFSCHAS                                 NS  FF   90   0.00    0.00
     JESXCF   JESXCF   IEFPROC                         NS  FF  664   0.00    0.00
     ALLOCAS  ALLOCAS                                  NS  FF 2805   0.00    0.00
     SMS      SMS      IEFPROC                         NS  FE  572   0.00    0.00
     IOSAS    IOSAS    IEFPROC                         NS  FF 6144   0.00    0.00
     IXGLOGR  IXGLOGR  IEFPROC                         NS  FF 1593   0.00    0.00
```

图 5 – 21   Active USERs 截图 1

```
SDSF STATUS DISPLAY ALL CLASSES                     LINE 1-20 (411)
COMMAND INPUT ===>                                  SCROLL ===> PAGE
PREFIX=* DEST=(ALL)  OWNER=*  SYSNAME=
NP   JOBNAME  JobID    Owner     Prty Queue       C  Pos  SAff ASys Status
     TE02     TSU03126 TE02      15 EXECUTION             SOW1 SOW1
     ST400    TSU03127 ST400     15 EXECUTION             SOW1 SOW1
     STU098   TSU03133 STU098    15 EXECUTION             SOW1 SOW1
     STU111   TSU03134 STU111    15 EXECUTION             SOW1 SOW1
     STU067   TSU03135 STU067    15 EXECUTION             SOW1 SOW1
     VTAM     STC00308 STRTASK   15 EXECUTION             SOW1 SOW1
     TCPIP    STC00312 TCPIP     15 EXECUTION             SOW1 SOW1
     SDSF     STC00313 STRTASK   15 EXECUTION             SOW1 SOW1
     SYSLOG   STC00314 +MASTER+  15 EXECUTION             SOW1 SOW1
     INIT     STC00315 STRTASK   15 EXECUTION             SOW1 SOW1
     INIT     STC00316 STRTASK   15 EXECUTION             SOW1 SOW1
     INIT     STC00317 STRTASK   15 EXECUTION             SOW1 SOW1
     INIT     STC00318 STRTASK   15 EXECUTION             SOW1 SOW1
     INIT     STC00319 STRTASK   15 EXECUTION             SOW1 SOW1
     INIT     STC00320 STRTASK   15 EXECUTION             SOW1 SOW1
     RACF     STC00325 STRTASK   15 EXECUTION             SOW1 SOW1
     EXITMVS  STC00328 STCOPER   15 EXECUTION             SOW1 SOW1
     TCAS     STC00329 STRTASK   15 EXECUTION             SOW1 SOW1
     BPXAS    STC00330 OMVSKERN  15 EXECUTION             SOW1 SOW1
     CICSTS41 STC00610 STCOPER   15 EXECUTION             SOW1 SOW1
```

图 5 – 22   Active USERs 截图 2

（CPU 的使用率）等。因此，通过 DA 选项，可以了解系统运行了哪些程序，有哪些用户正在使用系统，每个活动用户的状态和执行情况等信息。所谓的活动用户，包括登录到系统中的用户、系统中活动的进程，以及正在执行的程序等。如图 5 – 21 和图 5 – 22，

TE02、ST400 等都是登录系统中的用户；WLM、SDSF、TCPIP、INIT、CICSTS41 等都是系统中活动的程序（进程）。

5.4.2 ST 选项

ST 选项用于显示 JES 系统中各作业、用户以及程序相关状态信息，包括作业名（用户名）、作业号、拥有者、优先级、输入级别、当前状态等。

如图 5-23 所示，JOBNAME 表示作业的名字，譬如 ST454A、STU110A 等都是已提交的作业的名字；JOBID 为作业提交后 JES 系统分配给它的作业号，作业号是唯一的；OWNER 表示作业的拥有者或提交者，一般来说，以提交者为准，若 ST401 用户书写的作业由 ST400 用户提交，那么 OWNER 为 ST400；PRTY 表示优先级；QUEUE 描述当前作业所处的队列，CONVERSION 表示转换队列，EXECUTION 表示执行队列，PRINT 表示作业执行完毕进入打印队列；C 代表 CLASS，即为作业定义的输入队列。需要注意的是，这张图的最后一行，是一个登录到系统的活动用户，系统会为每个活动用户生成一条类似的记录：JOBNAME 为用户的 USERID，系统为用户分配 JOBID，格式为 TSU*****，OWNER 就是这个用户，用户位于执行队列。

ST 选项还记录了可执行程序相关的信息。如图 5-24 所示，VTAM、TCPIP、SDSF、SYSLOG、INIT、RACF、EXITMVS、TCAS 等都可以看作是系统中正在执行的程序或子系统。系统为每个程序都分配了 JOBID，格式为 STC*****，它们可能归属于不同的 OWNER，有基本相同的优先级，与系统中活动的用户一样，处于执行队列中。

图 5-23 ST 选项列表截图 1

作业提交后，用户可以使用 ST 选项来查看作业的执行情况。如何查看呢？进入 ST

```
SDSF STATUS DISPLAY ALL CLASSES                        LINE 59-74 (3215)
PREFIX=*  DEST=(ALL)   OWNER=*  SYSNAME=
NP   JOBNAME   JobID    Owner    Prty Queue       C  Pos  SAff  ASys Status
     VTAM      STC00308 STRTASK    15 EXECUTION              SOW1  SOW1
     TCPIP     STC00312 TCPIP      15 EXECUTION              SOW1  SOW1
     SDSF      STC00313 STRTASK    15 EXECUTION              SOW1  SOW1
     SYSLOG    STC00314 +MASTER+   15 EXECUTION              SOW1  SOW1
     INIT      STC00315 STRTASK    15 EXECUTION              SOW1  SOW1
     INIT      STC00316 STRTASK    15 EXECUTION              SOW1  SOW1
     INIT      STC00317 STRTASK    15 EXECUTION              SOW1  SOW1
     INIT      STC00318 STRTASK    15 EXECUTION              SOW1  SOW1
     INIT      STC00319 STRTASK    15 EXECUTION              SOW1  SOW1
     INIT      STC00320 STRTASK    15 EXECUTION              SOW1  SOW1
     RACF      STC00325 STRTASK    15 EXECUTION              SOW1  SOW1
     EXITMVS   STC00328 STCOPER    15 EXECUTION              SOW1  SOW1
     TCAS      STC00329 STRTASK    15 EXECUTION              SOW1  SOW1
     BPXAS     STC00330 OMVSKERN   15 EXECUTION              SOW1  SOW1
     CICSTS41  STC00610 STCOPER    15 EXECUTION              SOW1  SOW1
     TN3270    STC00789 TCPIP      15 EXECUTION              SOW1  SOW1
COMMAND INPUT ===>                  _                     SCROLL ===> CSR
```

图 5 - 24　ST 选项列表截图 2

后，ST 会列出系统所有的作业列表信息。为了更快地搜索到自己刚提交的作业，常用的办法是使用 TSO 的 OWNER 命令，将以自己的 USERID 所提交的作业全部筛选出来。具体操作方法是：在"COMMAND INPUT ===〉"处输入 OWNER TE02，回车执行 OWNER 命令，所有 OWNER 为 TE02 的作业被筛选出来（见图 5 - 25、图 5 - 26）。一般来说最后提交的作业位于列表的最末端。具体的查询作业的执行情况及查找错误的方法可以参看后续的 5.5.2 节，这里不再赘述。

```
     INIT      STC00013 STRTASK    15 EXECUTION              SOW1  SOW1
     INIT      STC00014 STRTASK    15 EXECUTION              SOW1  SOW1
     INIT      STC00015 STRTASK    15 EXECUTION              SOW1  SOW1
     INIT      STC00016 STRTASK    15 EXECUTION              SOW1  SOW1
     INIT      STC00017 STRTASK    15 EXECUTION              SOW1  SOW1
     RACF      STC00021 STRTASK    15 EXECUTION              SOW1  SOW1
     EXITMVS   STC00022 STCOPER    15 EXECUTION              SOW1  SOW1
     TCAS      STC00023 STRTASK    15 EXECUTION              SOW1  SOW1
     TN3270    STC00025 TCPIP      15 EXECUTION              SOW1  SOW1
     BPXAS     STC00028 OMVSKERN   15 EXECUTION              SOW1  SOW1
COMMAND INPUT ===> owner te02                            SCROLL ===> CSR
```

图 5 - 25　ST 选项输入 OWNER 命令截图

作业的每一次提交及执行都会占用 SPOOL 资源，为了节省 SPOOL 空间，需要定期清理作业，以释放它们所使用的 SPOOL 资源。清理的主要对象包括异常的作业或不再使用的作业。建议使用 TSO 的 P（Purge）命令进行清除操作，当然，使用 P 命令的一个前提是必须拥有对这个（这些）作业执行清除的权限。

P 命令的使用有两种方法：一种是在需要清除的作业的同一行的 NP 处输入命令 P，表示 Purge（清除）。然后回车，系统弹出"Confirm Action"面板，该面板是一个提醒面

```
SDSF STATUS DISPLAY ALL CLASSES                    LINE 1-16 (17)
PREFIX=*  DEST=(ALL)  OWNER=TE02  SYSNAME=
NP    JOBNAME  JobID    Owner    Prty Queue      C  Pos  SAff  ASys Status
      TE02     TSU03261 TE02      15 EXECUTION              SOW1  SOW1
      ST404C   JOB09703 TE02       1 PRINT       A  275
      ST404C   JOB09707 TE02       1 PRINT       A  277
      ST405A   JOB00095 TE02       1 PRINT       A  598
      ST405A   JOB00108 TE02       1 PRINT       A  608
      ST405B   JOB00132 TE02       1 PRINT       A  625
      ST405B   JOB00144 TE02       1 PRINT       A  633
      ST402A   JOB00162 TE02       1 PRINT       A  648
      ST405A   JOB00167 TE02       1 PRINT       A  652
      ST405B   JOB00170 TE02       1 PRINT       A  654
      ST405A   JOB00171 TE02       1 PRINT       A  656
      ST405B   JOB00172 TE02       1 PRINT       A  657
      ST405A   JOB00177 TE02       1 PRINT       A  661
      ST405A   JOB00179 TE02       1 PRINT       A  663
      ST400A   JOB02753 TE02       1 PRINT       A  2691
      ST400A   JOB02803 TE02       1 PRINT       A  2725
COMMAND INPUT ===>                                       SCROLL ===> CSR
```

图 5 – 26 TE02 用户提交的作业列表截图

板，需要用户确认是否真的执行清除动作。如果确实要清除，在下划线处输入 "1"，代表 "Process action character"，即确认执行清除操作。如图 5 – 27 所示，在 ST435A 作业前输入 P 命令，表示计划清除 ST435A 作业，随后在 "Confirm Action" 面板处输入 "1" 以确认删除动作，回车后，系统将这个作业删除，并释放其占用的 SPOOL 盘卷资源。

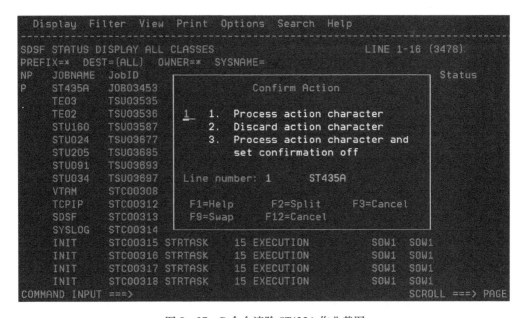

图 5 – 27 P 命令清除 ST435A 作业截图

P 命令的另一种使用方法，类似 "块操作" 的方法，在初始行的 NP 处输入 " // " 操作符，在结尾行的 NP 处输入"∥P"操作符，回车后，被包围的所有行的作业全部被清除，并释放它们所占用的资源。如图 5 – 28 所示，在 ST400A 作业前输入"∥"操作符，在 STU026A 作业前输入"∥P"操作符，代表计划清除操作符范围内的所有作业，包括 ST400A、STU047A、STU037A、ST446A、ST417A 以及 STU026A。回车后在"Confirm Action"面板处输入"1"以确认此次批量删除动作。系统将这批作业删除，并释放他们占用的 SPOOL 盘卷资源。

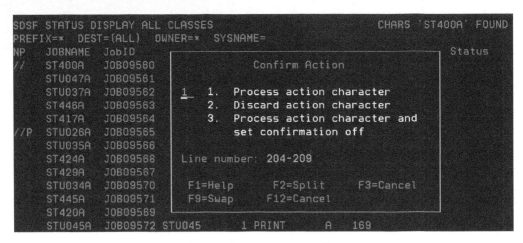

图 5 – 28 P 命令同时清除一批作业截图

5.4.3 LOG 选项

LOG 选项用于查看系统的日志记录。该选项的完整内容可以通过 F7/F8 前后翻页查阅。需要管理员回复的信息会以白色高亮的方式出现（见图 5 – 29）。

```
SDSF SYSLOG   314.170 SOW1 SOW1 10/30/2014 6W      1,105   COLUMNS 02- 81
COMMAND INPUT ===> _                               SCROLL ===> PAGE
S                                                   1  BATCH        0
N 0004000 SOW1     14303 15:19:08.61 JOB05250 00000290 -STU264J3 ENDED.  NAME=
S                                                   TOTAL ELAPSED TIME=
N 4000000 SOW1     14303 15:19:08.61 JOB05250 00000090 $HASP395 STU264J3 ENDED
N C000000 SOW1     14303 15:19:08.75          00000090 $HASP309 INIT 2   INACT
NC0000000 SOW1     14303 15:19:08.75 INTERNAL 00000290 SE '15.19.08 JOB05250 $H
SC                                                  LOGON,USER=(STU264)
N 8000000 SOW1     14303 15:19:16.32 JOB04805 00000090 *IEF882E STU068A STEP1 IS
N 4020000 SOW1     14303 15:19:21.02 STC01148 00000090 DSNA679I DSNA6BUF THE A
S                                                   SYSIBM.ADMIN_TASKS, REAS
N 4020000 SOW1     14303 15:19:21.02 STC01148 00000090 DB2 CODE X'00F30091' IN
5000000 SOW1     22.08.45 JOB04805 *54 IEF238D STU068A - REPLY DEVICE NAME OR 'C
8000000 SOW1     20.27.23 JOB04605 *53 IEFC166D REPLY Y/N TO EXECUTE/SUPPRESS CO
8000000 SOW1     22.03.38 JOB03993 *52 IEFC166D REPLY Y/N TO EXECUTE/SUPPRESS CO
8000000 SOW1     22.02.37 JOB03992 *51 IEFC166D REPLY Y/N TO EXECUTE/SUPPRESS CO
8000000 SOW1     22.01.43 JOB03990 *50 IEFC166D REPLY Y/N TO EXECUTE/SUPPRESS CO
8000000 SOW1     17.02.52 JOB03740 *49 IEFC166D REPLY Y/N TO EXECUTE/SUPPRESS CO
*********************************** BOTTOM OF DATA ****************************
```

图 5 – 29 LOG 选项中高亮信息页面截图

LOG 选项的"COMMAND INPUT===〉"处可以接收各类命令,尤其是系统级别的命令,这些命令非常重要,用于管理及维护大型主机系统。命令书写完毕,回车之后合法的命令将被执行。譬如:图 5-30,在"COMMAND INPUT===〉"处输入命令"/$d spool",代表显示(DISPLAY)SPOOL 盘卷信息,用于查看系统中 SPOOL 的分配和运行情况。

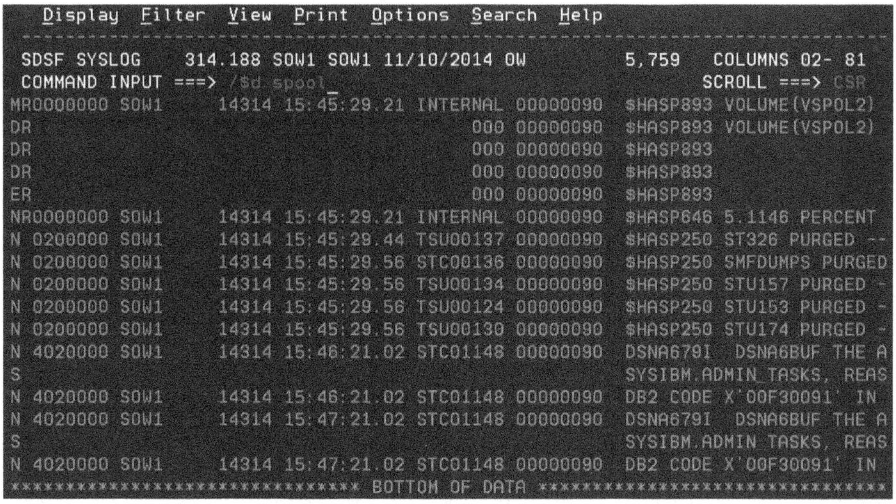

图 5-30 LOG 选项中输入"/$d spool"命令截图

回车,命令执行完毕,显示如图 5-31 所示内容。"VOLUME(VSPOL1)STATUS=ACTIVE,PERCENT=3"表示系统中 VSPOL1 SPOOL 处于活动状态,使用了其 3% 的资源;类似地,显示 VSPOL2 SPOOL 处于活动状态,使用了 7% 的资源;两者合起来看,总的SPOOL 的利用率为 5.099 33% 。

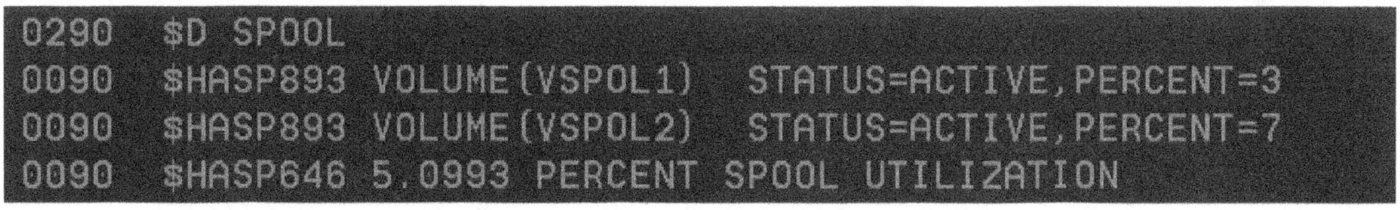

图 5-31 "/$d spool"命令结果截图

5.4.4 JC 选项

JC 选项用于查看系统设置的作业类别(见图 5-32)。一般来说,JCL 可以选择的作业类别有 36 个,A ~ Z,0 ~ 9。只有系统已定义好的作业类,才能设置在 JOB 语句的CLASS 参数中。

5.4.5 INIT 选项

INIT 选项用于查看系统对初始化器 INITIATOR 的设置,关于 INITIATOR 可参看 5.1.3

```
SDSF JOB CLASS DISPLAY ALL CLASSES                    LINE 1-20 (38)
COMMAND INPUT ===>                                    SCROLL ===> PAGE
PREFIX=*  DEST=(ALL)  OWNER=*  SYSNAME=
NP   CLASS   Status   Mode Wait-Cnt Xeq-Cnt Hold-Cnt ODisp        QHld Hold
     A       NOTHELD  JES                             ()           NO   NO
     B       NOTHELD  JES                             ()           NO   NO
     C       NOTHELD  JES                             ()           NO   NO
     D       NOTHELD  JES                             ()           NO   NO
     E       NOTHELD  JES                             ()           NO   NO
     F       NOTHELD  JES                             ()           NO   NO
     G       NOTHELD  JES                             ()           NO   NO
     H       NOTHELD  JES                             ()           NO   NO
     I       NOTHELD  JES                             ()           NO   NO
     J       NOTHELD  JES                             ()           NO   NO
     K       NOTHELD  JES                             ()           NO   NO
     L       NOTHELD  JES                             ()           NO   NO
     M       NOTHELD  JES                             ()           NO   YES
     N       NOTHELD  JES                             ()           NO   NO
     O       NOTHELD  JES                             ()           NO   NO
```

图 5 – 32　JC 选项截图

节。每个作业在提交时都要在 JCL 程序的 JOB 语句中显式或隐式给出一个 CLASS 参数，不同的 CLASS 决定了作业不同的优先级，这里的 CLASS 指的就是 JC 选项里定义好的作业类。作业的投入运行是由 CLASS 所对应的初始化器来完成的。CLASS 与初始化器的对应关系为一对一，或一对多。如图 5 – 33 所示，CLASS 4 类型的作业可以被初始化器 1 ～ 5 处理。

```
SDSF INITIATOR DISPLAY  SOW1                          LINE 1-20 (20)
COMMAND INPUT ===>                                    SCROLL ===> PAGE
PREFIX=*  DEST=(ALL)  OWNER=*  SYSNAME=
NP    ID Status       Classes JobName  Stepname ProcStep JobID   C ASID ASID
       1 INACTIVE     KAB74                                       45 002D
       2 INACTIVE     L74HAB                                      46 002E
       3 INACTIVE     74AB                                        48 0030
       4 INACTIVE     JIFAB74                                     47 002F
       5 INACTIVE     EB74A                                       49 0031
       6 DRAINED      BA
       7 DRAINED      AB
       8 DRAINED      GAB
       9 INACTIVE     S                                           50 0032
      10 DRAINED      AB
      11 DRAINED      AB
      12 DRAINED      AB
      13 DRAINED      AB
      14 DRAINED      AB
      15 DRAINED      AB
      16 DRAINED      AB
      17 DRAINED      AB
      18 DRAINED      AB
      19 DRAINED      AB
      20 DRAINED      AB
```

图 5 – 33　INIT 选项截图

5.4.6　SP 选项

SP 选项用于查看系统设置的 SPOOL 盘卷的信息，它保存了作业生命周期过程中产生的以及需要进行数据存取的所有数据集。如图 5-34 所示，当前的系统设置了两个 SPOOL 卷，分别是 VSPOL1 以及 VSPOL2，都处于活动状态（ACTIVE）。

```
SDSF SPOOL DISPLAY SOW1      2% ACT  32573 FRE  31728 LINE 1-2 (2)
COMMAND INPUT ===>                                     SCROLL ===> PAGE
PREFIX=*  DEST=(ALL)  OWNER=*  SYSNAME=
NP   NAME   Status   TGPct TGNum TGUse Command  SAff  Ext LoCyl     LoTrk
     VSPOL1 ACTIVE      1 21845   418           ANY   00  00000066 000000000000
     VSPOL2 ACTIVE      3 10728   427           ANY   01  00000066 000000000000
```

图 5-34　SP 选项截图

此外，通常也可以使用另外一种方法了解 SPOOL 的使用情况，即通过 ISPF 的 3.4 的 Data Set List Utility 面板，查看 SPOOL 卷的详细信息。如图 5-35 所示，在 Volume serial 处输入盘卷的名字，譬如 VSPOL1，在 "Option===〉" 处输入 V 命令，可以看到 VSPOL1 盘卷 VTOC 信息（见图 5-36）。系统为 VSPOL1 盘卷分配了 30 个磁道的 VTOC 空间，目前该目录空间仅使用了 1%；同时系统为 VSPOL1 盘卷分配了 150 255 个磁道的数据空间，目前该数据空间已经使用了 43%。

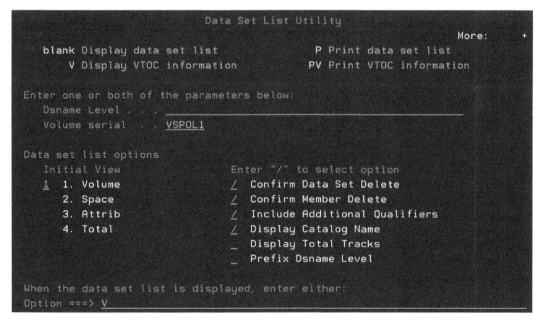

```
                    Data Set List Utility
                                                         More:      +
      blank Display data set list          P Print data set list
          V Display VTOC information        PV Print VTOC information

Enter one or both of the parameters below:
   Dsname Level . . .    _____
   Volume serial  . .    VSPOL1

Data set list options
   Initial View                Enter "/" to select option
   1  1. Volume               /  Confirm Data Set Delete
      2. Space                /  Confirm Member Delete
      3. Attrib               /  Include Additional Qualifiers
      4. Total                /  Display Catalog Name
                                 Display Total Tracks
                                 Prefix Dsname Level

When the data set list is displayed, enter either:
Option ===> V _____
```

图 5-35　查看 VSPOL1 盘卷信息

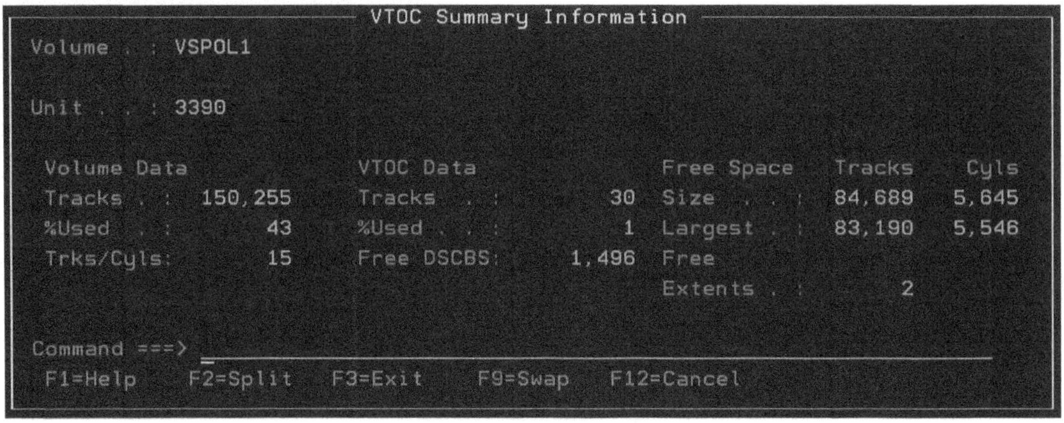

```
─────────────────── VTOC Summary Information ───────────────────
Volume . . : VSPOL1

Unit . . . : 3390

Volume Data              VTOC Data              Free Space    Tracks    Cyls
Tracks . . :  150,255    Tracks . . :      30   Size . . . :  84,689   5,645
%Used . . :        43    %Used . . :        1   Largest . :  83,190   5,546
Trks/Cyls :        15    Free DSCBS :    1,496   Free
                                                 Extents . :       2

Command ===>
F1=Help      F2=Split     F3=Exit      F9=Swap     F12=Cancel
```

图 5 – 36　VSPOL1 盘卷 VTOC 信息

5.5　一篇 JCL 案例

本节通过一篇 JCL 案例，贯穿本章重点内容，期望读者进一步掌握 JCL 的书写、作业的提交以及 SDSF 的使用。

5.5.1　书写并提交多步作业

案例：要求书写一篇多步作业。作业分为 3 个作业步，第 1 个作业步用来分配一个顺序数据集；第 2 个作业步用来分配一个分区数据集；第 3 个作业步来删除在第 2 个作业步中建好的分区数据集。基本的参数要求如下。

1. 顺序数据集

数据集名：STxxx. PS1。

所在盘卷号：USER01。

以磁道 TRKS 为分配单位；首次分配量：2；再次分配量：1。

记录格式：FB；记录大小：80；块大小：800。

2. 分区数据集

数据集名：STxxx. PO1。

所在盘卷号：USER01。

以柱面 CYL 为分配单位，首次分配量：1；再次分配量：1；目录块大小为 2。

记录格式：V；记录大小：4 092；块大小：4 096。

作业编写完成后，提交作业，如果成功（MAXCC =0000），检查 STxxx. PS1 是否建立好；如果失败，在 SDSF 下面查找错误原因。

步骤 1：书写如下符合要求的 JCL（以 ST400 为例）。整篇作业有 3 个作业步，作业步 ADDPS 用于创建顺序数据集 ST400. PS1，作业步 ADDPO 用于创建分区数据集 ST400. PO1，作业步 DELPO 用于删除分区数据集 ST400. PO1。各个作业步都调用同样的程序：IEFBR14。作业名命名为 ST400S。

```
//ST400S    JOB    ACCT#,NOTIFY=&SYSUID,CLASS=A,
//    MSGCLASS=A,MSGLEVEL=(1,1)
//ADDPS    EXEC    PGM=IEFBR14
//DD1        DD        DSN=ST400.PS1,DISP=(NEW,CATLG),
//        SPACE=(TRK,(2,1)),RECFM=FB,VOL=SER=USER01,UNIT=3390,
//        LRECL=80,BLKSIZE=800,DSORG=PS
//ADDPO        EXEC    PGM=IEFBR14
//DD2          DD        DSN=ST400.PO1,DISP=(NEW,CATLG),
//          UNIT=3390,VOL=SER=USER01,SPACE=(CYL,(1,1,1)),
//          RECFM=V,LRECL=4092,BLKSIZE=4096,DSORG=PO
//DELPO        EXEC    PGM=IEFBR14
//DD3          DD        DSN=ST400.PO1,DISP=(OLD,DELETE)
```

步骤2：如图5-37所示，在作业编辑面板下方的"Command===〉"处输入"sub"命令提交作业。

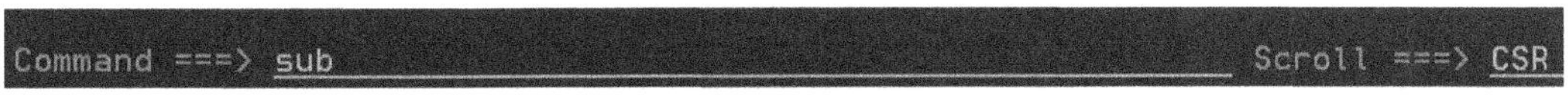

```
Command ===> sub                                          Scroll ===> CSR
```

图5-37 步骤2图

步骤3：回车，出现如图5-38所示界面，"SUBMITTED"代表作业已提交给系统执行。每提交一次作业，JES都会为作业分配一个作业号JOBID，譬如"JOB05075"。

```
IKJ56250I JOB ST400S(JOB05075) SUBMITTED
***
```

图5-38 步骤3图

步骤4：回车后，若出现如图5-39所示界面（MAXCC=0000），表示作业已正常执行完毕。随后可进一步查看STxxx.PS1数据集是否已建立好，或者使用SDSF查看作业运行的情况。

```
15.49.38 JOB05075 $HASP165 ST400S    ENDED AT SVSCJES2  MAXCC=0000 CN(INTERNAL)
***
```

图5-39 步骤4图

如果返回的MAXCC不等于0000，譬如JCL ERROR、ABEND等错误，代表作业出错，需要使用SDSF查错（继续5.5.2节，从步骤5开始）。

5.5.2 SDSF 查看作业

步骤5：NOTIFY消息提示作业出错，回车返回作业的编辑页面，在"Command===〉"处输入"=sd；st"命令，如图5-40所示。

```
******** ****************************** Top of Data *************************
000100 //ST400S JOB ACCT#,NOTIFY=&SYSUID,CLASS=A,
000200 //    MSGCLASS=A,MSGLEVEL=(1,1)
000300 //ADDPS    EXEC  PGM=IEFBR14
000400 //DD1      DD    DSN=ST400.PS1,DISP=(NEW,CATLG),
000500 //    SPACE=(TRK,(2,1)),RECFM=FB,VOL=SER=USER01,UNIT=3390,
000600 //    LRECL=80,BLKSIZE=800,DSORG=PS
001000 //ADDPO    EXEC  PGM=IEFBR14
001100 //DD2      DD    DSN=ST400.PO1,DISP=(NEW,CATLG),
001200 //    UNIT=3390,VOL=SER=USER01,SPACE=(CYL,(1,1,1)),
001300 //    RECFM=V,LRECL=4092,BLKSIZE=4096,DSORG=PO
001600 //DELPO    EXEC  PGM=IEFBR14
001700 //DD3      DD    DSN=ST400.PO1,DISP=(OLD,DELETE)
******** ****************************** Bottom of Data ***********************



Command ===> =sd;st                                          Scroll ===> PAGE
```

图 5-40　步骤 5 图

步骤 6：回车后直接进入 SDSF 面板的 ST 选项。根据作业号（如 JOB05075）找到刚才提交的 ST400S 作业，如果这个作业处于打印队列（PRINT QUEUE），表示作业已执行完毕。随后在该作业前的 NP 处输入"?"命令，如图 5-41 所示。

```
   Display  Filter  View  Print  Options  Search  Help
 ---------------------------------------------------------------------------
 SDSF STATUS DISPLAY ALL CLASSES                          Data Set - Edited
 PREFIX=*  DEST=(ALL)  OWNER=ST400  SYSNAME=
 NP   JOBNAME  JobID   Owner    Prty Queue      C  Pos  SAff  ASys Status
      ST400    TSU05073 ST400      15 EXECUTION              SOW1  SOW1
 ?_   ST400S   JOB05075 ST400       1 PRINT      A  731
```

图 5-41　步骤 6 图

步骤 7：回车，执行"?"命令，显示 3 条 DD 语句列表信息，分别是 JESMSGLG、JESJCL 和 JESYSMSG，它们同属于 JES2 作业步。在成员前输入"S"命令，可查看各成员的具体内容，如图 5-42 所示。

```
 SDSF JOB DATA SET DISPLAY - JOB ST400S    (JOB05075)     LINE 1-3 (3)
 PREFIX=*  DEST=(ALL)  OWNER=ST400  SYSNAME=
 NP   DDNAME   StepName ProcStep DSID Owner   C Dest               Rec-Cnt Page
      JESMSGLG JES2                  2 ST400   A LOCAL                   20
      JESJCL   JES2                  3 ST400   A LOCAL                   13
      JESYSMSG JES2                  4 ST400   A LOCAL                   33
```

图 5-42　步骤 7 图

（1）JESMSGLG：记录作业执行的总体情况。以本作业的 JESMSGLG 为例（如下），第 3 行"IRR010I USERID ST400 IS ASSIGNED TO THIS JOB"表示授权 ST400 执行这个作业；第 8、9、10 行分别记录 ADDPS、ADDPO 和 DELPO 这 3 个作业步的返回码（RC）都是 00，代表每个作业步都已正常执行完毕。

```
**************************** TOP OF DATA ****************************
1 J E S 2  J O B  L O G  - -  S Y S T E M  S 0 W 1  - -  N O D E S V S C J E S 2
15.49.35 JOB05075 - - - - TUESDAY,  21 OCT 2014 - - - -
15.49.35 JOB05075 IRR010IUSERID ST400    IS ASSIGNED TO THIS JOB.
15.49.36 JOB05075 ICH70001I ST400    LAST ACCESS AT 15:36:31 ON TUESDAY, OCTOBER
15.49.36 JOB05075 \ HASP373 ST400S  STARTED - INIT 1    - CLASS A - SYS S0W1
15.49.36 JOB05075 -                                    - - - - TIMINGS(MINS.) -
15.49.36 JOB05075 - STEPNAME PROCSTEP    RC  EXCP  CONN    TCB      SRB
15.49.36 JOB05075 - ADDPS              00    2    0    .00      .00
15.49.37 JOB05075 - ADDPO              00    2    0    .00      .00
15.49.38 JOB05075 - DELPO              00    4    2    .00      .00
15.49.38 JOB05075 - ST400S  ENDED.  NAME -              TOTAL TCB CPU TI
15.49.38 JOB05075 \ HASP395 ST400S  ENDED
0 - - - - - - JES2 JOB STATISTICS - - - - - -
 -   21 OCT 2014 JOB EXECUTION DATE
 -        12 CARDS READ
 -        66 SYSOUT PRINT RECORDS
 -         0 SYSOUT PUNCH RECORDS
 -         4 SYSOUT SPOOL KBYTES
 -      0.02 MINUTES EXECUTION TIME
**************************** BOTTOM OF DATA ****************************
```

（2）JESJCL：将作业的每一条 JCL 语句标上行标，目的在于为查错提供便利。以本作业的 JESJCL 为例（如下），ST400S 作业总共由 7 条 JCL 语句构成，前面的数字 1～7 分别表示行数。续行的内容被认定为与同一条语句在同一行。譬如："// MSGCLASS＝A，MSGLEVEL＝（1，1）"是 JOB 语句的续行参数，因而与"// ST400S JOB ACCT#，NOTIFY＝&SYSUID，CLASS＝A，"一样归属于第 1 行。

```
**************************** TOP OF DATA ****************************
    1 //ST400S JOB ACCT#, NOTIFY=&SYSUID, CLASS=A,
    //  MSGCLASS=A, MSGLEVEL=(1, 1)
    IEFC653I SUBSTITUTION JCL - ACCT#, NOTIFY=ST400, CLASS=A, MSGCLASS=A, MSGL
    2 //ADDPS  EXEC  PGM=IEFBR14
    3 //DD1    DD    DSN=ST400. PS1, DISP=(NEW, CATLG),
    //     SPACE=(TRK, (2, 1)), RECFM=FB, VOL=SER=USER01, UNIT=3390,
    //     LRECL=80, BLKSIZE=800, DSORG=PS
    4 //ADDPO    EXEC  PGM=IEFBR14
    5 //DD2      DD    DSN=ST400. PO1, DISP=(NEW, CATLG),
    //      UNIT=3390, VOL=SER=USER01, SPACE=(CYL, (1, 1, 1)),
    //      RECFM=V, LRECL=4092, BLKSIZE=4096, DSORG=PO
    6 //DELPO    EXEC  PGM=IEFBR14
    7 //DD3      DD    DSN=ST400. PO1, DISP=(OLD, DELETE)
**************************** BOTTOM OF DATA ****************************
```

（3）JESYSMSG：使用最为普遍，它更细致地描述了作业、各个作业步、DD 语句的执行情况，以及相关的程序调用、资源分配等信息。以本作业的 JESYSMSG 为例（如下），记录了每个作业步的返回码（COND CODE）都是 0000，ADDPS 作业步分配了数据集 ST400．PS1 并编目（CATALOGED）；ADDPS 作业步分配了数据集 ST400．PO1 并编目（CATALOGED）；DELPO 作业步先对数据集 ST400．PO1 取消编目（UNCATALOGED），随后删除（DELETED）。

```
******************************** TOP OF DATA ********************************
ICH70001I ST400    LAST ACCESS AT 15：36：31 ON TUESDAY，OCTOBER 21，2014
IEF236I ALLOC. FOR ST400S ADDPS
IGD100I 8620 ALLOCATED TO DDNAME DD1        DATACLAS (          )
IEF142I ST400S ADDPS – STEP WAS EXECUTED – COND CODE 0000
IEF285I   ST400. PS1                              CATALOGED
IEF285I   VOL SER NOS=USER01.
IEF373I STEP/ADDPS  /START 2014294. 1549
IEF032I STEP/ADDPS  /STOP  2014294. 1549
        CPU：    0 HR  00 MIN  00. 00 SEC    SRB：    0 HR  00 MIN  00. 00 SEC
        VIRT：   4K  SYS：  228K  EXT：        0K  SYS：     11156K
IEF236I ALLOC. FOR ST400S ADDPO
IGD100I 8620 ALLOCATED TO DDNAME DD2        DATACLAS (          )
IEF142I ST400S ADDPO – STEP WAS EXECUTED – COND CODE 0000
IEF285I   ST400. PO1                              CATALOGED
IEF285I   VOL SER NOS=USER01.
IEF373I STEP/ADDPO  /START 2014294. 1549
IEF032I STEP/ADDPO  /STOP  2014294. 1549
        CPU：    0 HR  00 MIN  00. 00 SEC    SRB：    0 HR  00 MIN  00. 00 SEC
        VIRT：   4K  SYS：  228K  EXT：        0K  SYS：     11152K
IEF236I ALLOC. FOR ST400S DELPO
IEF237I 8620 ALLOCATED TO DD3
IEF142I ST400S DELPO – STEP WAS EXECUTED – COND CODE 0000
IEF285I   ST400. PO1                              UNCATALOGED
IEF285I   VOL SER NOS=USER01.
IEF285I   ST400. PO1                              DELETED
IEF285I   VOL SER NOS=USER01.
IEF373I STEP/DELPO  /START 2014294. 1549
IEF032I STEP/DELPO  /STOP  2014294. 1549
        CPU：    0 HR  00 MIN  00. 00 SEC    SRB：    0 HR  00 MIN  00. 00 SEC
        VIRT：   4K  SYS：  228K  EXT：        0K  SYS：     11152K
IEF375I  JOB/ST400S  /START 2014294. 1549
IEF033I  JOB/ST400S  /STOP  2014294. 1549
        CPU：    0 HR  00 MIN  00. 00 SEC    SRB：    0 HR  00 MIN  00. 00 SEC
**************************** BOTTOM OF DATA ****************************
```

5.5.3 常见错误分析

JCL 的语法复杂，格式苛刻，对于初学者来说即使是编写简单的程序也容易出错。通常建议用户使用 SDSF 工具，特别是 ST 选项，用于掌握作业的执行过程、执行结果、快速识别错误并定位错误。在这一小节，继续使用 5.5.1 节的案例，总结出在实践过程中容易出错的 JCL 编写问题，阐述错误原因及 NOTIFY 返回消息，并辅以使用 SDSF 进行查错的过程。

5.5.3.1 调用程序错误

①出错原因：可能是程序名错写，也可能是未将程序保存在系统程序库、JOBLIB DD 语句或 STEPLIB DD 语句指定的私有库中，又或者系统中确实不存在这个程序。

② NOTIFY 消息：作业提交后，NOTIFY 消息返回"ABENDED"错误提示。譬如，把 ST400S 作业的 ADDPS 作业步的 PGM 参数调用的 IEFBR14 程序错写成 IEBBR14，即 //ADDPS EXEC PGM=IEBBR14，那么作业提交后，将返回如图 5-43 所示的 NOTIFY 消息，代表作业号为 JOB08646 的 ST400S 作业在执行过程中发生了"ABENDED"的错误。

```
11.12.58 JOB08646 $HASP165 ST400S   ENDED AT SVSCJES2 - ABENDED S806 U0000 CN(I
NTERNAL)
***
```

图 5-43　JOB08646 作业的 NOTIFY 消息解图

③ SDSF 查错：若返回"ABENDED"错误，需要使用 SDSF 查错。

```
SDSF JOB DATA SET DISPLAY - JOB ST400S   (JOB08646)    LINE 1-3 (3)
PREFIX=* DEST=(ALL)  OWNER=ST400  SYSNAME=
NP   DDNAME   StepName ProcStep DSID Owner  C Dest              Rec-Cnt Page
     JESMSGLG JES2              2 ST400    A LOCAL                   39
     JESJCL   JES2              3 ST400    A LOCAL                   13
 s   JESYSMSG JES2              4 ST400    A LOCAL                   41
```

图 5-44　用 S 命令查看 JESYSMSG

通过"=sd;st"命令，进入 SDSF 的 ST 选项，查看 JOB08646 作业的 JESYSMSG（见图 5-44），得到如下信息。在第 4 行，"CSV003I REQUESTED MODULE IEBBR14 NOT FOUND"明确指出错误的原因是找不到一个名字为 IEBBR14 的实用程序；在第 22 行，"IEF472I ST400S ADDPS - COMPLETION CODE - SYSTEM=806 USER=0000 REASON=00000004"，给出了 ADDPS 作业步的返回码为系统级的 -806 的错误；第 23 行和 24 行分别记录"IEF285I ST400. PS1 CATALOGED"和"IEF285I VOL SER NOS=USER01."两行信息，表示尽管 ADDPS 作业步出错，但不影响其内部 DD1 DD 语句的执行，该条语句执行后，数据集 ST400. PS1 被创建并编目，存放在 USER01 盘卷上；第 29 行，"IEF272I ST400S ADDPO - STEP WAS NOT EXECUTED."表示作业步 ADDPO 未被执行。类似地，第 34 行"IEF272I ST400S DELPO - STEP WAS NOT EXECUTED."同样表示作业步 DELPO 并未执行。

```
******************************** TOP OF DATA ********************************
ICH70001I ST400     LAST ACCESS AT 11：09：44 ON SUNDAY, OCTOBER 26, 2014
IEF236I ALLOC. FOR ST400S ADDPS
IGD100I 8620 ALLOCATED TO DDNAME DD1           DATACLAS (          )
CSV003I REQUESTED MODULE IEBBR14   NOT FOUND
CSV028I ABEND806-04  JOBNAME=ST400S      STEPNAME=ADDPS
IEA995I SYMPTOM DUMP OUTPUT
SYSTEM COMPLETION CODE=806   REASON CODE=00000004
 TIME=11.12.57  SEQ=13324  CPU=0000  ASID=002D
 PSW AT TIME OF ERROR  070C1000  81508C30  ILC 2  INTC 0D
   NO ACTIVE MODULE FOUND
   NAME=UNKNOWN
   DATA AT PSW  01508C2A - 8400181E  0A0D18FB  180C181D
   GR 0：00001F00  1：84806000
      2：00000000  3：00000000
      4：00000000  5：007FF540
      6：000000FF  7：00000000
      8：7F58C150  9：01509158
      A：00000000  B：00000000
      C：00000000  D：7F58C150
      E：84806000  F：00000004
END OF SYMPTOM DUMP
IEF472I ST400S ADDPS - COMPLETION CODE - SYSTEM=806 USER=0000 REASON=00000004
IEF285I  ST400.PS1                            CATALOGED
IEF285I   VOL SER NOS=USER01.
IEF373I STEP/ADDPS  /START 2014299.1112
IEF032I STEP/ADDPS  /STOP  2014299.1112
      CPU:    0 HR  00 MIN  00.01 SEC    SRB:    0 HR  00 MIN  00.00 SEC
      VIRT:   4K SYS:  228K EXT:       0K SYS:    11236K
IEF272I ST400S ADDPO - STEP WAS NOT EXECUTED.
IEF373I STEP/ADDPO  /START 2014299.1112
IEF032I STEP/ADDPO  /STOP  2014299.1112
      CPU:    0 HR  00 MIN  00.00 SEC    SRB:    0 HR  00 MIN  00.00 SEC
      VIRT:   0K SYS:   0K EXT:       0K SYS:       0K
IEF272I ST400S DELPO - STEP WAS NOT EXECUTED.
IEF373I STEP/DELPO  /START 2014299.1112
IEF032I STEP/DELPO  /STOP  2014299.1112
      CPU:    0 HR  00 MIN  00.00 SEC    SRB:    0 HR  00 MIN  00.00 SEC
      VIRT:   0K SYS:   0K EXT:       0K SYS:       0K
IEF375I  JOB/ST400S  /START 2014299.1112
IEF033I  JOB/ST400S  /STOP  2014299.1112
      CPU:    0 HR  00 MIN  00.01 SEC    SRB:    0 HR  00 MIN  00.00 SEC
************************** BOTTOM OF DATA **************************
```

5.5.3.2　参数类型错误

① 出错原因：JCL 参数区的书写要求是，如果有位置参数，所有位置参数都必须书写在关键字参数之前。一般来说，单个出现的参数为位置参数，有等号的参数为关键字参数。如果把关键字参数书写在位置参数之前就会导致作业出错。

② NOTIFY 消息：作业提交后，NOTIFY 消息返回 "JCL ERROR" 错误提示。譬如，把 ST400S 作业的 JOB 语句的 MSGLEVEL=(1,1) 错写成 MSGLEVEL(1,1)。即：

```
//ST400S   JOB   ACCT#,NOTIFY=&SYSUID,CLASS=A,
//    MSGCLASS=A,MSGLEVEL(1,1)
//    MSGCLASS=A,MSGLEVEL(1,1)
```

那么作业提交后，将返回如图 5-45 所示的 NOTIFY 消息，代表作业号为 JOB08647 的 ST400S 作业在执行过程中发生了 "JCL ERROR" 的错误。

```
11.17.43 JOB08647 $HASP165 ST400S   ENDED AT SVSCJES2 - JCL ERROR CN(INTERNAL)
***
```

图 5-45　JOB08647 作业的 NOTIFY 消息解图

③ SDSF 查错：首先查看 JOB08647 作业的 JESYSMSG，如图 5-46 所示，提示 "1 IEFC006I POSITIONAL PARAMETERS MUST BE SPECIFIED BEFORE KEYWORD PARAMETER" 错误，即位置参数必须定义在关键字参数之前。特别需要注意的是首字符 "1"，代表第 1 行，它进一步指示了发生这个错误的位置，在该作业的第 1 行。

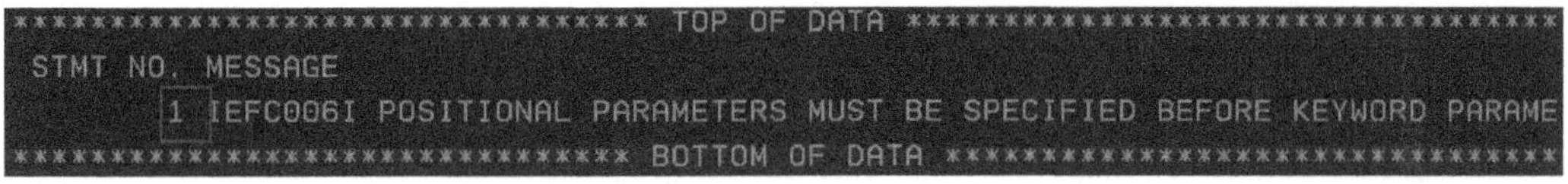

```
******************************** TOP OF DATA ********************************
STMT NO. MESSAGE
   1  IEFC006I POSITIONAL PARAMETERS MUST BE SPECIFIED BEFORE KEYWORD PARAME
****************************** BOTTOM OF DATA ******************************
```

图 5-46　JOB08647 作业的 JESYSMSG 截图

接下来查看 JESJCL。JESJCL 对 JOB08647 作业划分了行号（见图 5-47），根据 JESYSMSG 给予的第 1 行提示，将目标定位在第 1 行，即整条 JOB 语句，错误就在其中。同时根据 JESYSMSG 提供的错误原因提示，从位置参数开始逐步扫描参数区的参数，发现 MSGLEVEL（1，1）写成了位置参数的形式，导致系统报错。

5.5.3.3　盘卷信息错误

① 出错原因：盘卷号错写或者系统不存在 VOLUME 参数所指定的盘卷。

② NOTIFY 消息：作业提交后，无 NOTIFY 消息返回。譬如，把 ST400S 作业的 ADDPO 作业步中的 DD2 DD 语句的 VOL=SER=USER01 参数错写成 VOL=SER=USERA1，即：

```
//DD2     DD     DSN=ST400.PO1,DISP=(NEW,CATLG),
//         UNIT=3390,VOL=SER=USERA1,SPACE=(CYL,(1,1,1)),
//         RECFM=V,LRECL=4092,BLKSIZE=4096,DSORG=PS
```

```
**************************** TOP OF DATA ****************************
    1 //ST400S JOB ACCT#,NOTIFY=&SYSUID,CLASS=A,
    //     MSGCLASS=A,MSGLEVEL(1,1)
    IEFC653I SUBSTITUTION JCL - ACCT#,NOTIFY=ST400,CLASS=A,MSGCLASS=A,MSGL
    2 //ADDPS   EXEC  PGM=IEFBR14
    3 //DD1     DD    DSN=ST400.PS1,DISP=(NEW,CATLG),
    //     SPACE=(TRK,(2,1)),RECFM=FB,VOL=SER=USER01,UNIT=3390,
    //     LRECL=80,BLKSIZE=800,DSORG=PS
    4 //ADDPO   EXEC  PGM=IEFBR14
    5 //DD2     DD    DSN=ST400.PO1,DISP=(NEW,CATLG),
    //     UNIT=3390,VOL=SER=USER01,SPACE=(CYL,(1,1,1)),
    //     RECFM=V,LRECL=4092,BLKSIZE=4096,DSORG=PO
    6 //DELPO   EXEC  PGM=IEFBR14
    7 //DD3     DD    DSN=ST400.PO1,DISP=(OLD,DELETE)
**************************** BOTTOM OF DATA ****************************
```

图 5-47　JOB08647 作业的 JESJCL 截图

那么作业提交后，将得不到任何 NOTIFY 的返回消息。

③ SDSF 查错：

为什么没有 NOTIFY 消息？进入 SDSF 的 ST 面板，查看这个作业的执行状况。如图 5-48 所示，JES 为该作业分配的作业号为 JOB09038，而此时该作业仍然位于执行队列（EXECUTION QUEUE），表示作业因为某种原因（等待资源等）无法及时执行，因而也不会有 NOTIFY 的消息返回。为了处理这个问题，需要高级别权限（管理员）的用户参与。

```
SDSF STATUS DISPLAY ALL CLASSES                    LINE 1-11 (11)
PREFIX=* DEST=(ALL) OWNER=ST400  SYSNAME=
NP   JOBNAME  JobID     Owner    Prty Queue      C  Pos  SAff  ASys Status
     ST400S   JOB09038  ST400      7  EXECUTION  A            SOW1
     ST400    TSU09035  ST400     15  EXECUTION     SOW1 SOW1
     ST400S   JOB08646  ST400      1  PRINT       A 1816
```

图 5-48　JOB09038 作业处于执行队列截图

管理员账户登入 SDSF，在 COMMAND INPUT 处输入 LOG，进入 LOG 选项。F8 键下翻页，查看到如图 5-49 所示的高亮信息。出现高亮信息的原因在于，JES 检查出作业号为 JOB09038 的 ST400S 作业需要使用的 USERA1 盘卷不存在，于是一直等待管理员的答复。管理员可以选择答复一个正确的设备名（DEVICE NAME）或是取消此次盘卷分配请求（CANCEL）。注意：图中的"*29"表示高亮信息号码为 29。

```
SDSF SYSLOG   314.156 SOW1 SOW1 10/27/2014 1W        2,591   COLUMNS 02- 81
COMMAND INPUT ===>                                    SCROLL ===> CSR
N 4020000 SOW1    14300 08:56:21.01 STC01148 00000090 DB2 CODE X'00F30091' IN
5000000 SOW1      08.55.34 JOB09038 *29 IEF238D ST400S - REPLY DEVICE NAME OR 'CA
**************************** BOTTOM OF DATA ****************************
```

图 5-49　LOG 选项中高亮信息截图

如图 5 - 50 所示，在 COMMAND INPUT 处输入："/r　29,cancel"，该命令表示对高亮信息 29 回复 CANCEL，即对数据集取消分配 USERA1 盘卷资源。回车后命令执行，如图 5 - 51 所示，面板右上角提示"COMMAND ISSUED"，代表命令执行完毕，取消操作生效。

```
 Display  Filter  View  Print  Options  Search  Help
---------------------------------------------------------------------------
 SDSF SYSLOG    314.156 S0W1 S0W1 10/27/2014 1W          2,591    COLUMNS 02- 81
 COMMAND INPUT ===> /r 29,cancel_                        SCROLL ===> CSR
 N 4020000 S0W1      14300 08:56:21.01 STC01148 00000090  DB2 CODE X'00F30091' IN
 5000000 S0W1       08.55.34 JOB09038 *29 IEF238D ST400S - REPLY DEVICE NAME OR 'CA
 ******************************** BOTTOM OF DATA ********************************
```

图 5 - 50　答复高亮信息 29 截图

```
 SDSF SYSLOG    314.156 S0W1 S0W1 10/27/2014 1W          COMMAND ISSUED
 COMMAND INPUT ===> _                                    SCROLL ===> CSR
 N 4020000 S0W1      14300 08:56:21.01 STC01148 00000090  DB2 CODE X'00F30091' IN
 N 8000000 S0W1      14300 08:57:04.99 JOB09038 00000090 *IEF882E ST400S ADDPO IS
 N 4020000 S0W1      14300 08:57:21.01 STC01148 00000090  DSNA679I  DSNA6BUF THE A
 S                                                        SYSIBM.ADMIN_TASKS, REAS
 N 4020000 S0W1      14300 08:57:21.01 STC01148 00000090  DB2 CODE X'00F30091' IN
 N 4020000 S0W1      14300 08:58:21.02 STC01148 00000090  DSNA679I  DSNA6BUF THE A
 S                                                        SYSIBM.ADMIN_TASKS, REAS
 N 4020000 S0W1      14300 08:58:21.02 STC01148 00000090  DB2 CODE X'00F30091' IN
 5000000 S0W1       08.55.34 JOB09038 *29 IEF238D ST400S - REPLY DEVICE NAME OR 'CA
 ******************************** BOTTOM OF DATA ********************************
```

图 5 - 51　取消命令执行完毕截图

管理员完成上述取消操作之后，随即返回作业 JOB09038 的 NOTIFY 消息，如图 5 - 52 所示，提示"JCL ERROR"的错误。

```
 08.58.38 JOB09038 $HASP165 ST400S     ENDED AT SVSCJES2 - JCL ERROR CN(INTERNAL)
 ***
```

图 5 - 52　JOB09038 作业 NOTIFY 消息截图

再次进入 ST 面板，如图 5 - 53 所示，可见 JOB09038 作业已经执行完毕，进入打印队列（PRINT QUEUE）。

```
 SDSF STATUS DISPLAY ALL CLASSES                        LINE 1-3 (3)
 PREFIX=* DEST=(ALL) OWNER=ST400  SYSNAME=
 NP  JOBNAME   JobID    Owner    Prty Queue      C  Pos  SAff  ASys Status
     ST400     TSU09035 ST400      15 EXECUTION          S0W1  S0W1
     ST400S    JOB08646 ST400       1 PRINT      A  1816
 ?   ST400S    JOB09038 ST400       1 PRINT      A  2123
```

图 5 - 53　JOB09038 作业进入打印队列截图

　　查看 JESYSMSG（如下）：第 4 行"ST400S ADDPS – STEP WAS EXECUTED – COND CODE 0000"，表示作业步 ADDPS 已经执行完毕；第 5、6 行表示 ST400. PS1 已按要求创建在 USER01 盘卷上并编目；第 11、12 行"ADDPO – JOB CANCELLED"和"ADDPO – STEP WAS NOT EXECUTED."表示作业步 ADDPO 并未执行，并取消本次作业的执行。

```
***************************** TOP OF DATA *****************************
ICH70001I ST400      LAST ACCESS AT 08：50：56 ON MONDAY, OCTOBER 27, 2014
IEF236I ALLOC. FOR ST400S ADDPS
IGD100I 8620 ALLOCATED TO DDNAME DD1          DATACLAS (        )
IEF142I ST400S ADDPS – STEP WAS EXECUTED – COND CODE 0000
IEF285I  ST400. PS1                                   CATALOGED
IEF285I  VOL SER NOS=USER01.
IEF373I STEP/ADDPS  /START 2014300. 0855
IEF032I STEP/ADDPS  /STOP  2014300. 0855
        CPU：    0 HR  00 MIN  00. 00 SEC    SRB：    0 HR  00 MIN  00. 00 SEC
        VIRT：  4K SYS：  228K EXT：      0K  SYS：      11156K
IEF251I ST400S ADDPO – JOB CANCELLED
IEF272I ST400S ADDPO – STEP WAS NOT EXECUTED.
IEF373I STEP/ADDPO  /START 2014300. 0855
IEF032I STEP/ADDPO  /STOP  2014300. 0858
        CPU：    0 HR  00 MIN  00. 00 SEC    SRB：    0 HR  00 MIN  00. 00 SEC
        VIRT：  0K SYS：  0K EXT：      0K  SYS：        0K
IEF375I  JOB/ST400S  /START 2014300. 0855
IEF033I  JOB/ST400S  /STOP 2014300. 0858
        CPU：    0 HR  00 MIN  00. 00 SEC    SRB：    0 HR  00 MIN  00. 00 SEC
***************************** BOTTOM OF DATA *****************************
```

5.5.3.4　同名数据集错误

　　① 出错原因：根据系统本身的规定，一般不允许同一盘卷或同一设备上存在两个同名的数据集，数据集的名字应该是唯一的。发生这个错误比较常见的情况是多次提交包含创建相同数据集语句的作业。譬如，ST400S 作业的 ADDPS 作业步要求创建 ST400. PS1 数据集，如果在之前的一次提交过程中，ST400. PS1 数据集已创建好，那么再次提交这个作业将会报错。

　　② NOTIFY 消息：作业提交后，NOTIFY 返回"JCL ERROR"错误提示。

　　③ SDSF 查错：查看 JESYSMSG（见图 5 – 54），第 2～4 行表示不可以在 USER01 盘卷上创建一个与 ST400. PS1 同名的数据集（DUPLICATE DATA SET NAME ON VOLUME USER01）。

图 5-54　JESYSMSG 截图

5.5.3.5　参数书写错误

① 出错原因：JCL 的参数有很多，在书写参数过程中容易出错。譬如，把 ST400S 程序 ADDPS 作业步的 DD1 DD 语句的 RECFM 参数错写成 RECF，即

//DD1　　　DD　　　DSN=ST400.PS1,DISP=(NEW,CATLG),
//　　　　SPACE=(TRK,(2,1)),RECF=FB,VOL=SER=USER01,UNIT=3390,
//　　　　LRECL=80,BLKSIZE=800,DSORG=PS

② NOTIFY 消息：作业提交后，NOTIFY 返回"JCL ERROR"错误提示。

③ SDSF 查错：

首先查看 JESYSMSG（见图 5-55），提示第 3 行出错，错误的原因在于使用了未定义的关键字参数 RECF（UNIDENTIFIED KEYWORD RECF）。

图 5-55　JESYSMSG 截图

然后查看 JESJCL（见图 5-56），检查第 3 行语句的 RECF 参数，很明显，RECF 不是有效的关键字参数，应该修改为 RECFM。

图 5-56　JESJCL 截图

第6章 实用程序

z/OS 提供数量繁多的实用程序（Utility），它们通过批处理操作来完成系统或用户所需的某项功能。实用程序由 COBOL 等高级语言编写，编译后存放在程序库（系统程序库或用户定义的私有程序库）中，因此程序库里的每一个成员都是一个编译好的实用程序。实用程序可以是系统本身定义好的，也可以是用户自行追加的。当调用实用程序时，系统会提供默认的搜索路径去定位程序，此外用户也可以在作业中特别指明搜索路径，以更准确更快速地定位到需要执行的实用程序。

本章主要介绍实用程序的分类、调用以及实用程序的检索方法，并着重介绍 IDCAMS、IEBGENER 等常用的实用程序，最后以一篇案例讲述实用程序的基本用法、SDSF 查看作业及查错。

6.1 实用程序的分类

根据服务对象划分，将实用程序分为系统实用程序、数据集实用程序和独立实用程序。

1. 系统实用程序

系统实用程序提供系统级的服务，命名通常以 "IEH" 打头，它的主要功能是维护和管理系统、用户数据集、磁盘卷和磁带卷。譬如：

IEHNITT：为磁带卷写卷标号。

IEHLIST：显示磁盘 VTOC 信息列表，显示磁盘空闲的目录块、磁道等的数量列表，显示分区数据集和扩展的分区数据集的目录信息列表，显示系统控制数据信息列表等。

IEHMOVE：移动或复制多个顺序数据集或分区数据集（或其成员），合并及卸载分区数据集，移动或复制整个盘卷（磁带卷或磁盘卷）及编目等。

IEHPROGM：增加/删除/置换数据集口令，删除分区数据集（或其成员），删除分区数据集的目录，对分区数据集（或其成员）更名，删除数据集或对数据集取消编目等。

2. 数据集实用程序

数据集实用程序主要作用于数据集，部分功能也可用相关的系统实用程序替代。数据集实用程序命名通常以 "IEB" 打头，它的主要功能是维护和管理系统中各类数据集。譬如：

IEBGENER：复制数据到顺序数据集，复制顺序数据集中的数据或将顺序数据集转换成分区数据集。

IEBCOPY：拷贝及压缩分区数据集，支持扩展的分区数据集与分区数据集的相互转换，复制加载程序（库），重命名、复制、卸载或合并分区数据集或扩展的分区数据集（或其成员）。

IEBCOMPR：比较顺序数据集、分区数据集或扩展的分区数据集。需要注意的是，只有同一类的数据集（如都是顺序数据集）才可以互相比较。

IEBEDIT：复制作业步，输出作业流。

IEBUPDATA：修改或更新顺序数据集、分区数据集或扩展的分区数据集。

IEBPTPCH：打印输出字符串、数据、选定的记录、顺序数据集、分区数据集或扩展的分区数据集等。

3．独立实用程序

独立实用程序比较特殊，它独立于操作系统运行，通常存放于磁带上。当系统崩溃时，通过存放在磁盘的一些独立实用程序，将系统转储磁带，以恢复系统盘卷。当系统恢复后，又可以使用独立实用程序将一些重要资料、程序或配置还原。

6.2 实用程序的调用

实用程序可以通过多种方式调用，本章只介绍 JCL 调用实用程序的方法。实用程序在作业步的 EXEC 语句通过 PGM 参数调用。如果当前的作业是一个多步作业，那么每个作业步都可以调用一个实用程序或过程。需要注意的是，实用程序不同，它所要求的 DD 语句也可能不同，而这些 DD 语句对这个实用程序来说又起着特殊的作用。在这里，我们只给出实用程序调用的一般格式：

//作业名	EXEC	PGM＝实用程序名	*调用实用程序*
//SYSPRINT	DD	…	*系统输出数据集*
//SYSUT1	DD	…	*输入数据集*
//SYSUT2	DD	…	*输出数据集*
//SYSIN	DD	*	*＊或 DATA 或 DUMMY*
…			*控制语句*

其中，控制语句由实用程序决定。它的一般格式如下：

标号区	操作符区	操作数区	说明区

- 标号区书写标号，除 IEHNITT 外，其他实用程序的控制语句都可以省略标号。
- 如果有标号，标号区与操作符区之间用空格分隔。操作符区用于标识控制语句的类型，如 INIT 表示初始化控制语句。
- 操作符区与操作数区用空格分隔。操作数可以看作是操作符所指定的控制语句的参数。操作数可以有多个，它们之间用逗号分隔，每个操作数都是关键字类型的参数，因此它们的排列顺序是无关紧要的。
- 操作数区与说明区之间用空格分隔。

6.3 常用实用程序介绍

6.3.1 ICKDSF

通常使用 ICKDSF 实用程序对设备地址、盘卷名（可以是新的盘卷，也可以是系统定义好的旧盘卷）进行初始化。这个程序要求在 SYSIN DD 语句中书写控制语句，主要包含处理的对象及参数信息。

【例1】//TE02A   JOB MSGLEVEL=(1,1),MSGCLASS=H,NOTIFY=&SYSUID
    //STEP   EXEC PGM=ICKDSF,REGION=6M,PARM='NOREPLYYU'
    //SYSPRINT DD SYSOUT=*
    //SYSIN   DD *
    INIT UNITADDRESS(8020) VERIFY(VL8020) PURGE NOVALIDATE –
    INDEX(98,1,30) VTOC(100,0,900) VOLID(USER01)
    INIT UNITADDRESS(8021) VERIFY(VL8021) PURGE NOVALIDATE –
    INDEX(98,1,30) VTOC(100,0,900) VOLID(USER02)

例1 使用 ICKDSF 实用程序对 8020 和 8012 这两个设备地址进行初始化，设置盘卷的名字为 USER01 和 USER02，并且定义了这两个盘卷的 INDEX 和 VTOC 的大小。INIT 是 ICKDSF 定义的操作符，UNITADDRESS 表示物理地址，VOLID 表示盘卷号，"–"号表示续行。'NOREPLYYU'参数表示，可以忽略一个盘卷在进行初始化时产生的各类需要用户进行确认的信息。但这个参数对新盘初始化不起作用。

6.3.2 IDCAMS

通常使用 IDCAMS 实用程序来定义系统的编目信息。这个程序要求在 SYSIN DD 语句中书写与编目定义相关的信息。

【例2】//TE02B   JOB MSGLEVEL=(1,1),MSGCLASS=H,NOTIFY=&SYSUID
    //DEFUCAT EXEC PGM=IDCAMS,REGION=512K
    //SYSPRINT DD SYSOUT=*
    //CATESPACE DD DISP=OLD,UNIT=3390,VOL=SER=USER01
    //SYSIN   DD *
    DEFINE UCAT (
    NAME(CATALOG.USER01) +
    FILE(CATSPACE) +
    VOL(USER01) +
    CYL(50,10) +
    T0(2030365) +

```
                    WCK    +
                    ICFCATALOG    +
                    )    +
        CATALOG（MASTERV. CATALOG）
```

例2 使用 IDCAMS 实用程序在 USER01 盘卷中定义了一个用户编目 CATALOG. USER01，并将这个用户编目对应主编目 MASTERV. CATALOG；CYL（50，10）表示为这个用户编目分配50个柱面空间，如果不够用，可追加10个柱面，总共可以追加15次；"+"号表示续行。

可以使用 IDCAMS 实用程序将用户编目和主编目关联或断开。

```
【例3】//TE02C        JOB      MSGLEVEL=（1,1）,MSGCLASS=H,NOTIFY=&SYSUID
        //CONNCAT      EXEC    PGM=IDCAMS,REGION=512K
        //SYSPRINT     DD      SYSOUT=*
        //SYSIN        DD       *
          IMPORT    CONNECT    –
          OBJECTS（    –
          （CATALOG. USER01 –
                    VOLUME（USER01）    –
                    DEVICETYPE（3390）））    –
            CATALOG（MASTERV. CATALOG）
        //DISCAT       EXEC    PGM=IDCAMS,REGION=512K
        //SYSPRINT     DD      SYSOUT=*
        //SYSIN        DD       *
          EXPORT      CATALOG. USER02    –
                DISCONNECT    –
        CATALOG（MASTERV. CATALOG）
```

例3 的作业步 CONNCAT 使用 IDCAMS 实用程序将用户编目 CATALOG. USER01 与主编目 MASTERV. CATALOG 关联；作业步 DISCAT 同样使用 IDCAMS 实用程序，不同的是，它将用户编目 CATALOG. USER02 与主编目 MASTERV. CATALOG 断开（DISCONNECT）。

IDCAMS 也常用于定义或删除 VSAM 数据集、显示 VSAM 数据集的数据记录、对 VSAM 执行备份等操作。

```
【例4】//TE03DEFV    JOB    MSGLEVEL=（1,1）,MSGCLASS=H,NOTIFY=&SYSUID
        //DEFEVSAM     EXEC      PGM=IDCAMS
        //SYSPRINT     DD        SYSOUT=*
        //SYSIN        DD         *
          DELETE（'TE03. VSAM. ESDS'）    –
          CLUSTER  PURGE
          DEFINE CLUSTER（    –
          NAME（TE03. VSAM. ESDS）    –
```

```
              CYLINDERS(2 1)    –
              RECORDSIZE(100,100)    –
              VOLUMES(USER01)    –
              NONINDEXED    –
              SHAREOPTIONS(1)    –
              CONTROLINTERVALSIZE(2048))
```

例 4 调用 IDCAMS，使用 DELETE 命令删除 VSAM 数据集 TE03. VSAM. ESDS。因为在定义一个 VSAM 数据集之前，最好先做删除这个数据集的操作，避免因系统已存在这个 VSAM 而导致定义失败，而且对于 IDCAMS 来说，即使是删除一个不存在的 VSAM，也完全不会影响之后的定义。本例继续使用 DEFINE 命令定义一个新的数据集，数据集名为 TE03. VSAM. ESDS；以柱面（CYLINDER）为基本分配单位，首次分配 2 个柱面，不够一次追加 1 个柱面；RECORDSIZE（100，100）的第 1 个子参数 100 表示记录的平均长度为 100，而第 2 个子参数 100 表示记录的最大长度为 100，由于这两个值相等，代表记录的格式为定长格式；VOLUMES（USER01）表示将这个 VSAM 数据集分配在 USER01 盘卷上；CONTROLINTERVALSIZE（2048）指定 CI 的大小为 2048；SHAREOPTIONS（1，x）表示系统允许一个用户对 VSAM 数据集进行读写操作，或者允许多个用户进行读操作，如果有一个用户已经进行读写操作了，那么后面申请读操作的用户会得到失败的反馈；INDEXED/NONINDEXED/NUMBERED/LINEAR 用于指定数据集的结构信息（KSDS、ESDS、RRDS、LDS），其中，NONINDEXED 代表创建 ESDS 类型的 VSAM 数据集；由于并未显示指定的这个 VSAM 数据集数据部件（DATA）的名字，VSAM 会自动产生其名字。

```
【例 5】//TE03DEFV   JOB     MSGLEVEL=(1,1),MSGCLASS=H,NOTIFY=&SYSUID
        //DEFKVSAM   EXEC    PGM=IDCAMS
        //SYSPRINT   DD      SYSOUT=*
        //SYSIN      DD      *
        DELETE (TE03. VSAM. KSDS)    –
        CLUSTER   PURGE
        DEFINE CLUSTER (    –
        NAME('TE03. VSAM. KSDS')    –
        RECORDS(2000,100)    –
        RECORDSIZE (80,80)    –
        VOLUMES (USER01)    –
        KEYS(3 2)    –
        )    –
        DATA(    –
        NAME('TE03. VSAM. KSDS. DATA')    –
        )    –
        INDEX (    –
```

```
                NAME('TE03. VSAM. KSDS. INDEX')    -
                )
```

例 5 调用 IDCAMS 定义 VSAM 数据集 TE03. VSAM. KSDS，由于定义了 INDEX，表示这个数据集是 KSDS 类型的数据集；RECORDS（2000 100）表示以记录长为基本的分配单位，首次分配 2000，不够用每次追加 100；KEYS（3 2）表示索引值的长度为 3，2 是其偏移量；该数据集数据部件（DATA）命名为 TE03. VSAM. KSDS. DATA，索引部件（INDEX）命名为 TE03. VSAM. KSDS. INDEX。

在定义好 VSAM 数据集后，可以使用 IDCAMS 的 REPRO 命令将数据记录存入数据集中。

```
【例6】//TE03DEFV    JOB      MSGLEVEL=(1,1),MSGCLASS=H,NOTIFY=&SYSUID
        //LODVSAM     EXEC     PGM=IDCAMS
        //SYSPRINT    DD       SYSOUT= *
        //VSMOUT      DD       DSN=TE03. VSAM. ESDS,DISP=SHR
        //VSMIN       DD       *
          VSAM DATA IN TESTING!
        //SYSIN       DD       *
        REPRO   INFILE(VSMIN)   -
        OUTFILE(VSMOUT)
```

例 6 调用 IDCAMS，将一句 "VSAM DATA IN TESTING!" 存入 TE03. VSAM. ESDS 中。REPRO 命令的 INFILE 参数指定输入内容或数据集；OUTFILE 指定输出数据集。

```
【例7】//TE03DEFV    JOB      MSGLEVEL=(1,1),MSGCLASS=H,NOTIFY=&SYSUID
        //LODVSAM     EXEC     PGM=IDCAMS
        //SYSPRINT    DD       SYSOUT= *
        //VSMOUT      DD       DSN=TE03. VSAM. KSDS1,DISP=SHR
        //VSMIN       DD       DSN=TE03. VSAM. KSDS2,DISP=SHR
        //SYSIN       DD       *
          REPRO   INFILE(VSMIN)   -
          OUTFILE(VSMOUT)
```

例 7 调用 IDCAMS，将 TE03. VSAM. KSDS2 数据集内容拷贝至 TE03. VSAM. KSDS1。

```
【例8】//TE03DEFV    JOB      MSGLEVEL=(1,1),MSGCLASS=H,NOTIFY=&SYSUID
        //PRINVSAM    EXEC     PGM=IDCAMS
        //SYSPRINT    DD       SYSOUT= *
        //VSMIN       DD       DSN=TE03. VSAM. KSDS1,DISP=SHR
        //SYSIN       DD       *
        PRINT   INFILE(VSMIN)   CHARACTER
```

例 8 调用 IDCAMS 的 PRINT 功能，打印输出 TE03. VSAM. KSDS1 数据集中的内容。接下来看 2 个稍微复杂些的例子。

【例9】//TE03DEFV　　JOB　　　MSGLEVEL=(1,1),MSGCLASS=H,NOTIFY=&SYSUID
　　　　//COPYVSM　　EXEC　　PGM=IDCAMS
　　　　//SYSPRINT　　DD　　　SYSOUT= *
　　　　//IN1　　　　　DD　　　DSN=POSCODE,DISP=OLD,UNIT=3590,
　　　　//　　　　LABEL=(1,SL),VOL=(,RETAIN,,SER=AAAAAA),
　　　　//　　　　DCB=(RECFM=FB,BLKSIZE=3000)
　　　　//OUT1　　　　DD　　　DSN=VSAM. POSCODE,DISP=SHR
　　　　//IN2　　　　　DD　　　DSN=ATMCODE,DISP=OLD,UNIT=3590,
　　　　//　　　　LABEL=(2,SL),VOL=(,RETAIN,,SER=AAAAAA),
　　　　//　　　　DCB=(RECFM=FB,BLKSIZE=3000)
　　　　//OUT2　　　　DD　　　DSN=VSAM. ATMCODE,DISP=SHR
　　　　//SYSIN　　　　DD　　　*
　　　　　REPRO　　INFILE(IN1)　　OUTFILE(OUT1)
　　　　　REPRO　　INFILE(IN2)　　OUTFILE(OUT2)

如图6-1所示，例9同时对两组数据集进行拷贝，一组由IN1、OUT1定义，将3590磁带设备上 AAAAAA 磁带卷的 POSCODE 数据集第一块内容（LABEL=(1,SL)）拷贝至磁盘上的 VSAM. POSCODE VSAM 数据集；将 AAAAAA 磁带卷的 ATMCODE 数据集第二块内容（LABEL=(2,SL)）拷贝至磁盘上的 VSAM. ATMCODE VSAM 数据集。

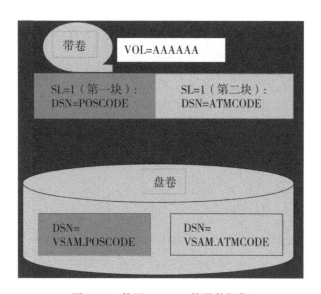

图6-1　使用 IDCAMS 拷贝数据集

【例10】//TE03DEFV　　JOB　　　MSGLEVEL=(1,1),MSGCLASS=H,NOTIFY=&SYSUID
　　　　//CP1VSM　　　EXEC　　PGM=IDCAMS
　　　　//SYSPRINT　　DD　　　SYSOUT= *
　　　　//IN1　　　　　DD　　　*
　　　　　0

```
//OUT1        DD      DSN=TE03.VSAM.ESDS1,DISP=SHR
//SYSIN       DD      *
REPRO   INFILE(IN1)   OUTFILE(OUT1)
```

例10展现的是一个与VSAM相关的应用技巧：由于新建一个VSAM数据集时，并未有内容存入，当一个高级语言需要对这个数据集进行存取操作时，需要先做一个OPEN动作（结束时CLOSE），如果数据集为空，则打开时会出错（CC=16），导致作业终止。如果事先写个"0"就可以避免这个问题，当然，也可写入其他字符。

6.3.3 ADRDSSU

实用程序ADRDSSU可以实现磁盘卷与磁盘卷之间的COPY（拷贝、克隆）、磁盘内容DUMP到磁带上、磁带数据集RESTORE至磁盘上，或是将一个磁盘卷的数据集拷贝至另一个盘卷。具体功能如图6-2所示。

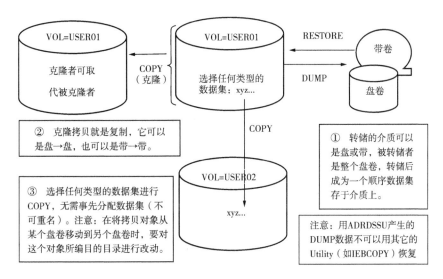

图6-2　ADRDSSU功能图

```
【例11】//TE02D      JOB      1,A,CLASS=A,MSGLEVEL=(1,1),
        //      MSGCLASS=A,NOTIFY=&SYSUID
        //CPD        EXEC     PGM=ADRDSSU,REGION=8M
        //SYSPRINGTDD     SYSOUT=*
        //DASD1      DD      DISP=SHR,UNIT=3390,VOL=SER=USER01
        //DASD2      DD      DISP=OLD,UNIT=3390,VOL=SER=VL8B04
        //SYSIN      DD      *
        COPY        INDD(DASD1)   OUTDD(DASD2)   -
        PURGE   FULL   COPYVOLID   ADMIN
```

例11使用ADRDSSU实用程序将DASD1 DD语句指定的USER01盘卷内容拷贝至

DASD2 DD 语句所指定的 VL8B04 盘卷。COPY 是 ADRDSSU 控制语句的操作符，INDDNAME 表示拷贝源，OUTDDNAME 表示拷贝的目的地，又称拷贝输出数据集。需要注意的是，小容量的盘卷可以拷贝到大容量的盘卷上去，反之则不可以。一旦拷贝成功，原 VL8B04 盘卷更名为 USER01，并自动脱机（OFFLINE），因为在同一系统中不允许出现两个同名盘卷。

可以使用 ADRDSSU 实用程序将一个盘卷内容卸下（DUMP）拷贝至一个顺序数据集中。

【例 12】//TE02E   JOB   1，A，CLASS＝A，MSGLEVEL＝（1，1），
　　　　//   MSGCLASS＝A，NOTIFY＝&SYSUID
　　　　//CPD   EXEC   PGM＝ADRDSSU，REGION＝8M
　　　　//SYSPRINGT DD   SYSOUT＝＊
　　　　//DASD1   DD   DISP＝SHR，UNIT＝3390，VOL＝SER＝VPJ3C1
　　　　//DAST1   DD   DISP＝（NEW，CATLG），UNIT＝3390，DSN＝BK. VPJ3C1，
　　　　//   VOL＝SER＝VL8B04，SPACE＝（CYL，（800，200）
　　　　//SYSIN   DD   ＊
　　　　DUMP   FULL   INDD（DASD1）   OUTDD（DAST1）   －
　　　　COMPRESS   ADMIN   OPTIMIZE（4）

例 12 使用 ADRDSSU 实用程序将 DASD1 DD 语句指定的 VPJ3C1 盘卷内容 DUMP 至 DASD2 DD 语句指定的顺序数据集 BK. VPJ3C1。DUMP 成功后，产生的顺序数据集是原有空间的 50％ 左右。譬如，假设 VPJ3C1 盘卷空间使用了 86％，那么通过 ADRDSSU 实用程序进行 DUMP 操作生成的顺序数据集，占用的空间只有 43％ 左右。

【例 13】//TE02   JOB   1，A，CLASS＝A，MSGLEVEL＝（1，1），
　　　　//   MSGCLASS＝A，NOTIFY＝&SYSUID
　　　　//DUMP   EXEC   PGM＝ADRDSSU，REGION＝5M
　　　　//SYSPRINGT DD   SYSOUT＝＊
　　　　//DASD1   DD   DISP＝SHR，UNIT＝3390，VOL＝SER＝USER01
　　　　//TAPE1DD   DISP＝（NEW，KEEP），UNIT＝TAPE，
　　　　//   DSN＝BK. USER01，LABLE＝（1，SL），
　　　　//   VOL＝（，RETAIN，，SER＝000001），DCB＝（BLKSIZE＝32000）
　　　　//SYSIN   DD   ＊
　　　　DUMP   FULL   INDD（DASD1）   OUTDD（TAPE2）   －
　　　　COMPRESS   ADMIN   OPTIMIZE（4）

【例 14】//TE02   JOB   1，A，CLASS＝A，MSGLEVEL＝（1，1），
　　　　//   MSGCLASS＝A，NOTIFY＝&SYSUID
　　　　//DUMP   EXEC   PGM＝ADRDSSU，REGION＝5M
　　　　//SYSPRINT   DD   SYSOUT＝＊
　　　　//DASD1   DD   DISP＝SHR，UNIT＝3390，VOL＝SER＝USER01
　　　　//TAPE1   DD   DISP＝（NEW，KEEP），UNIT＝TAPE，

```
//        DSN=BK. USER01,LABLE=(1,SL),
//        VOL=(,RETAIN,,SER=000001),DCB=(BLKSIZE=32000)
//SYSIN        DD        *
RESTORE    INDD(TAPE1)    OUTDD(DASD1)    -
COPYVOLID    PURGE ADMIN
```

例 13 通过调用 ADRDSSU 实现 DUMP 过程, 即将 USER01 磁盘上的内容 DUMP 到磁带的 BK. USER01 数据集; 例 14 通过调用 ADRDSSU 实现 RESTORE 过程, 即将磁带的 BK. USER01 数据集的内容转存至 USER01 磁盘上。

6.3.4 TRSMAIN

系统备份的最优选择方案是: 使用 ADRDSSU 实用程序对某个盘卷进行 DUMP 操作, 而后对其生成的顺序数据集使用 TRSMAIN 实用程序进行压缩, 产生一个新的顺序数据集, 最后将这个顺序数据集传送至硬盘中保存。

```
【例 15】//TE02F        JOB        CLASS=A,MSGLEVEL=(1,1), NOTIFY=&SYSUID
         //TRSDD        EXEC       PGM=TRSMAIN,PARM=PACK
         //SYSPRINT     DD         SYSOUT=*
         //INFILE       DD         DISP=SHR,DSN=BK.VPJ3C1
         //OUTFILE      DD         DISP=(NEW,CATLG),UNIT=3390,
         //        DSN=TRS. BK. VPJ3C1,
         //        VOL=SER=DUMP01,SPACE=(CYL,(1000,200))
```

例 15 通过实用程序 TRSMAIN 对 INFILE 指定的顺序数据集 BK.VPJ3C1 进行压缩, 压缩的结果存放在 TRS. BK. VPJ3C1 顺序数据集中。

6.3.5 IKJEFT01

实用程序 IKJEFT01 应用非常广泛, 它是一个终端控制程序, 可以执行 CLIST、REXX、TSO 命令等。它的通用格式如下:

```
//作业步名     EXEC   PGM=IKJEFT01              调用 IKJEFT01
//SYSTSPRT    DD     SYSOUT=*                  输出 DD 语句
//SYSTSIN     DD     *DATA/DUMMY               输入 DD 语句
TSO 命令/ CLIST 命令/ REXX 命令/ RACF 命令等 IKJEFT01 的控制语句
```

```
【例 16】//TE03G        JOB        ACCT#,TE03,NOTIFY=&SYSUID
         //CIK          EXEC       PGM=IKJEFT01
         //SYSTSPRT     DD         SYSOUT=*
         //SYSTSIN      DD         *
         SEND    'HI,MONDAY'
         SEND    'HI,FRIDAY'
```

```
            LISTDS   TE03. LAB1. DATA
```

例 16 调用 IKJEFT01 程序，在控制语句区书写了 TSO 的 SEND 命令和 LISTDS 命令，作业提交后，这些 TSO 命令将被执行。

```
【例 17】//TE02G      JOB      ACCT#,TE02,NOTIFY =&SYSUID
        //DCLGEN    EXEC     PGM =IKJEFT01
        //STEPLIB   DD       DSN =DSNA10. SDSNLOAD,DISP =SHR
        //SYSTSPRT DD        SYSOUT = *
        //SYSTSIN   DD       DATA,DLM ='* /'
        DSN   S( DBAG)
        DCLGEN   TABLE( DEPT)    +
        LIBRARY( 'ST400. DB2. COPY( DEPTDL)')    +
        ACTION( REP)    APOST                    +
        LANGUAGE( IBMCOB)                        +
        OWNER( ST400)                            +
        STRUCTURE( DEPTSTR)
        END
         * /
```

例 17 调用 IKJEFT01 程序，可以执行 SYSIN DD 语句中诸如 DSN、DCLGEN 等命令。DSN 命令用来获取当前使用的 DB2 环境，DBAG 表示使用 DB2 V10 环境。DCLGEN 命令提供将表生成对应 COPYBOOK 的服务，有关 DCLGEN 的了解，读者可参考主机 DB2 相关书籍或文献。

6.3.6   IEFBR14

IEFBR14 是一个特殊的实用程序，它本身是一个空操作程序（如同原地踏步一下）。

```
【例 18】//ST400A   JOB   COCO,CLASS =A,MSCLASS =A
        //STEP1     EXEC   PGM =IEFBR14
```

例 18 的 ST400A 作业仅包含 JOB 语句和 EXEC 语句，在 EXEC 语句中调用 IEFBR14 程序，这个作业提交后完成的是一个空操作。

【例 19】需求：编写一篇作业，创建顺序数据集 TEST. PS1，并为其分配相关资源。
```
        //ST400B      JOB      ACC,ST400,CLASS =A,MSCLASS =A,
        //       NOTIFY =&SYSUID
        //STEP1       EXEC    PGM =IEFBR14
        //DD1         DD       DSN =TEST. PS1,DISP =( NEW,CATLG),UNIT =3390,
        //   VOL =SER =USER01,SPACE =( TRK,(1,2)),
        //   RECFM =FB,LRECL =80,BLKSIZE =800
```

在 DD1 DD 语句已经满足需求，而作业中必须书写至少一条 EXEC 语句的情况下，调用空操作 IEFBR14，既不会给作业带来副作用，也符合 JCL 的书写规范，一举两得。

【例20】需求：编写一篇作业，分别书写两个作业步实现 TEST. PO1 和 TEST. PO2 数据集的分配。

```
//ST400C     JOB     ACC,ST400,CLASS=A,MSCLASS=A,
//     NOTIFY=&SYSUID
//STEP1      EXEC    PGM=IEFBR14
//DD1        DD      DSN=TEST. PO1,DISP=(NEW,CATLG),UNIT=3390,
//     VOL=SER=USER02,SPACE=(TRK,(1,2,1)),
//     RECFM=FB,LRECL=80,BLKSIZE=8000
//STEP2      EXEC    PGM=IEFBR14
//DD2        DD      DSN=TEST. PO2,DISP=(NEW,CATLG),UNIT=3390,
//     VOL=SER=USER03,SPACE=(CYL,(1,1,1)),
//     RECFM=FB,LRECL=80,BLKSIZE=320
```

例 20 的作业包含两个作业步，都是调用 IEFBR14 程序。

【例21】需求：编写一篇作业，删除 TEST. PO1 数据集。

```
//ST400D     JOB     ACC,ST400,CLASS=A,MSCLASS=A,NOTIFY=&SYSUID
//STEP1      EXEC PGM=IEFBR14
//DD1        DD      DSN=TEST. PO1,DISP=(OLD,DELETE,DELETE)
```

例 21 的删除动作通过 DISP 参数实现，（OLD，DELETE，DELETE）表示 TEST. PO1 数据集已经存在，无论 STEP1 作业步执行正常与否，都会将它删除。

除此之外，IEFBR14 实用程序还有一个特殊的功能，它可以在 JCL 流中执行系统命令。

【例22】/*$VS,'D A,L'

```
//ST400E     JOB     1,ST400,CLASS=A,NOTIFY=&SYSUID
//STEP1      EXEC    PGM=IEFBR14
```

例 22 在 JCL 流中执行 D A,L 命令，该命令用于查看系统中活动的进程。

【例23】/*$DSPOOL

```
//ST400E     JOB     1,ST400,CLASS=A,NOTIFY=&SYSUID
//STEP1      EXEC    PGM=IEFBR14
```

例 23 在 JCL 流中执行 DSPOOL 命令，该命令用于查看系统 SPOOL 卷的状态。

6.3.7　IEBGENER

IEBGENER 针对顺序数据集进行各类操作，如拷贝、生成、转化等操作，包括：
- 拷贝数据到一个已经存在的数据集。
- 新建一个数据集，并拷贝数据到其中。

- 拷贝 A 数据集的内容到 B 数据集中去。
- 打印或显示一个顺序数据集内容到系统日志（SYSLOG）中去。
- 将一个顺序数据集转化成一个分区数据集。
- 从 A 数据集（PS）选中一些列存储在 B 数据集上。

调用 IEBGENER 的基本格式如下：

//作业步名	EXEC	PGM＝IEBGENER	*调用 IEBGENER*
//SYSPRINT	DD	…	*系统输出数据集*
//SYSUT1	DD	…	*输入数据集*
//SYSUT2	DD	…	*输出数据集*
//SYSIN	DD	＊	*＊或 DATA 或 DUMMY*
……			*IEBGENER 的控制语句*

这里，实用程序 IEBGENER 对 SYSUT1 DD 语句定义的输入数据流或输入数据集进行操作，操作的结果存放至 SYSUT2 DD 语句定义的输出数据集。如果不需要书写 IEBGENER 的控制语句，SYSIN DD 语句的位置参数只能选择 DUMMY。SYSPRINT DD 指定了系统输出数据集，一个通常的写法是：//SYSPRINT DD SYOUT＝＊。需要注意的是，IEBGENER 实用程序要求这四条 DD 语句都必须书写，不可错写或省略。

IEBGENER 的控制语句包括 GENERATE、MEMBER、RECORD、EXITS 和 LABELS。这里只介绍前三种。

1．GENERATE

如果输出数据集是一个分区数据集或者需要对输入数据集进行编辑，可能会用到 GENERATE 控制语句。它指定分区数据集（扩展的分区数据集）的成员个数以及记录标识符（RECORD）的个数等，它必须书写在控制语句的第一行。GENERATE 语句的操作数有如下 3 个：

（1）MAXNAME＝n，指定随后的 MEMBER 控制语句可以描述最多 n 个成员。

（2）MAXFLDS＝n，指定随后的 RECORD 控制语句可以描述的 FIELD 语句个数。

（3）MAXGPS＝n，指定随后的 RECORD 控制语句可以描述的 IDENT 语句个数。

2．MEMBER

只有在输出数据集是分区数据集（或 PDSE）时，才可以使用 MEMBER 控制语句。它用于指定新建的分区数据集（或 PDSE）的成员名或成员别名。如果有 n 个成员生成，则需要使用 n 条 MEMBER 语句来描述。MEMBER 语句的操作数为 NAME，通常写成 MEMBER NAME＝(成员名,别名)，如果省略别名，可直接写成 MEMBER NAME＝成员名。

3．RECORD

RECORD 为记录标识符控制语句，它定义将要处理的记录组并提供编辑信息，它有两个操作数，分别是 IDENT 和 FIELD：

（1）RECORD IDENT＝(length,'literal',input col)，用于标识一个 PDS 成员将要被处理的记录组中的最后一行。其中，literal 为将要处理的标记内容；length 定义 literal 的长度，必须小于等于 8；input col 描述要处理的标记内容的位置，也就是这个标记从第几列开始出现。

需要注意的是，① literal 必须是 SYSUT1 DD 语句所指定的输入数据集或流内数据中所包含的字符串，若未包含则报错；② length 的值必须等于 literal 的长度，且长度在 1 ～ 8 之间，包含 1 和 8，否则报错；③ input col 的值必须为 literal 第 1 个字符的起始列，否则即使 literal 存在，也不能得到正确的输出结果。

（2）RECORD FIELD =（length，'literal'or input col，conversion，output col），用于提供区域处理和编辑信息。其中：

• Length 描述将要处理的区域或输入字符串 literal 的字节数，如果不指定 Length 参数，那么系统的缺省值为 80 字节。如果指定 Length 参数，则不可超过 40 字节。

• input col 定义将要处理的输入起始列，如果不指定，第 1 列为默认值。

• literal 指定一个在输出数据集中的指定位置上需要被放置的字符串。

• Conversion 可以为 PZ、ZP 或省略。PZ 表示将压缩的十进制数转化成非压缩的格式；ZP 表示将非压缩的数据转化成压缩的数据。

• Output col 指定 literal 或 input col 所定义的区域将要放置到输出数据集哪个位置上，即放置位置的起始列。

接下来的一系列例子用于介绍 IEBGENER 的不同书写方法以实现各类用途。

【例 24】
```
//TE03A      JOB      ACCT#,NOTIFY =&SYSUID,MSGLEVEL =(1,1),
//   CLASS =A
//STEP       EXEC     PGM =IEBGENER
//SYSPRINT DD        SYSOUT = *
//SYSUT1     DD        *
   HELLO,EVERYONE.
//SYSUT2     DD       DSN =TE03. GENER1. PS2,
//     DISP =(NEW,CATLG),SPACE =(TRK,(1,1)),
//   UNIT=3390,VOL=SER =USER01,RECFM=FB,LRECL=80
//SYSIN      DD       DUMMY
```

例 24 调用 IEBGENER 将一段文字拷贝到一个新建的顺序数据集中去。SYSUT1 DD 语句定义了一行文字作为拷贝源，SYSUT2 DD 语句新建分区数据集 TE03. GENER1. PS2 作为输出数据集，并为这个数据集分配相应的参数。本例不需要用到控制语句，因此在 SYSIN DD 语句书写位置参数 DUMMY。

【例 25】
```
//TE03B      JOB      ACCT#,NOTIFY =&SYSUID,MSGLEVEL =(1,1),
//   CLASS =A
//STEP       EXEC     PGM =IEBGENER
//SYSPRINT DD        SYSOUT = *
//SYSUT1     DD        *
   SUNNY DAY,RIGHT?
//SYSUT2     DD       DSN =TE03. GENER1. PS2,DISP =SHR
//SYSIN      DD       DUMMY
```

例 25 和例 24 的区别在于 SYSUT2 DD 语句定义的输出数据集 TE03. GENER1. PS2 是系统已经存在的数据集。整篇 JCL 的作用是调用 IEBGENER 将一段文字拷贝到一个旧的顺序数据集中去。

【例26】//TE03C　　　JOB　　　ACCT#,NOTIFY=&SYSUID,MSGLEVEL=(1,1),
　　　　　//　CLASS=A
　　　　　//STEP　　　EXEC　　PGM=IEBGENER
　　　　　//SYSPRINT DD　　　SYSOUT=*
　　　　　//SYSUT1　　DD　　　DSN=TE03.LAB1.DATA,DISP=SHR
　　　　　//SYSUT2　　DD　　　DSN=TE03.GENER1.PS2,DISP=SHR
　　　　　//SYSIN　　　DD　　　DUMMY

例26的SYSUT1 DD语句指定了一个已经存在的数据集TE03.LAB1.DATA为输入数据集,这篇JCL的作用是将数据集TE03.LAB1.DATA中的内容拷贝到旧数据集TE03.GENER1.PS2中去。

【例27】//TE03D　　　JOB　　　NOTIFY=&SYSUID,MSGLEVEL=(1,1),CLASS=A,
　　　　　//　MSGCLASS=A
　　　　　//STEP1　　　EXEC　　PGM=IEBGENER
　　　　　//SYSPRINT DD　　　SYSOUT=*
　　　　　//SYSUT1　　DD　　　DSN=TE03.LAB1.DATA,DISP=SHR
　　　　　//SYSUT2　　DD　　　SYSOUT=*
　　　　　//SYSIN　　　DD　　　DUMMY

例27的输入数据集为TE03.LAB1.DATA,输出数据集SYSUT2 DD语句指定"SYSOUT=*",表示将TE03.LAB1.DATA的内容打印或显示在系统日志中,作业提交后,可以通过SDSF查看到这个数据集的内容。

【例28】//TE03E　　　JOB　　　NOTIFY=&SYSUID,MSGLEVEL=(1,1),CLASS=A,
　　　　　//　MSGCLASS=A
　　　　　//STEP1　　　EXEC　　PGM=IEBGENER
　　　　　//SYSPRINT DD　　　SYSOUT=*
　　　　　//SYSUT1　　DD　　　DSN=TE03.LAB1.DATA,DISP=SHR
　　　　　//SYSUT2　　DD　　　DSN=TE03.SELCOPY.PS1,
　　　　　//　DISP=(NEW,CATLG,DELETE),
　　　　　//　VOL=SER=USER01,UNIT=3390,
　　　　　//　SPACE=(TRK,(1,1)),LRECL=80,RECFM=FB,BLKSIZE=800
　　　　　//SYSIN　　　DD　　　*
　　　　　GENERATE　　MAXFLDS=2
　　　　　RECORD　　FIELD=(8,2,,3)

例28对SYSUT1 DD语句指定的数据集TE03.LAB1.DATA进行拷贝,拷贝的结果存放至新建的数据集TE03.SELCOPY.PS1,并且定义了控制语句GENERATE和RECORD。GENERATE语句定义MAXFLDS=2,表示最多只能书写2条使用FIELD参数的RECORD控制语句。FIELD=(8,2,,3):子参数8表示长度为8,子参数2表示需要从TE03.LAB1.

DATA 里第 2 列开始拷贝，综合来看，前两个子参数的作用是拷贝 TE03. LAB1. DATA 里第 2 列到第 9 列的内容（共 8 列），压缩子参数省略，最后一个子参数 3 表示拷贝的内容在 TE03. SELCOPY. PS1 的第 3 列起开始存放。譬如 TE03. LAB1. DATA 的内容如图 6 - 3 所示，那么这篇作业提交后，将新建 TE03. SELCOPY. PS1，其内容如图 6 - 4 所示。

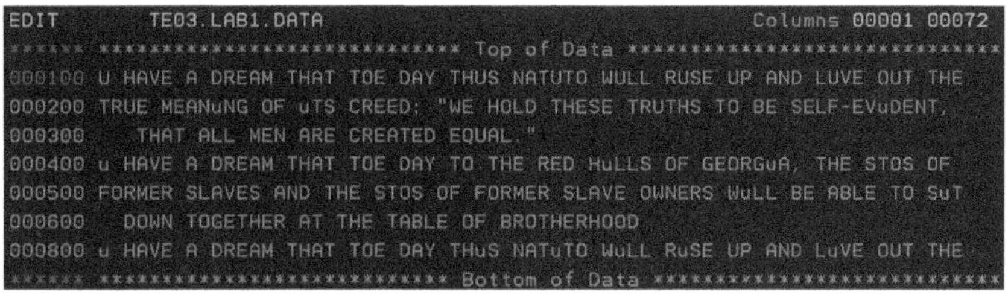

图 6 - 3　数据集 TE03. LAB1. DATA 截图

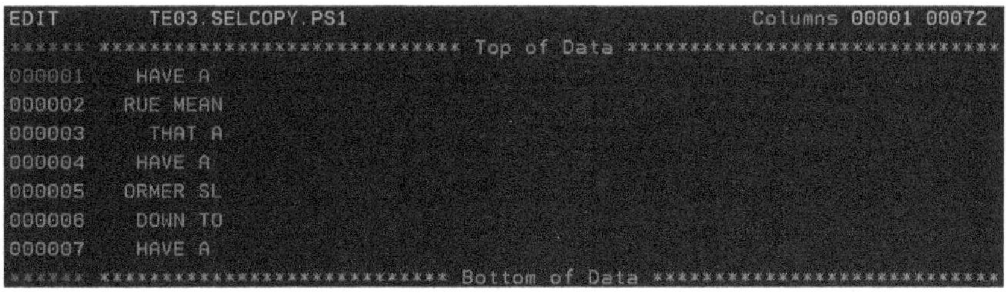

图 6 - 4　数据集 TE03. SELCOPY. PS1 截图

【例29】
```
//TE03F        JOB        NOTIFY=&SYSUID,MSGLEVEL=(1,1),
//    CLASS=A,MSGCLASS=A
//STEP1        EXEC       PGM=IEBGENER
//SYSPRINT     DD         SYSOUT=*
//SYSUT1       DD         DSN=TE03. LAB1. DATA,DISP=SHR
//SYSUT2       DD         DSN=TE03. SPLIT. PO1,
//    DISP=(NEW,CATLG,DELETE),
//    VOL=SER=USER01,UNIT=3390,
//    SPACE=(TRK,(1,1,1)),LRECL=80,RECFM=FB,BLKSIZE=800
//SYSIN        DD         *
GENERATE    MAXNAME=1
MEMBER    NAME=MEM1
```

例 29 使用 IEBGENER 将 TE03. LAB1. DATA 顺序数据集转化成分区数据集 TE03. SPLIT. PO1。这里使用控制语句 GENERATE 和 MEMBER。GENERATE 的操作数 MAXNAME=1，表示随后最多只能书写一条操作数为 NAME 的 MEMBER 语句。MEMBER NAME=MEM1，表示在 TE03. SPLIT. PO1 生成一个新成员，成员名为 MEM1，并将 TE03. LAB1. DATA 的内容拷贝其中。作业提交后，图 6 - 3 所示数据集 TE03. LAB1. DATA 经过转化，其内容拷贝到 TE03. SPLIT. PO1（MEM1），如图 6 - 5 所示。

```
EDIT        TE03.SPLIT.PO1(MEM1) - 01.00              Columns 00001 00072
****** ****************************** Top of Data ******************************
000001 U HAVE A DREAM THAT TOE DAY THUS NATUTO WULL RUSE UP AND LUVE OUT THE
000002 TRUE MEANuNG OF uTS CREED: "WE HOLD THESE TRUTHS TO BE SELF-EVuDENT,
000003    THAT ALL MEN ARE CREATED EQUAL."
000004 u HAVE A DREAM THAT TOE DAY TO THE RED HuLLS OF GEORGuA, THE STOS OF
000005 FORMER SLAVES AND THE STOS OF FORMER SLAVE OWNERS WuLL BE ABLE TO SuT
000006    DOWN TOGETHER AT THE TABLE OF BROTHERHOOD
000008 u HAVE A DREAM THAT TOE DAY THuS NATuTO WuLL RuSE UP AND LuVE OUT THE
****** ***************************** Bottom of Data ****************************
```

图 6-5 数据集 TE03. SPLIT. PO1 （MEM1） 截图

【例 30】//TE03G   JOB   NOTIFY=&SYSUID,MSGLEVEL=(1,1),CLASS=A,
          // MSGCLASS=A
          //STEP1   EXEC   PGM=IEBGENER
          //SYSPRINT DD   SYSOUT= *
          //SYSUT1   DD   DSN=TE03. LAB1. DATA,DISP=SHR
          //SYSUT2   DD   DSN=TE03. SPLIT. PO2,
          // DISP=(NEW,CATLG,DELETE),
          // VOL=SER=USER01,UNIT=3390,
          // SPACE=(TRK,(1,1,1)),LRECL=80,RECFM=FB,
          // BLKSIZE=800
          //SYSIN   DD   *
          GENERATE   MAXNAME=1,MAXGPS=1
          MEMBER   NAME=MEM1
          RECORD   IDENT=(3,'THA',4)

例 30 与例 29 的主要区别在于控制语句有所增加。GENERATE 语句的操作数 MAXGPS=1，表示随后最多只可书写一条操作数为 IDENT 的 RECORD 控制语句。RECORD IDENT=(3,'THA',4) 中，子参数 3 表示字符串的长度，子参数 THA 为将要匹配的字符串，子参数 4 表示在拷贝源数据集 TE03. LAB1. DATA 时从第一行开始，直到找 4～6 列与字符串'THA'匹配的那一行，最后将第一行到匹配那一行的内容全部拷贝至成员 MEM1。由于图 6-3 所示数据集 TE03. LAB1. DATA 的第 3 行的 4～6 列与 IDENT=(3, 'THA', 4) 要求相符合，那么作业提交后，如图 6-6 所示，IEBGENER 将第 1 行至第 3 行的内容拷贝到 TE03. SPLIT. PO2 （MEM1）。

```
EDIT        TE03.SPLIT.PO2(MEM1) - 01.00              Columns 00001 00072
****** ****************************** Top of Data ******************************
000001 U HAVE A DREAM THAT TOE DAY THUS NATUTO WULL RUSE UP AND LUVE OUT THE
000002 TRUE MEANuNG OF uTS CREED: "WE HOLD THESE TRUTHS TO BE SELF-EVuDENT,
000003    THAT ALL MEN ARE CREATED EQUAL."
****** ***************************** Bottom of Data ****************************
```

图 6-6 数据集 TE03. SPLIT. PO2 （MEM1） 截图

6.3.8　IEBCOPY

IEBCOPY 主要针对分区数据集 PDS（PDSE）进行拷贝操作、重命名等操作：

（1）拷贝整个 PDS 或 PDS 的部分成员到另一个新建的或已经存在的 PDS；

（2）对分区数据集或扩展分区数据集的成员进行更名。

调用 IEBCOPY 的基本格式如下：

//作业步名	EXEC　PGM＝IEBCOPY	调用IEBCOPY
//SYSPRINT	DD…	系统输出数据集
//SYSUT1	DD …	输入数据集
//SYSUT2	DD　…	输出数据集
//SYSUT3	DD　…	溢出数据集
//SYSUT4	DD　…	溢出数据集
//SYSIN	DD　＊	＊ 或DATA 或DUMMY
……		IEBCOPY 的控制语句

这里，实用程序 IEBCOPY 对 SYSUT1 DD 语句定义的输入数据集进行操作，操作的结果存放至 SYSUT2 DD 语句定义的输出数据集。如果不需要书写 IEBCOPY 的控制语句，SYSIN DD 语句的位置参数书写 DUMMY，或者直接省略 SYSIN DD 语句不写。SYSPRINT DD 指定了系统输出数据集，一个通常的写法是：//SYSPRINT DD SYSOUT＝＊。SYSUT3 DD 语句和 SYSUT4 DD 定义溢出数据集，可以省略。

IEBCOPY 的控制语句主要包括 COPY、SELECT 和 EXCLUDE。

1. COPY

对分区数据集 PDS（PDSE）及其成员进行拷贝操作。COPY 语句的操作数有如下 3 个：

● OUTDD＝DD 名。指定拷贝输出数据集，由命名为 DD 名的 DD 语句的 DSN 参数指定，该数据集可以是新建的数据集，也可以是系统中已存在的旧数据集，并且必须是分区数据集 PDS 或扩展的分区数据集（PDSE）。

● INDD＝（（DD 名 或（DD 名，R）），…），用于指定拷贝源头。如果操作数中出现多组（DD 名 或（DD 名，R））表示拷贝源有多个，这些拷贝源将按照书写的先后顺序进行拷贝，各拷贝源也必须是 PDS（PDSE）。拷贝源数据集由命名为 DD 名的 DD 语句的 DSN 参数指定；R 子参数表示，如果拷贝输出数据集与拷贝源存在同名的成员，那么拷贝输出数据集的成员将被替换（REPLACE），若不设置 R，那么系统默认不会覆盖替换掉同名的成员。

● LIST＝YES 或 NO。其中，LIST＝YES 表示将拷贝的成员名列在 SYSPRINT 数据集里，反之，LIST＝NO。

（2）SELECT

指定需要拷贝的 PDS（PDSE）的成员，它的操作数如下：

● MEMBER＝（（成员名或（成员名，新成员名）或（成员名，新成员名，R））…）。

从拷贝源数据集中选取成员进行拷贝，新成员名是指可以对这个拷贝的成员名更名；R 子参数表示，如果拷贝的成员名或更名后的成员名在拷贝输出数据集中已存在，那么成员将不会被拷贝，反之，则不用设置 R 参数。（成员名 或（成员名，新成员名）或（成员名，新成员名，R））可以有多组，表示有多个 MEMBER 需要进行拷贝。需要注意的是，如果需要子参数 R，而不特别设置新成员名，那么这一组参数要写成（成员名,,R），用"逗号"将新成员这个子参数的位置留出来。

3. EXCLUDE

指定不需要拷贝的 PDS（PDSE）的成员，它的操作数：

- MEMBER=（成员名 1,成员名 2,…），指定这些成员将不会被拷贝。

【例 31】//TE03H   JOB   NOTIFY=&SYSUID,MSGLEVEL=（1,1），

  //   CLASS=A,MSGCLASS=A

  //STEP1   EXEC   PGM=IEBCOPY

  //SYSPRINT DD   SYSOUT=*

  //SYSUT1   DD   DSN=TE03. PO1,DISP=SHR

  //SYSUT2   DD   DSN=TE03. PO2,DISP=（NEW,CATLG,DELETE），

  //   VOL=SER=USER01,UNIT=3390，

  //   SPACE=（TRK,（1,1,6）），LRECL=80,RECFM=FB，

  //   BLKSIZE=800

  //SYSIN   DD   DUMMY

例 31 通过实用程序 IEBCOPY 将 SYSUTI DD 语句指定的分区数据集 TE03. PO1 所有的成员全部拷贝至 SYSUT2 DD 语句新建的分区数据集 TE03. PO2。拷贝完成后，两个数据集的内容相同，成员列表相同，如图 6-7 所示。

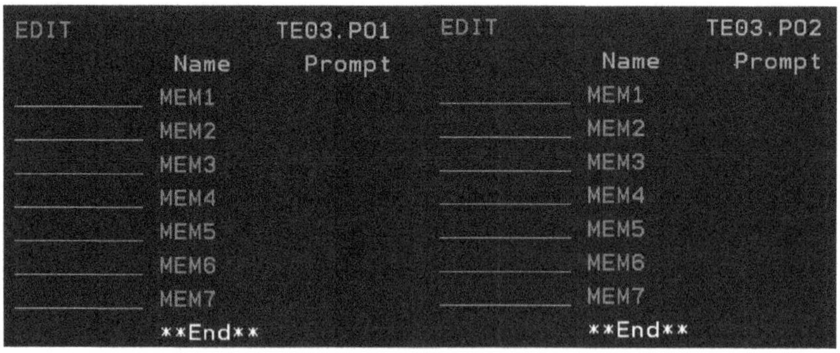

图 6-7 数据集 TE03. PO1/TE03. PO2 成员列表截图

【例 32】//TE03G   JOB   NOTIFY=&SYSUID,MSGLEVEL=（1,1），

  //   CLASS=A,MSGCLASS=A

  //STEP1   EXEC   PGM=IEBCOPY

  //SYSPRINT DD   SYSOUT=*

  //SYSUT1   DD   DSN=TE03. PO1,DISP=SHR

```
// SYSUT2     DD      DSN=TE03.PO2,DISP=SHR
// SYSIN      DD      DUMMY
```

例32与例31一样，试图将TE03.PO1所有的成员拷贝至TE03.PO2。由于此时TE03.PO2已通过例31创建，里面的成员名和数量与TE03.PO1一样，而且例32也并未设置与REPLACE相关的控制语句及参数，作业提交后，即使返回0000，也不代表拷贝操作确实有执行。通过SDSF查看作业的运行状态，如图6-8所示，"NO MEMBERS COPIED FROM INPUT DATA SET REFERENCED BY SYSUT1"，表示并未拷贝任何一个成员。

图6-8　TE03G作业运行情况记录截图1

如果将TE03.PO2的MEM6和MEM7删除，再次执行例32的JCL，那么查看SDSF的执行结果，如图6-9所示，TE03.PO1的MEM1～MEM5由于和TE03.PO2重名，将不被拷贝（NOT COPIED FROM INPUT DATA SET BECAUSE REPLACE WAS NOT SPECIFIED），只有MEM6和MEM7被拷贝至TE03.PO2（HAS BEEN SUCCESSFULLY COPIED）。

图6-9　TE03G作业运行情况记录截图2

【例33】
```
// TE03I      JOB     NOTIFY=&SYSUID,MSGLEVEL=(1,1),
//     CLASS=A,MSGCLASS=A
// STEP1      EXEC    PGM=IEBCOPY
```

```
//SYSPRINT DD      SYSOUT = *
//SYSUT1   DD      DSN = TE03. PO1 , DISP = SHR
//SYSUT2   DD      DSN = TE03. PO2 , DISP = SHR
//SYSIN    DD      *
COPY   OUTDD = SYSUT2 , INDD = ( ( SYSUT1 , R ) )
```

例 33 书写控制语句 COPY，输出数据集为 SYSUT2 DD 的 DSN 所指定的 TE03. PO2；拷贝源为 SYSUT1 DD 语句指定的 TE03. PO1；子参数 R 表示 REPLACE。作业提交后，通过 SDSF 查看结果，如图 6 - 10 所示，尽管 TE03. PO2 存在与 TE03. PO1 完全同名的成员 MEM1 ～ MEM7，但由于设置了 R 参数，TE03. PO1 所有的成员都拷贝过来并覆盖 TE03. PO2 原有的 MEM1 ～ MEM7。

```
IEB1135I IEBCOPY  FMID HDZ1D10  SERVICE LEVEL UA67459  DATED 20121210 DFSMS 01.1
IEB1035I TE03I     STEP1    11:49:08 THU 23 OCT 2014 PARM=''
 COPY   OUTDD=SYSUT2,INDD=((SYSUT1,R))                                 00070002
IEB1013I COPYING FROM PDS   INDD=SYSUT1   VOL=USER01 DSN=TE03.PO1
IEB1014I        TO PDS  OUTDD=SYSUT2   VOL=USER01 DSN=TE03.PO2
IEB167I FOLLOWING MEMBER(S) COPIED FROM INPUT DATA SET REFERENCED BY SYSUT1
IEB154I MEM1    HAS BEEN SUCCESSFULLY COPIED
IEB154I MEM2    HAS BEEN SUCCESSFULLY COPIED
IEB154I MEM3    HAS BEEN SUCCESSFULLY COPIED
IEB154I MEM4    HAS BEEN SUCCESSFULLY COPIED
IEB154I MEM5    HAS BEEN SUCCESSFULLY COPIED
IEB154I MEM6    HAS BEEN SUCCESSFULLY COPIED
IEB154I MEM7    HAS BEEN SUCCESSFULLY COPIED
IEB1098I 7 OF 7 MEMBERS COPIED FROM INPUT DATA SET REFERENCED BY SYSUT1
IEB144I THERE ARE 0 UNUSED TRACKS IN OUTPUT DATA SET REFERENCED BY SYSUT2
IEB149I THERE ARE 4 UNUSED DIRECTORY BLOCKS IN OUTPUT DIRECTORY
```

图 6 - 10　TE03I 作业运行情况记录截图

【例 34】
```
//TE03J    JOB      NOTIFY = &SYSUID , MSGLEVEL = ( 1 , 1 ) ,
//   CLASS = A , MSGCLASS = A
//STEP1    EXEC     PGM = IEBCOPY
//SYSPRINT DD      SYSOUT = *
//DD1      DD      DSN = TE03. PO1 , DISP = SHR
//DD2      DD      DSN = TE03. PO3 , DISP = SHR
//SYSUT2   DD      DSN = TE03. PO2 , DISP = SHR
//SYSIN    DD      *
COPY   OUTDD = SYSUT2 , INDD = ( DD2 , ( DD1 , R ) )
```

例 34 的 COPY 控制语句中，操作数 INDD 包含两条 DD 语句的名字，表示拷贝源数据集有 2 个。首先拷贝 DD2 DD 语句 DSN 参数指定的数据集 TE03. PO3，随后再拷贝 DD1 DD 语句指定的数据集 TE03. PO1。子参数 R 只在拷贝 TE03. PO1 的成员时起效用。这里，假设已知 TE03. PO3 数据集中有 2 个成员，分别命名为 MEM2 和 MEM9。那么作业提交后，执行情况如图 6 - 11 所示。由于 TE03. PO2 已存在成员 MEM2，那么 TE03. PO3 的 MEM2 不被拷贝，只拷贝其另一个成员 MEM9。随后，由于对 TE03. PO1 设置了 R，那么其 MEM1 ～ MEM7 的成员都会拷贝至 TE03. PO2。

```
IEB1035I TE03J     STEP1    14:00:43 THU 23 OCT 2014 PARM=''
  COPY   OUTDD=SYSUT2,INDD=(DD2,(DD1,R))                          00070000
IEB1013I COPYING FROM PDS     INDD=DD2      VOL=USER01 DSN=TE03.PO3
IEB1014I           TO PDS   OUTDD=SYSUT2   VOL=USER01 DSN=TE03.PO2
IEB167I FOLLOWING MEMBER(S) COPIED FROM INPUT DATA SET REFERENCED BY DD2
IEB1067I MEM2    NOT COPIED FROM INPUT DATA SET BECAUSE REPLACE WAS NOT SPECIFI
IEB154I MEM9    HAS BEEN SUCCESSFULLY COPIED
IEB1098I 1 OF 2 MEMBERS COPIED FROM INPUT DATA SET REFERENCED BY DD2
IEB1013I COPYING FROM PDS     INDD=DD1      VOL=USER01 DSN=TE03.PO1
IEB1014I           TO PDS   OUTDD=SYSUT2   VOL=USER01 DSN=TE03.PO2
IEB167I FOLLOWING MEMBER(S) COPIED FROM INPUT DATA SET REFERENCED BY DD1
IEB154I MEM1    HAS BEEN SUCCESSFULLY COPIED
IEB154I MEM2    HAS BEEN SUCCESSFULLY COPIED
IEB154I MEM3    HAS BEEN SUCCESSFULLY COPIED
IEB154I MEM4    HAS BEEN SUCCESSFULLY COPIED
IEB154I MEM5    HAS BEEN SUCCESSFULLY COPIED
IEB154I MEM6    HAS BEEN SUCCESSFULLY COPIED
IEB154I MEM7    HAS BEEN SUCCESSFULLY COPIED
```

图 6 – 11　TE03J 作业运行情况记录截图

【例35】//TE03K　　　 JOB　　　 NOTIFY=&SYSUID,MSGLEVEL=(1,1)
　　　　//STEP1　　　 EXEC　　 PGM=IEBCOPY
　　　　//SYSPRINT　 DD　　　 SYSOUT=∗
　　　　//DD1　　　　 DD　　　 DSN=TE03. PO1,DISP=SHR
　　　　//DD2　　　　 DD　　　 DSN=TE03. PO3,DISP=SHR
　　　　//COPOUT　　 DD　　　 DSN=TE03. PO4,DISP=(NEW,CATLG),
　　　　//　　　 UNIT=3390,SPACE=(TRK,(1,1,2)),RECFM=FB,
　　　　//　　　 LRECL=80,VOL=SER=USER01
　　　　//SYSIN　　　 DD　　　 ∗
　　　　COPY　 OUTDD=COPOUT,INDD=(DD1,DD2)
　　　　SELECT　 MEMBER=(MEM1,(MEM2,NEWMEM2,R),MEM9)

例 35 应用 SELECT 控制语句选择成员 MEM1、MEM2 和 MEM9 进行拷贝，（MEM2，NEWMEM2，R）表示即使拷贝输出数据集 TE03. PO4 已存在成员 MEM2，它也会被拷贝源的 MEM2 所覆盖，并且拷贝过来的 MEM2 重命名为 NEWMEM2。作业提交后，执行情况如图 6 - 12 所示。首先从拷贝源 TE03. PO1 拷贝，根据 SELECT 的选择条件，只有 MEM1 和 MEM2 存在于 TE03. PO1 中，因此 MEM1 和 MEM2 拷贝至新建的拷贝输出数据集 TE03. PO4，并且 MEM2 更名为 NEWMEM2（HAS BEEN SUCCESSFULLY COPIED AND IS A NEW NAME）；随后，从拷贝源 TE03. PO3 拷贝（这里假设 TE03. PO3 存在成员 MEM2 和 MEM9），由于 SELECT 控制语句选择拷贝的成员 MEM1 和 MEM2 在拷贝源 TE03. PO1 已检索到，因此，此次拷贝过程只在 TE03. PO3 里搜索是否存在成员 MEM9，然后进行拷贝，可见，TE03. PO1 的 MEM9 最终也被拷贝至 TE03. PO4 中。

```
                                    IEBCOPY MESSAGES AND CONTROL STATEMENTS
IEB1135I IEBCOPY  FMID HDZ1D10  SERVICE LEVEL UA67459  DATED 20121210 DFSMS 01.1
IEB1035I TE03K     STEP1    14:22:49 THU 23 OCT 2014 PARM=''
 COPY   OUTDD=COPOUT,INDD=(DD1,DD2)                                    00080000
 SELECT  MEMBER=(MEM1,(MEM2,NEWMEM2,R),MEM9)                           00090000
IEB1013I COPYING FROM PDS   INDD=DD1     VOL=USER01 DSN=TE03.PO1
IEB1014I           TO PDS  OUTDD=COPOUT  VOL=USER01 DSN=TE03.PO4
IEB167I FOLLOWING MEMBER(S) COPIED FROM INPUT DATA SET REFERENCED BY DD1
IEB154I MEM1    HAS BEEN SUCCESSFULLY COPIED
IEB155I NEWMEM2  HAS BEEN SUCCESSFULLY COPIED AND IS A NEW NAME
IEB1098I 2 OF 3 MEMBERS COPIED FROM INPUT DATA SET REFERENCED BY DD1
IEB1013I COPYING FROM PDS   INDD=DD2     VOL=USER01 DSN=TE03.PO3
IEB1014I           TO PDS  OUTDD=COPOUT  VOL=USER01 DSN=TE03.PO4
IEB167I FOLLOWING MEMBER(S) COPIED FROM INPUT DATA SET REFERENCED BY DD2
IEB154I MEM9    HAS BEEN SUCCESSFULLY COPIED
IEB1098I 1 OF 3 MEMBERS COPIED FROM INPUT DATA SET REFERENCED BY DD2
IEB144I THERE ARE 0 UNUSED TRACKS IN OUTPUT DATA SET REFERENCED BY COPOUT
```

图 6 – 12　TE03K 作业运行情况记录截图

【例 36】//TE03L　　　JOB　　　NOTIFY=&SYSUID,MSGLEVEL=(1,1)

　　　　//STEP1　　　EXEC　　PGM=IEBCOPY

　　　　//SYSPRINT　　DD　　　SYSOUT=*

　　　　//DD1　　　　DD　　　DSN=TE03.PO1,DISP=SHR

　　　　//DD2　　　　DD　　　DSN=TE03.PO3,DISP=SHR

　　　　//COPOUT　　DD　　　DSN=TE03.PO5,DISP=(NEW,CATLG),

　　　　//　　UNIT=3390,SPACE=(TRK,(1,1,2)),RECFM=FB,

　　　　//　　LRECL=80,VOL=SER=USER01

　　　　//SYSIN　　　DD　　　*

　　　　COPY　OUTDD=COPOUT,INDD=(DD2,DD1)

　　　　SELECT　MEMBER=(MEM1,(MEM2,NEWMEM2,R),MEM9)

例 36 与例 35 的区别主要在于调换了 INDD 参数拷贝源的顺序。通过查看作业的执行情况（见图 6 – 13）可知，首先根据 SELECT 选择条件在 TE03.PO3 搜索到成员 MEM9 和 MEM2，并对它们进行拷贝，MEM2 更名为 NEWMEM2；随后在 TE03.PO1 搜索成员 MEM1 并进行拷贝。通过例 35 和例 36，可以了解到即使拷贝源相同（都是从 TE03.PO1 和 TE03.PO3 进行拷贝），在 INDD 参数书写的顺序不同，可能会产生不同的拷贝结果，因此在书写这个顺序时，要特别谨慎。

```
IEB1135I IEBCOPY  FMID HDZ1D10  SERVICE LEVEL UA67459  DATED 20121210 DFSMS 01.1
IEB1035I TE03L      STEP1    14:46:10 THU 23 OCT 2014 PARM=''
 COPY   OUTDD=COPOUT,INDD=(DD2,DD1)                              00100000
 SELECT  MEMBER=(MEM1,(MEM2,NEWMEM2,R),MEM9)                     00110000
IEB1013I COPYING FROM PDS   INDD=DD2      VOL=USER01 DSN=TE03.PO3
IEB1014I            TO PDS  OUTDD=COPOUT  VOL=USER01 DSN=TE03.PO5
IEB167I FOLLOWING MEMBER(S) COPIED FROM INPUT DATA SET REFERENCED BY DD2
IEB154I MEM9    HAS BEEN SUCCESSFULLY COPIED
IEB155I NEWMEM2 HAS BEEN SUCCESSFULLY COPIED AND IS A NEW NAME
IEB1098I 2 OF 3 MEMBERS COPIED FROM INPUT DATA SET REFERENCED BY DD2
IEB1013I COPYING FROM PDS   INDD=DD1      VOL=USER01 DSN=TE03.PO1
IEB1014I            TO PDS  OUTDD=COPOUT  VOL=USER01 DSN=TE03.PO5
IEB167I FOLLOWING MEMBER(S) COPIED FROM INPUT DATA SET REFERENCED BY DD1
IEB154I MEM1    HAS BEEN SUCCESSFULLY COPIED
```

图 6-13　TE03L 作业运行情况记录截图

```
【例 37】 //TE03M      JOB     NOTIFY=&SYSUID,MSGLEVEL=(1,1)
        //STEP1      EXEC    PGM=IEBCOPY
        //SYSPRINT   DD      SYSOUT=*
        //DD1        DD      DSN=TE03.PO1,DISP=SHR
        //DD2        DD      DSN=TE03.PO3,DISP=SHR
        //COPOUT     DD      DSN=TE03.PO6,DISP=(NEW,CATLG),
        //           UNIT=3390,SPACE=(TRK,(1,1,2)),RECFM=FB,
        //           LRECL=80,VOL=SER=USER01
        //SYSIN      DD      *
          COPY      OUTDD=COPOUT,INDD=(DD1,DD2)
          EXCLUDE   MEMBER=(MEM1,MEM2,MEM9)
```

例 37 使用 EXCLUDE 控制语句，把成员 ME1、MEM2 和 MEM9 排除在拷贝之外。作业的执行情况如图 6-14 所示，先从 TE03.PO1 拷贝，把其中的 MEM1 和 MEM2 排除在外，因此只有 MEM3 ～ MEM7 被拷贝过来，随后从 TE03.PO3 拷贝，由于其中已包含 MEM2 和 MEM9 成员，因此不再进行拷贝（NO MEMBERS COPIED FROM INPUT DATA SET REFERENCED BY DD2）。

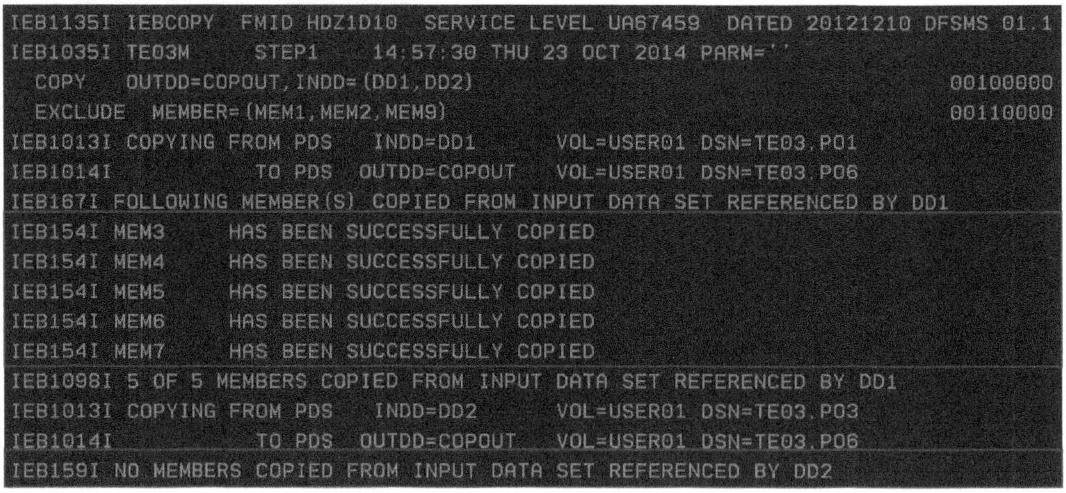

```
IEB1135I IEBCOPY  FMID HDZ1D10  SERVICE LEVEL UA67459  DATED 20121210 DFSMS 01.1
IEB1035I TE03M     STEP1    14:57:30 THU 23 OCT 2014 PARM=''
 COPY   OUTDD=COPOUT,INDD=(DD1,DD2)                                   00100000
 EXCLUDE  MEMBER=(MEM1,MEM2,MEM9)                                     00110000
IEB1013I COPYING FROM PDS    INDD=DD1     VOL=USER01 DSN=TE03.P01
IEB1014I           TO PDS  OUTDD=COPOUT   VOL=USER01 DSN=TE03.P06
IEB167I FOLLOWING MEMBER(S) COPIED FROM INPUT DATA SET REFERENCED BY DD1
IEB154I MEM3    HAS BEEN SUCCESSFULLY COPIED
IEB154I MEM4    HAS BEEN SUCCESSFULLY COPIED
IEB154I MEM5    HAS BEEN SUCCESSFULLY COPIED
IEB154I MEM6    HAS BEEN SUCCESSFULLY COPIED
IEB154I MEM7    HAS BEEN SUCCESSFULLY COPIED
IEB1098I 5 OF 5 MEMBERS COPIED FROM INPUT DATA SET REFERENCED BY DD1
IEB1013I COPYING FROM PDS    INDD=DD2     VOL=USER01 DSN=TE03.P03
IEB1014I           TO PDS  OUTDD=COPOUT   VOL=USER01 DSN=TE03.P06
IEB159I NO MEMBERS COPIED FROM INPUT DATA SET REFERENCED BY DD2
```

图 6 – 14　TE03M 作业运行情况记录截图

6.3.9　SORT

实用程序 SORT 实现对数据集内容进行排序。调用 SORT 的基本格式如下：

//作业步名	EXEC	PGM=SORT	调用 SORT
//SYSOUT	DD…		系统输出数据集
//SORTIN	DD	…	排序输入数据集
//SORTOUT	DD	…	排序输出数据集
//SYSIN	DD	*	* 或 DATA
……			SORT 的控制语句

这里，实用程序 SORT 对 SORTIN DD 语句定义的输入数据集内容进行操作，排序的结果存放至 SORTOUT DD 语句定义的输出数据集。SYSIN DD 语句必须书写。SORT 的控制语句主要包括 SORT 和 OUTFIL。

1. SORT

提供排序关键字控制信息，它的操作数有 FIELDS，书写格式为：SORT FIELDS =（起始列，长度，数据格式，A 或 D），其中数据格式可以是以下 5 种：

① CH：EBCDIC、0～9、A～Z、+、-、*。

② AC：ASCII。

③ BI：二进制数。

④ PD：压缩十进制数（235 +、123 -）。

⑤ ZD：十进制数（+235、-123）。

譬如，FIELDS =（2,4,CH,A），表示排序输入数据集中 2 列到 5 列（共 4 列）的内容为排序关键字，按字符（CH）顺序升序（A）排列。如果是降序排列，则把 A 改为 D。

(2) OUTFIL

用于指定输出数据集。它的操作数为 FNAMES，书写格式为：OUTFIL FNAMES = DD 名或者数据集名。

【例 38】
```
//TE03N     JOB     NOTIFY=&SYSUID,MSGLEVEL=(1,1)
//STEP1     EXEC    PGM=SORT
//SYSOUT    DD      SYSOUT=*
//SORTIN    DD      DSN=TE03.LAB1.DATA,DISP=SHR
//SORTOUT   DD      DSN=TE03.SORTOT1,DISP=(NEW,CATLG),
//             VOL=SER=USER01,RECFM=FB,LRECL=80,UNIT=3390,
//             SPACE=(TRK,(1,1))
//SYSIN     DD      *
SORT   FIELDS=(3,5,CH,D)
```

例 38 对图 6 - 3 所示的 TE03. LAB1. DATA 数据集内容进行排序，以第 3 列到第 7 列为排序关键字，按字符降序排序，排序结果放到新建的 TE03. SORTOT1 数据集中（见图 6 - 15）。

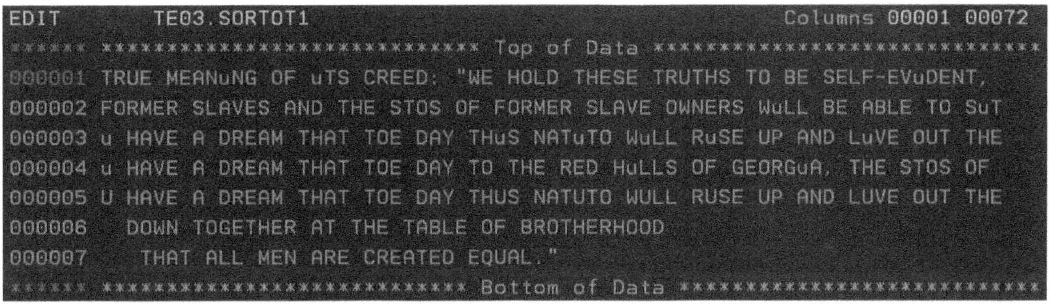
```
EDIT       TE03.SORTOT1                                  Columns 00001 00072
****** ***************************** Top of Data ******************************
000001 TRUE MEANuNG OF uTS CREED: "WE HOLD THESE TRUTHS TO BE SELF-EVuDENT,
000002 FORMER SLAVES AND THE STOS OF FORMER SLAVE OWNERS WuLL BE ABLE TO SuT
000003 u HAVE A DREAM THAT TOE DAY THuS NATuTO WuLL RuSE UP AND LuVE OUT THE
000004 u HAVE A DREAM THAT TOE DAY TO THE RED HuLLS OF GEORGuA, THE STOS OF
000005 U HAVE A DREAM THAT TOE DAY THUS NATUTO WULL RUSE UP AND LUVE OUT THE
000006   DOWN TOGETHER AT THE TABLE OF BROTHERHOOD
000007    THAT ALL MEN ARE CREATED EQUAL."
****** **************************** Bottom of Data ****************************
```

图 6 - 15　TE03. SORTOT1 数据集截图

通过 SDSF 查看本例 SYSOUT 产生的系统输出数据集内容（如下）。它记录了程序执行过程中数据集的存取信息、控制语句的执行信息等。

```
********************************* TOP OF DATA **********************************
ICE201I H RECORD TYPE IS F - DATA STARTS IN POSITION 1
ICE751I 0 C5-K76982 C6-K90026 C7-K94453 C8-K94453 E4-K58148 C9-BASE   E5-K80744
ICE143I 0 BLOCKSET     SORT  TECHNIQUE SELECTED
ICE250I 0 VISIT http://www.ibm.com/storage/dfsort FOR DFSORT PAPERS, EXAMPLES AN
ICE000I 1 - CONTROL STATEMENTS FOR 5694-A01, Z/OS DFSORT V1R12 - 15:52 ON THU OC
            SORT  FIELDS=(3, 5, CH, D)
ICE201I H RECORD TYPE IS F - DATA STARTS IN POSITION 1
ICE751I 0 C5-K76982 C6-K90026 C7-K94453 C8-K94453 E4-K58148 C9-BASE   E5-K80744
ICE193I 0 ICEAM1 INVOCATION ENVIRONMENT IN EFFECT - ICEAM1 ENVIRONMENT SELECTED
ICE088I 1 TE03N. STEP1.        , INPUT LRECL=80, BLKSIZE=800, TYPE=FB
```

```
ICE093I 0 MAIN STORAGE=(MAX, 6291456, 6291456)
ICE156I 0 MAIN STORAGE ABOVE 16MB=(6234096, 6234096)
ICE127I 0 OPTIONS: OVFLO=RC0, PAD=RC0, TRUNC=RC0, SPANINC=RC16, VLSCMP=N, SZERO
=Y,
ICE128I 0 OPTIONS: SIZE=6291456, MAXLIM=1048576, MINLIM=450560, EQUALS=N, LIST=Y,
ERE
ICE129I 0 OPTIONS: VIO=N, RESDNT=ALL, SMF=NO, WRKSEC=Y, OUTSEC=Y, VERIFY=N,
CHALT=
ICE130I 0 OPTIONS: RESALL=4096, RESINV=0, SVC=109, CHECK=Y, WRKREL=Y, OUTREL=Y,
CKPT=
ICE131I 0 OPTIONS: TMAXLIM=6291456, ARESALL=0, ARESINV=0, OVERRGN=65536, CINV=Y,
CFW=
ICE132I 0 OPTIONS: VLSHRT=N, ZDPRINT=Y, IEXIT=N, TEXIT=N, LISTX=N, EFS=NONE, EXITC
ICE133I 0 OPTIONS: HIPRMAX=OPTIMAL, DSPSIZE=MAX, ODMAXBF=0, SOLRF=Y, VLLONG=N,
VSAMI
ICE235I 0 OPTIONS: NULLOUT=RC0
ICE236I 0 OPTIONS: DYNAPCT=10, MOWRK=Y
ICE084I 0 EXCP ACCESS METHOD USED FOR SORTOUT
ICE084I 0 EXCP ACCESS METHOD USED FOR SORTIN
ICE750I 0 DC 800 TC 0 CS DSVVV KSZ 5 VSZ 5
ICE752I 0 FSZ=10 RC   IGN=0 E   AVG=80 0   WSP=1 C   DYN=0 0
ICE751I 1 DE – K83743 D5 – K91600 D9 – K61787 E8 – K94453
ICE090I 0 OUTPUT LRECL=80, BLKSIZE=27920, TYPE=FB   (SDB)
ICE080I 0 IN MAIN STORAGE SORT
ICE055I 0 INSERT 0, DELETE 0
ICE054I 0 RECORDS – IN: 7, OUT: 7
ICE134I 0 NUMBER OF BYTES SORTED: 560
ICE253I 0 RECORDS SORTED – PROCESSED: 7, EXPECTED: 10
ICE199I 0 MEMORY OBJECT USED AS MAIN STORAGE=0M BYTES
ICE299I 0 MEMORY OBJECT USED AS WORK STORAGE=0M BYTES
ICE180I 0 HIPERSPACE STORAGE USED=0K BYTES
ICE188I 0 DATA SPACE STORAGE USED=0K BYTES
ICE052I 0 END OF DFSORT
******************************** BOTTOM OF DATA ********************************
```

【例39】//TE03O   JOB   NOTIFY=&SYSUID, MSGLEVEL=(1,1)
　　　　//STEP1   EXEC   PGM=SORT
　　　　//SYSOUT   DD   SYSOUT=＊
　　　　//SORTIN   DD   DSN=TE03. LAB1. DATA, DISP=SHR

```
//SORTOUT   DD      SYSOUT=*
//SYSIN     DD      *
 SORT  FIELDS=(2,6,CH,A)
```

例 39 的排序输出 SORTOUT DD 语句书写 SYSOUT=*参数，表示将排序结果放入系统日志。作业提交后，去 SDSF 查看这个作业，有一个 SORTOUT DD 名生成（见图 6-16），它里面存放了排序的最终结果（见图 6-17）。

```
SDSF JOB DATA SET DISPLAY - JOB TE03O     (JOB05659)     DATA SET DISPLAYED
PREFIX=*  DEST=(ALL)  OWNER=TE03  SYSNAME=
NP   DDNAME    StepName ProcStep DSID Owner    C Dest              Rec-Cnt Page
     JESMSGLG  JES2              2    TE03     H LOCAL                  18
     JESJCL    JES2              3    TE03     H LOCAL                   7
     JESYSMSG  JES2              4    TE03     H LOCAL                  19
     SYSOUT    STEP1             102  TE03     H LOCAL                  37
 s_  SORTOUT   STEP1             103  TE03     H LOCAL                   7
```

图 6-16 SDSF 查看 TE03O 作业截图

```
****************************** TOP OF DATA ******************************
  THAT ALL MEN ARE CREATED EQUAL."                                  00000300
  DOWN TOGETHER AT THE TABLE OF BROTHERHOOD                         00000600
u HAVE A DREAM THAT TOE DAY TO THE RED HuLLS OF GEORGuA, THE STOS OF 00000400
U HAVE A DREAM THAT TOE DAY THUS NATuTO WuLL RuSE UP AND LUVE OUT THE 00000100
u HAVE A DREAM THAT TOE DAY THuS NATuTO WuLL RuSE UP AND LuVE OUT THE 00000800
FORMER SLAVES AND THE STOS OF FORMER SLAVE OWNERS WuLL BE ABLE TO SuT 00000500
TRUE MEANuNG OF uTS CREED: "WE HOLD THESE TRUTHS TO BE SELF-EVuDENT,  00000200
**************************** BOTTOM OF DATA ****************************
```

图 6-17 SORTOUT 截图

```
【例40】//TE03P    JOB     NOTIFY=&SYSUID,MSGLEVEL=(1,1)
       //STEP1    EXEC    PGM=SORT
       //SYSOUT   DD      SYSOUT=*
       //SORTIN   DD      DSN=TE03.LAB1.DATA,DISP=SHR
       //         DD      DSN=TE03.LAB2.DATA,DISP=SHR
       //SORTOUT  DD      SYSOUT=*
       //SYSIN    DD      *
        SORT  FIELDS=(1,4,CH,A)
```

这里，TE03.LAB2.DATA 的内容如图 6-18 所示。例 40 的排序输入数据集有两个，分别是 TE03.LAB1.DATA 和 TE03.LAB2.DATA，通过 SORT 程序将两个数据集中的内容融合（MERGE），并按照控制语句的要求进行排序，排序的结果如图 6-19 所示。有趣的是，如果两个字符之间存在多个空格，SORT 会把多个空格压缩成一个空格。譬如，在 TE03.LAB2.DATA 中第一行 SPRING 和 abc 相隔多个空格，排序后，SPRING 和 abc 之间只有一个空格。

```
EDIT         TE03.LAB2.DATA                          Columns 00001 00072
****** ********************************* Top of Data ********************************
000100 SPRING        abc
000200 SUMMER                def
000300 FALL                      ghi
000400 WINTER                        jkl
****** ********************************* Bottom of Data ******************************
```

图 6 – 18 TE03. LAB2. DATA 截图

```
********************************* TOP OF DATA *********************************
   THAT ALL MEN ARE CREATED EQUAL."                              00000300
   DOWN TOGETHER AT THE TABLE OF BROTHERHOOD                      00000600
u HAVE A DREAM THAT TOE DAY TO THE RED HuLLS OF GEORGuA, THE STOS OF  00000400
U HAVE A DREAM THAT TOE DAY THUS NATuTO WuLL RUSE UP AND LUVE OUT THE  00000100
u HAVE A DREAM THAT TOE DAY THuS NATuTO WuLL RuSE UP AND LuVE OUT THE  00000800
FALL ghi                                                        00000300
WINTER jkl                                                      00000400
FORMER SLAVES AND THE STOS OF FORMER SLAVE OWNERS WuLL BE ABLE TO SuT  00000500
SPRING abc                                                      00000100
TRUE MEANuNG OF uTS CREED: "WE HOLD THESE TRUTHS TO BE SELF-EVuDENT,  00000200
SUMMER def                                                      00000200
********************************* BOTTOM OF DATA *********************************
```

图 6 – 19 TE03P 作业排序结果截图

6.4 实用程序的检索

JCL 的 EXEC 语句可以告诉系统要执行哪一个程序，问题是系统该如何去定位或者检索这个程序？一般地，系统会设置一个默认的程序检索路径，不同系统定义的系统程序库和检索的优先级别都有可能不同，系统库的每一个成员都是一个实用程序。以我校（华南理工大学）系统为例，提供如图 6 – 20 所示共 4 个系统库，检索的优先顺序设置为：

VENDOR. LINKLIB→SVTSC. LINKLIB→LVL0. LINKLIB→SYS1. LINKLIB。

```
   LVL0.LINKLIB                                          VTLVL0
   SVTSC.LINKLIB                                         VTMVSG
   SYS1.LINKLIB                                          VIMVSB
   VENDOR.LINKLIB                                        VPMVSD
```

图 6 – 20 系统库列表截图

多数情况下，实用程序可能并未存放在 SYS1. LINKLIB 等系统程序库中，它们可能存放在用户自行定义的分区数据集（库）里，或者其他系统之前已经建好的分区数据集（库）中。那么，可以通过在作业中书写 JOBLIB DD 语句或 STEPLIB DD 语句来重新定义程序检索路径的优先级。

6.4.1 JOBLIB DD 语句

JOBLIB DD 语句用于创建一个新的分区数据集作为私有程序库，或者直接指定一个已存在的私有程序库，又或者为私有程序库添加新的成员。如果书写 JOBLIB DD 语句，查找程序的优先顺序将发生变化，系统会优先去 JOBLIB DD 语句定义的库中去检索需要调用的程序，如果找不到，才会去 SYS1. LINKLIB 系统库中继续检索。这里，对于私有程序库的定义是：通过 JOBLIB 或 STEPLIB DD 语句创建的分区数据集。JOBLIB DD 语句在 JOB 语句之后、第一条 EXEC 语句之间书写，其参数的使用和书写规范可以参照 5.2.5 节。

【例 41】//TE03Q   JOB   NOTIFY=&SYSUID,MSGLEVEL=(1,1)
         //JOBLIB   DD   DSNAME=TE03. PRIVLIB1,
         //   DISP=(NEW,CATLG),UNIT=3390,
         //   VOLUME=SER=USER01,SPACE=(CYL,(10,5,8))
         //STEP1   EXEC   PGM=IEFBR14
         //STEP2   EXEC   PGM=TE03CP

例 41 的 JOBLIB DD 语句创建一个新的私有程序库 TE03. PRIVLIB1，将它作为实用程序检索路径中最优先检索的库。该私有库以柱面为基本分配单位，首次分配 10 个柱面，如果不够用，系统将每次追加 5 个柱面，该库的目录空间为 8 个目录块大小，建立在 USER01 盘卷上并编目；作业步 STEP1 调用程序 IEFBR14，系统会先去 TE03. PRIVLIB1 检索，因为 TE03. PRIVLIB1 刚建立，还未添加任何成员，不可能存在 IEFBR14 程序，因此系统会继续去系统程序库中检索。在 VENDOR. LINKLIB 程序库检索，搜不到再去 SVTSC. LINKLIB 程序库检索，搜不到继续去 LVL0. LINKLIB 库检索，还是搜不到最后去 SYS1. LINKLIB 检索，如果仍然检索不到，系统将报错；作业步 STEP2 调用程序 TE03CP，其检索过程与 IEFBR14 类似。

【例 42】//TE03R   JOB   NOTIFY=&SYSUID,MSGLEVEL=(1,1)
         //JOBLIB   DD   DSNAME=TE03. PRIVLIB2,DISP=(OLD,PASS)
         //   DD   DSNAME=TE03. PRIVLIB3,DISP=(OLD,PASS)
         //STEP1   DD   PGM=ETTIE

例 42 的 JOBLIB DD 语句指定了两个私有程序库，分别是 TE03. PRIVLIB2 和 TE03. PRIVLIB3。作业步 STEP1 需要执行实用程序 ETTIE，系统将会按照如下顺序去检索 ETTIE：TE03. PRIVLIB2 → TE03. PRIVLIB3 → VENDOR. LINKLIB → SVTSC. LINKLIB → LVL0. LINKLIB→SYS1. LINKLIB。如果检索到 ETTIE，检索进程停止；否则，系统报错。

6.4.2 STEPLIB DD 语句

STEPLIB DD 语句的作用和 JOBLIB DD 语句类似，也可用于创建一个新的分区数据集作为私有程序库，或者直接指定一个已存在的私有程序库，又或者为私有程序库添加新的成员。它们的区别在于作用范围不同，JOBLIB DD 语句的作用范围辐射整篇作业，而 STEPLIB DD 语句的作用范围仅限于当前的作业步。如果某个作业步内书写了 STEPLIB DD 语句，那么这个作业步所调用的实用程序的检索路径将以 STEPLIB DD 语句指定的私有程序库优先，之后去系统程序库中检索，JOBLIB DD 语句将被忽略。STEPLIB DD 语句可以存在于各个作业步内，并在 EXEC 语句之后书写。

【例 43】
```
//TE03S      JOB       NOTIFY=&SYSUID,MSGLEVEL=(1,1)
//JOBLIB     DD        DSNAME=TE03.PRIVLIB4,DISP=(OLD,CATLG)
//STEP1      EXEC      PGM=SLING
//STEPLIB    DD        DSNAME=TE03.PRIVLIB5,DISP=(OLD,CATLG)
//STEP2      EXEC      PGM=TE03AP
//STEPLIB    DD        DSNAME=TE03.PRIVLIB6,DISP=(OLD,CATLG)
```

例 43 作业 TE03S 包含两个作业步，各自包含了一条 STEPLIB DD 语句。检索实用程序 SLING 的路径从 TE03.PRIVLIB4 开始，随后去系统程序库检索，JOBLIB DD 语句被忽略，不起作用。类似地，检索实用程序 TE03AP 先从 TE03.PRIVLIB6 检索，之后去系统程序库检索。

【例 44】
```
//TE03T      JOB       NOTIFY=&SYSUID,MSGLEVEL=(1,1)
//JOBLIB     DD        DSNAME=TE03.PRIVLIB4,DISP=(OLD,CATLG)
//          DD        DSNAME=PRI.LIB1,DISP=(OLD,CATLG)
//STEP1      EXEC      PGM=SLING
//STEPLIB    DD        DSNAME=TE03.PRIVLIB5,DISP=(OLD,CATLG)
//          DD        DSNAME=TE03.PRIVLIB6,DISP=(OLD,CATLG)
//STEP2      EXEC      PGM=ADDC
```

例 44 在作业步 STEP1 调用实用程序 SLING，系统对其的检索路径从 TE03.PRIVLIB5 ->TE03.PRIVLIB6 ->系统程序库，在这个检索路径中，一旦检索到 SLING，检索进程停止；否则，系统报错。作业步 STEP2 调用实用程序 ADDC，由于并未设置 STEPLIB DD 语句，它的检索路径为：TE03.PRIVLIB4→PRI.LIB1→系统程序库。

【例 45】
```
//TE03U      JOB       NOTIFY=&SYSUID,MSGLEVEL=(1,1)
//JOBLIB     DD        DSNAME=PRI.LIB1,DISP=(OLD,CATLG)
//STEP1      EXEC      PGM=SLING
//STEPLIB    DD        DSNAME=TE03.PRIVLIB8,
//                    DISP=(NEW,CATLG),UNIT=3390,
//          VOLUME=SER=USER01,SPACE=(CYL,(6,5,4))
```

例 45 的作业步 STEP1 调用实用程序 SLING，其中 STEPLIB DD 语句创建了一个新的私有程序库 TE03.PRIVLIB8。检索 SLING 仍然从 TE03.PRIVLIB8 开始，之后去系统库检索。

6.5 一篇实用程序案例

这·节我们通过一个使用 IEBGENER 程序的案例来进一步讲述 IEBGENER 控制参数

的书写以及 SDSF 的使用。

6.5.1 顺序数据集转化成分区数据集

案例：已知 TE03. LAB3. DATA 顺序数据集内容如图 6 – 21 所示，要求调用实用程序 IEBGENER 将 这 个 顺 序 数 据 集 转 化 成 分 区 数 据 集 TE03. LAB2. PO1，并 且 对 TE03. LAB3. DATA 数据集的内容进行分割，前 3 行内容保存在数据集 TE03. LAB3. PO1 成员 FANCY 中，中间的 3 行内容保存在成员 VOICE 中，剩余的内容保存在成员 DROWSY 中。

```
EDIT        TE03.LAB3.DATA                    Columns 00001 00072
****** *************************** Top of Data ***********************
000100 MY FANCIES ARE FIREFLIES,
000200 SPECKS OF LIVING LIGHT
000300    TWINKLING IN THE DARK
000400      THE VOICE OF WAYSIDE PANSIES,
000500      THAT DO NOT ATTRACT THE CARELESS GLANCE ,
000600      MURMURS IN THESE DESULTORY LINES.
000700 IN THE DROWSY DARK CAVES OF THE MIND
000800 DREAMS BUILD THEIR NEST WITH FRAGMENTS
000900 DROPPED FROM DAY'S CARAVAN
****** *************************** Bottom of Data ********************
```

图 6 – 21 TE03. LAB3. DATA 数据集

操作步骤：书写实验要求的 JCL（如下）。

```
//TE03X      JOB       NOTIFY=&SYSUID,MSGLEVEL=(1,1),CLASS=A,
//    MSGCLASS=A
//STEP1      EXEC      PGM=IEBGENER
//SYSPRINT DD        SYSOUT=*
//SYSUT1     DD        DSN=TE03. LAB3. DATA,DISP=SHR
//SYSUT2     DD        DSN=TE03. LAB3. PO1,DISP=(NEW,CATLG,DELETE),
//    VOL=SER=USER01,UNIT=3390,
//    SPACE=(TRK,(1,1,1)),LRECL=80,RECFM=FB,BLKSIZE=800
//SYSIN      DD        *
  GENERATE    MAXNAME=3,MAXGPS=2
    MEMBER    NAME=FANCY
    RECORD    IDENT=(5,'TWINK',4)
    MEMBER    NAME=VOICE
    RECORD    IDENT=(2,'IN',15)
    MEMBER    NAME=DROWSY
```

以 上 JCL 程 序，GENERATE 控 制 语 句 指 定 MAXNAME = 3，表 示 最 多 可 以 为 TE03. LAB3. PO1 生成 3 个成员，成员的名字由 MEMBER 控制语句的 NAME 操作数定义；第 1 个分隔条件 RECORD IDENT=(5,'TWINK',4)，表示从数据集 TE03. LAB3. DATA 第

1 行开始查找，直到找到第 4～8 列为 TWINK 的那一行为止，即第 3 行，把第 1～3 行的内容存入成员 FANCY；第 2 个分隔条件 RECORD IDENT＝(2,'IN',15)，表示接下来从第 4 行开始查找，直到找到第 15、16 列为 IN 的那一行为止，即第 6 行，把第 4～6 行的内容存入成员 VOICE；MEMBER NAME＝DROWSY 语句之后，并未书写 RECORD IDENT 分割语句，表示将 TE03. LAB3. DATA 剩余的内容全部存入成员 DROWSY。

提交 TE03X 作业执行，预期得到的 NOTIFY 的返回码为 0000，如果有错，则进入 SDSF 查错。如图 6－22～图 6－25 所示，TE03. LAB3. PO1 数据集已经建立好，其中生成了 3 个成员，FANCY 成员存入 TE03. LAB3. DATA 数据集前 3 行内容，VOICE 成员存入第 4～6 行内容，DROWSY 成员存入最后 3 行内容。

```
EDIT                TE03.LAB3.PO1                        Row 00001 of 00003
          Name      Prompt      Size   Created          Changed        ID
          DROWSY
          FANCY
          VOICE
        **End**
```

图 6－22　TE03. LAB3. PO1 数据集

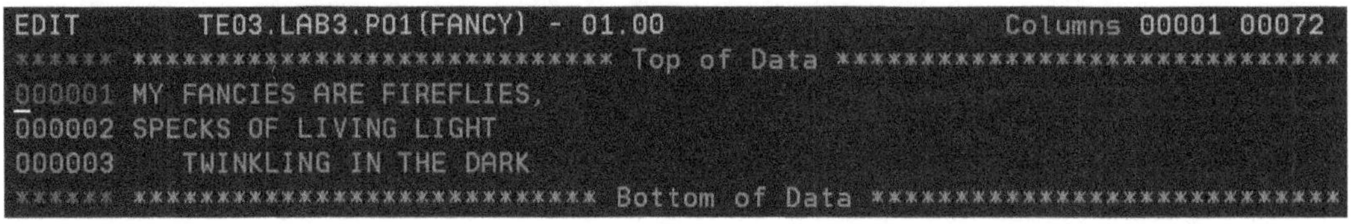

```
EDIT        TE03.LAB3.PO1(FANCY) - 01.00              Columns 00001 00072
************************************ Top of Data ******************************
000001 MY FANCIES ARE FIREFLIES,
000002 SPECKS OF LIVING LIGHT
000003    TWINKLING IN THE DARK
*********************************** Bottom of Data ***************************
```

图 6－23　FANCY 成员

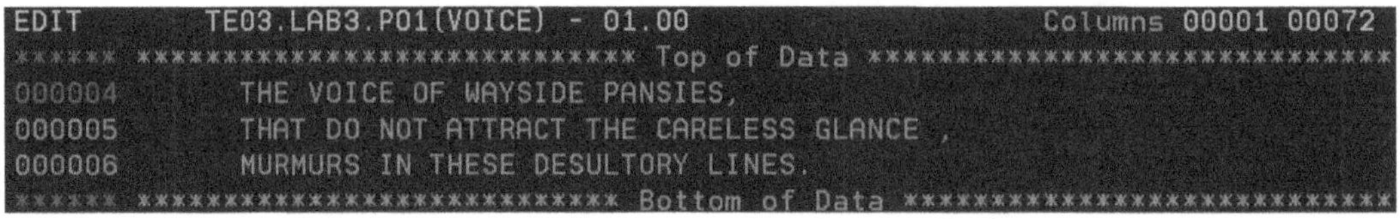

```
EDIT        TE03.LAB3.PO1(VOICE) - 01.00              Columns 00001 00072
************************************ Top of Data ******************************
000004    THE VOICE OF WAYSIDE PANSIES,
000005    THAT DO NOT ATTRACT THE CARELESS GLANCE ,
000006    MURMURS IN THESE DESULTORY LINES.
*********************************** Bottom of Data ***************************
```

图 6－24　VOICE 成员

```
EDIT        TE03.LAB3.PO1(DROWSY) - 01.00             Columns 00001 00072
************************************ Top of Data ******************************
000007 IN THE DROWSY DARK CAVES OF THE MIND
000008 DREAMS BUILD THEIR NEST WITH FRAGMENTS
000009 DROPPED FROM DAY'S CARAVAN
*********************************** Bottom of Data ***************************
```

图 6－25　DROWSY 成员

6.5.2　SDSF 查看作业

可以通过 SDSF 详细查看 TE03X 作业的执行情况。首先，找到刚提交的作业，譬如 JES 为其分配的作业号为 JOB01500，用问号命令进入（见图 6－26）。

```
SDSF STATUS DISPLAY ALL CLASSES                    LINE 1-2 (2)
PREFIX=* DEST=(ALL)  OWNER=TE03  SYSNAME=
NP    JOBNAME   JobID    Owner    Prty Queue      C  Pos  SAff  ASys Status
      TE03      TSU00912 TE03       15 EXECUTION              SOW1  SOW1
?_    TE03X     JOB01500 TE03        1 PRINT       A  1728
```

图 6-26 问号命令查看 TE03X 作业执行情况

用 S 命令进一步查看 JESYSMSG 和 SYSPRINT（见图 6-27）。

```
SDSF JOB DATA SET DISPLAY - JOB TE03X    (JOB01500)    LINE 1-4 (4)
PREFIX=* DEST=(ALL)  OWNER=TE03  SYSNAME=
NP   DDNAME  StepName ProcStep DSID Owner   C Dest          Rec-Cnt Page
     JESMSGLG JES2              2 TE03    A LOCAL              18
     JESJCL   JES2              3 TE03    A LOCAL               9
     JESYSMSG JES2              4 TE03    A LOCAL              20
     SYSPRINT STEP1           102 TE03    A LOCAL               9
```

图 6-27 用 S 命令查看 JESYSMSG 及 SYSPRINT

（1）JESYSMSG：（如下）第 9 行"IEF285I TE03. LAB3. DATA KEPT"记录数据集 TE03. LAB3. DATA 在作业执行中以及执行后都保持原有状态。第 12、13 行的"IEF285I TE03. LAB3. PO1 CATALOGED"和"IEF285I VOL SER NOS=USER01."记录在 USER01 盘卷上创建新的数据集 TE03. LAB3. PO1，并编目。

```
******************************* TOP OF DATA *******************************
ICH70001I TE03      LAST ACCESS AT 16: 00: 30 ON MONDAY, OCTOBER 27, 2014
IEF236I ALLOC. FOR TE03X STEP1
IEF237I JES2 ALLOCATED TO SYSPRINT
IEF237I 8620 ALLOCATED TO SYSUT1
IGD100I 8620 ALLOCATED TO DDNAME SYSUT2   DATACLAS (        )
IEF237I JES2 ALLOCATED TO SYSIN
IEF142I TE03X STEP1 - STEP WAS EXECUTED - COND CODE 0000
IEF285I   TE03. TE03X. JOB01500. D0000102. ?           SYSOUT
IEF285I   TE03. LAB3. DATA                             KEPT
IEF285I   VOL SER NOS=USER01.
IEF285I   TE03. LAB3. PO1                              CATALOGED
IEF285I   VOL SER NOS=USER01.
IEF285I   TE03. TE03X. JOB01500. D0000101. ?           SYSIN
IEF373I STEP/STEP1  /START 2014300. 1612
IEF032I STEP/STEP1  /STOP  2014300. 1612
        CPU:    0 HR  00 MIN  00. 00 SEC    SRB:    0 HR  00 MIN  00. 00 SEC
        VIRT:  140K SYS:  256K EXT:      0K SYS:   11248K
IEF375I  JOB/TE03X  /START 2014300. 1612
IEF033I  JOB/TE03X  /STOP  2014300. 1612
        CPU:    0 HR  00 MIN  00. 00 SEC    SRB:    0 HR  00 MIN  00. 00 SEC
***************************** BOTTOM OF DATA *****************************
```

（2）SYSPRINT 记录了控制语句的执行情况。如果控制语句出错，它会在相应出错的控制语句下记录错误信息，一般来说，最后一行为“PROCESSING ENDED AT EOD”，表示控制语句执行正常。

```
********************************* TOP OF DATA ***********************************
DATA SET UTILITY  -  GENERATE
  GENERATE  MAXNAME=3, MAXGPS=2                                          00090000
MEMBER   NAME=FANCY                                                      00100010
RECORD   IDENT=(5,'TWINK', 4)                                            00110010
MEMBER   NAME=VOICE                                                      00120010
RECORD   IDENT=(2,'IN', 15)                                              00130010
MEMBER   NAME=DROWSY                                                     00140010
PROCESSING ENDED AT EOD
********************************* BOTTOM OF DATA ********************************
```

6.5.3 控制语句错误分析

如果控制语句出错，通常 NOTIFY 消息的返回码为 MAXCC=0012。建议去 SDSF 查看 SYSPRINT，因为它记录了控制语句的执行情况。接下来，举 3 个 SYSPRINT 记录控制语句出错的例子，通过这些错误展示，期望读者能够掌握通过 SYSPRINT 识别控制语句相关的错误。

【错误示例 1】如图 6－28 所示，错误提示“INVALID KEYWORD IN COL. 14”紧跟 RECORD ISENT=(5,'TWINK', 4) 语句，表示在这条语句出错，并且是第 14 列，仔细看可以发现 IDENT 错写成了 ISENT。

```
******************************** TOP OF DATA **********************************
DATA SET UTILITY - GENERATE
  GENERATE    MAXNAME=3,MAXGPS=2                                       00090000
     MEMBER   NAME=FANCY                                               00100010
     RECORD   ISENT=(5,'TWINK',4)                                      00110011
IEB337I        INVALID KEYWORD IN COL. 14
******************************** BOTTOM OF DATA *******************************
```

图 6－28　控制语句错误分析示例 1 图

【错误示例 2】如图 6－29 所示，错误提示为“INVALID SPACE ALLOCATION”，表

```
******************************** TOP OF DATA **********************************
DATA SET UTILITY - GENERATE
  GENERATE    MAXNAME=2,MAXGPS=2                                       00090012
     MEMBER   NAME=FANCY                                               00100010
     RECORD   IDENT=(5,'TWINK',4)                                      00110012
     MEMBER   NAME=VOICE                                               00120010
     RECORD   IDENT=(2,'IN',15)                                        00130010
     MEMBER   NAME=DROWSY                                              00140010
IEB342I INVALID SPACE ALLOCATION
******************************** BOTTOM OF DATA *******************************
```

图 6－29　控制语句错误分析示例 2 图

示无效的空间分配，这是由于 MAXNAME 操作数设置为 2，意味着最多可以建立的成员为两个，而在本例中通过 MEMBER 语句试图创建 3 个成员，因此报错。

【错误示例 3】如图 6 – 30 所示，错误提示紧跟 RECORD IDENT=(4,'IN',15)，提示为"IEB349I INCONSISTENT PARAMETERS IN FIELD, IDENT, OR IDENTG"，显然是 IDENT 参数出了问题，仔细看，可发现匹配字符串 IN 为 2 个字符，而在第 1 个子参数上标识的长度为 4 个字符，因而引起参数不一致的问题。

```
*********************** TOP OF DATA ***********************
DATA SET UTILITY - GENERATE
  GENERATE    MAXNAME=3,MAXGPS=2                               00090013
    MEMBER    NAME=FANCY                                       00100010
    RECORD    IDENT=(5,'TWINK',4)                              00110012
    MEMBER    NAME=VOICE                                       00120010
    RECORD    IDENT=(4,'IN',15)                                00130014
IEB349I INCONSISTENT PARAMETERS IN FIELD, IDENT, OR IDENTG
    MEMBER    NAME=DROWSY                                      00140014
********************** BOTTOM OF DATA **********************
```

图 6 – 30　控制语句错误分析示例 3 图

第7章 过 程

过程是一段预先编写好的 JCL 语句的集合,可被反复调用。过程分为两种:流内过程和编目过程。流内过程被放在作业的输入流内进行调用,编目过程则独立出来,以过程库成员的形式存在。在实际应用时,流内过程只用于测试阶段,一旦流内过程调试成功,即可对其进行编目,使其成为编目过程,方便更多用户调用。

本章主要介绍流内过程、编目过程、过程的修改以及过程的检索,最后以一篇过程案例来讲解过程的书写、调用以及使用 SDSF 进行出错调试。

7.1 流内过程

流内过程在 JCL 作业内部定义,以 PROC 语句开始、PEND 语句结束。流内过程不能被其他作业调用,只能被自己所在的作业调用,一般一个作业最多可以包含 15 个流内过程。流内过程在整个作业中的位置是位于 JOB 语句之后、调用它的作业步 EXEC 语句之前,每个流内过程定义中可以包含多个过程步,过程步的含义类似于作业步,同样是使用 EXEC 语句来指定需要调用的程序。流内过程的开始和结束分别用 PROC 语句和 PEND 语句标识,其一般书写格式如下:

```
//过程名        PROC    [符号参数]
//过程步名 1     EXEC
//DD 名         DD
     …
     …
//过程步名 N     EXEC
//DD 名         DD
     …
     …
//              PEND
```

这里,过程名、过程步名及 DD 名的命名与 JCL 中其他语句名的书写规则一样;过程步 EXEC 语句以及过程步中 DD 语句的参数使用规则与 JCL 作业步的 EXEC 语句和 DD 语句基本一致;符号参数的功能则与其他编程语言子程序中的形式参数类似。需要注意的是,z/OS V1.12 及之前版本,无论是流内过程还是编目过程,其内部不可以包含如下语句:

(1) EXEC 语句使用 PROC 参数或省略 PROC 参数调用过程(过程不可嵌套过程)。

(2) JOB 语句。

（3）JOBLIB DD 语句。

（4）/∗ 语句或 // 空语句。

（5）控制语句。

（6）DD ∗ 语句或 DD DATA 语句。

而对于 z/OS V1.13 及以上版本，流内过程和编目过程已经支持（4）（5）和（6）。

【例1】//TE031　　　JOB　　NOTIFY=&SYSUID

　　　　//RMF　　　　PROC

　　　　//IEFPROC　　EXEC PGM=ERBMFMFC，REGION=128M，TIME=1440，

　　　　//　　　　　　PARM=''

　　　　//　　　　　　PEND

　　　　//STEP1　　　EXEC　　RMF

例1的 RMF 是一个流内过程，TE031 作业包含两条 EXEC 语句。其中，位于 RMF 流内过程中的 EXEC 语句称为过程步，名字为 IEFPROC，它调用 ERBMFMFC 程序；作业步 STEP1 的 EXEC 语句调用过程 RMF。最后这条语句也可改写成：//STEP1　　　EXEC PROC=RMF。

【例2】//TE032　　　JOB　　　NOTIFY=&SYSUID

　　　　//INIT　　　　PROC

　　　　//IEFPROC　　EXEC　　PGM=IEFIIC

　　　　//IEFINDMY　　DD　　　DUMMY

　　　　//　　　　　　PEND

　　　　//STEP1　　　EXEC　　PROC=INIT

例2的 TE032 作业中定义流内过程 INIT，该过程包含一条 IEFINDMY DD 语句。随后，STEP1 调用这个过程。

7.2　编目过程

编目过程不同于流内过程，独立出作业而单独存在，它作为成员编目在指定的过程库中。过程库可以是系统过程库，或者是用户自行定义的私有库，无论是哪种类型的过程库，其类型都属于分区数据集或扩展的分区数据集。由于调用编目过程时，系统提供的是该过程的拷贝，因此一个编目过程可以同时被多个作业调用。

编目过程不可以书写 PEND 语句，而且如果不需要给符号参数分配默认值，PROC 语句也是可选的，其一般书写格式如下：

//PROC 名　　　　PROC　　符号参数

//过程步名1　　　EXEC

//DD 名　　　　　DD

　　　…

　　　…

```
//过程步名 N        EXEC
//DD 名            DD
         …
         …

或者
//过程步名 1        EXEC
//DD 名            DD
         …
         …
//过程步名 N        EXEC
//DD 名            DD
         …
         …
```

需要注意的是，编目过程名以过程库中成员名为准，一般也会把 PROC 名定义成与成员名相同的名字，但不强制这样书写，用户也可以自行定义 PROC 名。

当 7.1 节的例 1 和例 2 的流内过程测试完毕，可以将它们编目，使之成为编目过程，方便其他用户调用。

【例 3】将 RMF 和 INIT 分别编目至系统过程库 SYS1. PROCLIB。

SYS1. PROCLIB(RMF)内容如下：

```
//RMF            PROC
//IEFPROC        EXEC       PGM=ERBMFMFC,REGION=128M,TIME=1440,
//     PARM="
```

SYS1. PROCLIB(INIT)内容如下：

```
//INIT           PROC
//IEFPROC        EXEC       PGM=IEFIIC
//IEFINDMY       DD         DUMMY
```

TE033 作业调用这两个编目过程：

```
//TE033          JOB        NOTIFY=&SYSUID
//STEP1          EXEC       RMF
//STEP3          EXEC       PROC=INIT
```

7.3 过程的修改

由于用户的需求不同，所以当使用一个作业调用过程时，系统应允许用户对过程进行修改，以满足自己的需要。过程修改的方式有如下三种：

- 追加 DD 语句。
- 对过程中的 EXEC 及 DD 语句参数进行覆盖、追加或置空。
- 替换过程中的符号参数。

这些修改适用于流内过程和编目过程。当然，在修改之前必须清楚了解过程内部的细节，包括过程步的名字、过程步中 DD 语句的名字等。

7.3.1　追加 DD 语句

第一种修改方法是为调用的过程追加 DD 语句，这种方法在 z/OS V1.12 及之前版本十分常见，由于它们规定过程中不可以包含非 JCL 的语句，以及 DD ＊、DD　DATA 等语句，导致程序的书写严格受限。例如，预期将如下作业步作为流内过程置放在一篇 JCL 中。

```
//PROSTEP1    EXEC    PGM=IEBGENER
//SYSPRINT    DD      SYSOUT=＊
//SYSUT1 DD   ＊
Hello,everyone！
//SYSUT2      DD      DSN=TE03.COPY,DISP=(,CATLG),VOL=SER=USER01,
//      SPACE=(TRK,1),RECFM=FB,LRECL=80,BLKSIZE=800
//SYSIN       DD      DUMMY
```

由于该程序片段存在非 JCL 的语句，直接作为过程放入 JCL 是不可行的，处理这个问题的常规方法就是在调用过程时追加 DD 语句。追加 DD 语句的书写格式如下：

//作业步名　EXEC　过程名（或 PROC=过程名）

//过程步名.DD 名　DD　参数

表达的含义是：为调用的过程中的某个过程步追加一条 DD 语句。回到上面的例子，正确的写法参考如下：

```
//TE03PG     JOB     CLASS=B,NOTIFY=&SYSUID
//PROC1      PROC
//PROSTEP1   EXEC    PGM=IEBGENER
//SYSPRINT   DD      SYSOUT=＊
//SYSUT2     DD      DSN=TE03.COPY,DISP=(,CATLG),VOL=SER=USER01,
//   SPACE=(TRK,1),RECFM=FB,LRECL=80,BLKSIZE=800
//SYSIN      DD      DUMMY
//           PEND
//STEP1      EXEC    PROC1
//PROSTEP1.SYSUT1    DD      ＊
Hello,everyone！
```

通过追加 DD 语句，将不符合规定的语句加入到 PROSTEP1 过程步中去。需要注意的是，如果使用的是 z/OS V1.13 及以上版本，则不受限制，可以将 PROSTEP1 直接置于流内过程：

```
//TE03PG1    JOB     CLASS=B,NOTIFY=&SYSUID
```

```
//PROC1        PROC
//PROSTEP1     EXEC    PGM=IEBGENER
//SYSPRINT     DD      SYSOUT=*
//SYSUT1       DD       *
Hello,everyone!
//SYSUT2       DD      DSN=TE03.COPY,DISP=(,CATLG),VOL=SER=USER01,
//    SPACE=(TRK,1),RECFM=FB,LRECL=80,BLKSIZE=800,UNIT=3390
//SYSIN        DD      DUMMY
//             PEND
//STEP1        EXEC    PROC1
```

7.3.2　参数修改

可以根据需要，对过程中的 EXEC 语句以及 DD 语句的参数进行修改，参数修改的方式分为覆盖、追加和置空三类。如果需要修改过程内 EXEC 语句的参数，其基本的书写格式如下：

　　//作业步名　EXEC　过程名（或 PROC=过程名），参数名．过程步名=参数值

例如，根据需求，把 PROC2 流内过程中 PROCSTEP1 过程步的参数进行修改：修改 TIME 参数的值为 30 秒、ACCT 的值为空、ADDRSPC 的值为 VIRT。正确的书写方法如下：

```
//TE03PG2      JOB      CLASS=B,NOTIFY=&SYSUID
//PROC2        PROC
//PROSTEP1     EXEC    PGM=IEBGENER,TIME=(,15),ACCT=222
//SYSPRINT     DD      SYSOUT=*
//SYSUT1       DD       *
Hello,everyone!
//SYSUT2       DD      DSN=TE03.COPY1,DISP=(,CATLG),VOL=SER=USER01,
//    SPACE=(TRK,1),RECFM=FB,LRECL=80,BLKSIZE=800,UNIT=3390
//SYSIN        DD      DUMMY
//             PEND
//STEP1        EXEC    PROC2,TIME.PROSTEP1=(,30),ACCT.PROSTEP1=,
//    ADDRSPC.PROSTEP1=VIRT
```

这里，在 STEP1 作业步调用 PROC2 流内过程，TIME.PROSTEP1=（,30）将覆盖原本流内过程的 TIME=（,15）参数；ACCT.PROSTEP1=，将 ACCT 参数置空；ADDRSPC.PROSTEP1=VIRT 为 PROSTEP1 增加了一个 ADDRSPC=VIRT 参数。

类似地，如果需要修改的是 DD 语句的参数，其基本的书写格式如下：

　　//作业步名　EXEC　过程名（或 PROC=过程名）

　　//过程步名．DD 名　DD　参数区

例如：要求把 PROC3 编目过程中 PROCSTEP1 过程步的 SYSUT2 DD 语句的参数进行

修改，修改 DSN 的值为 TE03. COPY2、BLKSIZE 的值为空、DSORG＝PS，与此同时，修改
SYSPRINT DD 语句的参数为 SYSOUT＝A。这里，已知 PROC3 编目过程的内容如下：

```
//PROC3       PROC
//PROSTEP1    EXEC     PGM＝IEBGENER
//SYSPRINT    DD       SYSOUT＝*
//SYSUT1      DD          *
Hello,everyone!
//SYSUT2      DD       DSN＝TE03. COPY1,DISP＝( ,CATLG),VOL＝SER＝USER01,
//   SPACE＝(TRK,1),RECFM＝FB,LRECL＝80,BLKSIZE＝800,UNIT＝3390
//SYSIN       DD       DUMMY
```

根据需求，书写正确的 JCL 调用这个过程：

```
//TE03PG3     JOB       CLASS＝B,NOTIFY＝&SYSUID
//STEP1       EXEC     PROC3
//PROSTEP1. SYSUT2    DD      DSN＝TE03. COPY2,BLKSIZE＝,DSORG＝PS
//PROSTEP1. SYSPRINT  DD      SYSOUT＝A
```

作业提交后，原本编目过程中的 SYSUT2 DD 语句 DSN 参数 TE03. COPY2 覆盖
TE03. COPY1，BLKSIZE 参数置空，追加 DSORG＝PS 参数。最终 IEBGENER 拷贝的结果
存放在 TE03. COPY2 数据集中，如图 7 –1 所示。

图 7 –1　数据集 TE03. COPY2 图

7.3.3　符号参数

使用符号参数的目的在于更方便地根据需要修改过程中的各种参数。符号参数的符号
指的是"&"符号，& 后紧跟参数的名字，参数名可以是 1～8 位的字母或数字构成的有
效字符。

譬如，//DD1 DD VOL＝SER＝&V，&V 就是一个符号参数，在作业执行过程中，实际
参数会替换符号参数。例如：

```
//TE03PG4    JOB      CLASS＝A,NOTIFY＝&SYSUID
//PROC4      PROC
//PROSTEP1 EXEC    PGM＝&A
//DD1        DD      DSN＝TE03. COPY4,DISP＝( ,&B),VOL＝SER＝&C,
//   SPACE＝(&D,(&E&F)),RECFM＝FB,LRECL＝80,BLKSIZE＝800,UNIT＝3390
//            PEND
```

```
//STEP1      EXEC   PROC4,A=IEFBR14,B=CATLG,
//     C=USER01,D=TRK,E='1,',F='1,2'
```

作业 TE03PG4 提交后，符号参数 &A 被 IEFBR14 替换，&B 被 CATLG 参数替换，&C 被 USER01 替换，&D、&E&F 替换后为（TRK,(1,1,2)），因此最终调用的流内过程 PROC4 如下：

```
//PROC4       PROC
//PROSTEP1    EXEC   PGM=IEFBR14
//DD1         DD     DSN=TE03.COPY4,DISP=(,CATLG),VOL=SER=USER01,
//   SPACE=(TRK,(1,1,2)),RECFM=FB,LRECL=80,BLKSIZE=800,UNIT=3390
//            PEND
```

7.4　过程的检索

过程的调用有如下两种方式：

　　//作业步名　EXEC　PROC=过程名　［符号参数］

或

　　//作业步名　EXEC　过程名　　　［符号参数］

可见在作业步里需要指明调用哪个过程，那么作业提交之后，系统该如何去检索这个过程呢？一般来说，系统会以输入流、用户过程库、系统过程库的顺序来检索所要调用的过程。

输入流指的是流内过程，流内过程可以看作是一篇 JCL 中的输入流。因此，如果所调用的过程是流内过程，则必须把流内过程写在调用它的 EXEC 语句之前。

用户过程库在作业的 JCLLIB 语句中定义，如果作业中并未书写 JCLLIB 语句，那么系统将直接去系统过程库检索。无论是系统过程库还是用户过程库，它们都是分区数据集或者扩展的分区数据集，不可以是顺序数据集。

系统过程库中的每一个成员都是被编目好的编目过程，不同系统定义的系统过程库有所不同。以我校系统为例，如图 7-2 所示，JES2 定义了 4 个系统过程库，分别是 VENDOR.PROCLIB、SVTSC.PROCLIB、LVL0.PROCLIB 以及 SYS1.PROCLIB，并确定了它们的检索顺序。根据需要，也可以将其他的过程库连接到 JES2 定义中去，那么这些过程库将变换成系统过程库，或者也可以将其他过程库中的成员拷贝到系统过程库中（注意：不能重名），使之成为系统库中的编目过程。

图 7-3 展示了各个系统过程库的重要成员，譬如 CICSTS41、CICSTS42 是与 CICS 相关的过程；过程 DBAGDMT、DBAGMSTR、DBAGDBM1 等与 DB2 V10 相关；DB9GADMT、DB9GMSTR、DB9GDBM1 等与 DB2 V9 相关；DBPROCAG、DBPROC9G 与 SPFPROCE 都是与 TSO 登录相关的过程。

如果需要调用的过程被编目在用户过程库中，系统可以通过书写 JCLLIB 语句来指明这个用户过程库，从而在作业执行过程调用时，系统会从 JCLLIB 语句所确定的用户过程

```
LVL0. PROCLIB(JES2)
************************** Top of Data **************************
//JES2      PROC VERSION=20, MEMBER=JES2420A, OPTION='U',
//              HASPARM=LVL0PARM, VENDMEM=ALL
//*
//IEFPROC EXEC PGM=HASJES&VERSION, TIME=1440, DPRTY=(15, 15),
//              PARM=(&OPTION)
//* PROC00 IS THE JES2 DEFAULT PROCLIB CONCATENATION
//PROC00    DD   DSN=VENDOR. PROCLIB, DISP=SHR
//          DD   DSN=SVTSC. PROCLIB, DISP=SHR
//          DD   DSN=LVL0. PROCLIB, DISP=SHR
//          DD   DSN=SYS1. PROCLIB, DISP=SHR
```

该系统连接的过程库
（查找优先顺序：从上→下）

图 7 - 2　系统连接的过程库图

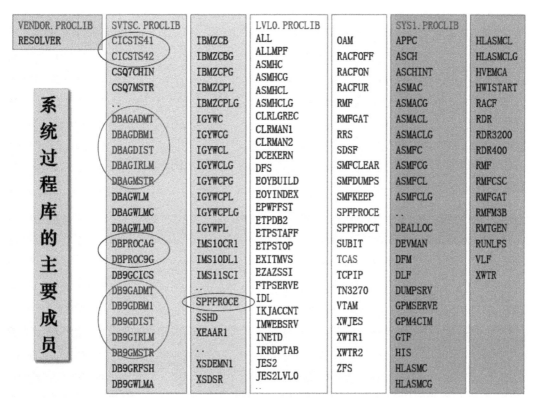

图 7 - 3　系统过程库的重要成员

库中进行检索。JCLLIB 语句紧跟 JOB 语句书写，基本的格式如下：

　　// 作业名　　JOB　　　　参数区

　　//JCLLIB 名　JCLLIB　　ORDER=用户过程库名

　　【例】已知系统中存在一个用户过程库 TE03. PROCLIB，包含编目过程 PROCTEST，其内容如图 7-4 所示。要求书写一篇 JCL，通过两个过程步分别调用流内过程 PROC5 以及编目过程 PROCTEST。

```
EDIT       TE03.PROCLIB(PROCTEST) - 01.00        Columns 00001 00072
****** *********************** Top of Data ***********************
000100 //MYPROC  PROC
000200 //MYSORT     EXEC PGM=SORT
000300 //SORTIN     DD  DSN=&SORTDSN,DISP=SHR
000400 //SORTOUT    DD  DSN=TE03.SORT.PS2,DISP=SHR
000500 //SYSOUT     DD  SYSOUT=*
****** ********************** Bottom of Data **********************
```

图 7-4   编目过程 TE03. PROCLIB （PROCTEST）

```
//TE03PG5      JOB      CLASS=A,NOTIFY=&SYSUID
//LIB1         JCLLIB   ORDER=TE03. PROCLIB
//PROC5        PROC
//PROSTEP1     EXEC     PGM=IEFBR14
//DD1          DD       DSN=TE03. COPY5,DISP=( ,CATLG),VOL=SER=USER01,
//    SPACE=(TRK,(1,1)),RECFM=FB,LRECL=80,BLKSIZE=800,UNIT=3390
//             PEND
//STEP1        EXEC     PROC5
//STEP2        EXEC     PROCTEST,SORTDSN=TE03. LAB3. DATA
//SYSIN        DD       *
             SORT FIELDS=(1,3,CH,D)
```

以上书写的 TE03PG5 作业提交后，得到如图 7-5 所示的 NOTIFY 返回消息，JES 为其分配的作业号为 JOB09130。

```
16.13.12 JOB09130 $HASP165 TE03PG5  ENDED AT SVSCJES2  MAXCC=0000 CN(INTERNAL)
***
```

图 7-5   TE03PG5 作业 NOTIFY 返回消息

进入 SDSF，查看 TE03PG5 作业的执行情况 （如图 7-6）。首先查看 JESJCL。

```
SDSF JOB DATA SET DISPLAY - JOB TE03PG5  (JOB09130)      LINE 1-4 (4)
PREFIX=*  DEST=(ALL)  OWNER=TE03  SYSNAME=
NP   DDNAME   StepName ProcStep DSID Owner   C Dest            Rec-Cnt Page
     JESMSGLG JES2               2 TE03    H LOCAL              19
5_   JESJCL   JES2               3 TE03    H LOCAL              21
     JESYSMSG JES2               4 TE03    H LOCAL              32
     SYSOUT   STEP2    MYSORT  102 TE03    H LOCAL              37
```

图 7-6   用 S 命令查看 JESJCL

其内容如下，针对 TE03PG5 作业 （源程序） 进行分行标识。5～7 行：所调用的流内过程 PROC5 展开后嵌入到源程序中；9～13 行：所调用的编目过程 PROCTEST 展开后嵌入到源程序中。需要注意的是，如果展开的是流内过程，各条流内过程的语句将以"＋＋"打头标识，而如果展开的是编目过程，各条编目过程的语句将以"XX"打头标识，这两种标识主要是用于和源程序自身的 JCL 语句（流内过程除外）作区分；11 行之后的"IEFC653I SUBSTITUTION JCL－DSN=TE03. LAB3. DATA,DISP=SHR"描述将 &SORTDSN 符号参数替换为 TE03. LAB3. DATA。

```
********************************* TOP OF DATA *********************************
   1 //TE03PG5   JOB     CLASS=A, NOTIFY=&SYSUID
     IEFC653I SUBSTITUTION JCL － CLASS=A, NOTIFY=TE03
   2 //LIB1      JCLLIB   ORDER=TE03. PROCLIB
   3 //PROC5       PROC
     //PROSTEP1 EXEC   PGM=IEFBR14
     //DD1     DD     DSN=TE03. COPY5, DISP=(, CATLG), VOL=SER=USER01,
     //   SPACE=(TRK, (1, 1)), RECFM=FB, LRECL=80, BLKSIZE=800, UNIT=3390
     //          PEND
   4 //STEP1      EXEC  PROC5
   5 ＋＋PROC5        PROC
   6 ＋＋PROSTEP1 EXEC  PGM=IEFBR14
   7 ＋＋DD1      DD     DSN=TE03. COPY5, DISP=(, CATLG), VOL=SER=USER01,
     ＋＋   SPACE=(TRK, (1, 1)), RECFM=FB, LRECL=80, BLKSIZE=800, UNIT=3390
   8 //STEP2       EXEC  PROCTEST, SORTDSN=TE03. LAB3. DATA
   9 XXMYPROC PROC
  10 XXMYSORT  EXEC PGM=SORT
  11 XXSORTIN  DD DSN=&SORTDSN, DISP=SHR
     IEFC653I SUBSTITUTION JCL － DSN=TE03. LAB3. DATA, DISP=SHR
  12 XXSORTOUT  DD DSN=TE03. SORT. PS2, DISP=SHR
  13 XXSYSOUT   DD SYSOUT= *
  14 //SYSIN       DD     *
***************************** BOTTOM OF DATA *****************************
```

随后查看 JES2 的 JESYSMSG（见图 7 - 7）。

```
SDSF JOB DATA SET DISPLAY - JOB TE03PG5  (JOB09130)     DATA SET DISPLAYED
PREFIX=* DEST=(ALL) OWNER=TE03 SYSNAME=
NP   DDNAME   StepName ProcStep DSID Owner   C Dest               Rec-Cnt Page
     JESMSGLG JES2               2 TE03      H LOCAL                    19
     JESJCL   JES2               3 TE03      H LOCAL                    21
  s  JESYSMSG JES2               4 TE03      H LOCAL                    32
     SYSOUT   STEP2    MYSORT   102 TE03      H LOCAL                    37
```

图 7 - 7　用 S 命令查看 JESYSMSG

其内容如下。其中，"4 IEFC001I PROCEDURE PROC5 WAS EXPANDED USING INSTREAM PROCEDURE DEFINITION"描述过程 PROC5 直接从源 JCL 程序中所定义的流

内过程检索到；"8 IEFC001I PROCEDURE PROCTEST WAS EXPANDED USING PRIVATE LIBRARY TE03. PROCLIB" 描述过程 PROCTEST 在 TE03. PROCLIB 检索到；"PROSTEP1 STEP1 – STEP WAS EXECUTED – COND CODE 0000" 描述作业步 STEP1 及其调用的过程中的 PROSTEP1 过程步正常结束，返回码为 0000；"MYSORT STEP2 – STEP WAS EXECUTED – COND CODE 0000" 描述作业步 STEP2 及其调用的过程中的 MYSORT 过程步正常结束，返回码为 0000。

```
******************************* TOP OF DATA *********************************
STMT NO. MESSAGE
       4 IEFC001I PROCEDURE PROC5 WAS EXPANDED USING INSTREAM PROCEDURE DEFINITION
       8 IEFC001I PROCEDURE PROCTEST WAS EXPANDED USING PRIVATE LIBRARY TE03. PROCLIB
ICH70001I TE03      LAST ACCESS AT 16：03：23 ON TUESDAY, NOVEMBER 4, 2014
IEF236I ALLOC. FOR TE03PG5 PROSTEP1 STEP1
IGD100I 8620 ALLOCATED TO DDNAME DD1          DATACLAS (        )
IEF142I TE03PG5 PROSTEP1 STEP1 – STEP WAS EXECUTED – COND CODE 0000
IEF285I   TE03. COPY5                                    CATALOGED
IEF285I   VOL SER NOS=USER01.
IEF373I STEP/PROSTEP1/START 2014308. 1613
IEF032I STEP/PROSTEP1/STOP  2014308. 1613
        CPU:    0 HR  00 MIN  00. 00 SEC    SRB:    0 HR  00 MIN  00. 00 SEC
        VIRT:    4K SYS:   228K EXT:       0K SYS:      11160K
IEF236I ALLOC. FOR TE03PG5 MYSORT STEP2
IEF237I 8620 ALLOCATED TO SORTIN
IEF237I 8620 ALLOCATED TO SORTOUT
IEF237I JES2 ALLOCATED TO SYSOUT
IEF237I JES2 ALLOCATED TO SYSIN
IEF142I TE03PG5 MYSORT STEP2 – STEP WAS EXECUTED – COND CODE 0000
IEF285I   TE03. LAB3. DATA                     KEPT
IEF285I   VOL SER NOS=USER01.
IEF285I   TE03. SORT. PS2                      KEPT
IEF285I   VOL SER NOS=USER01.
IEF285I   TE03. TE03PG5. JOB09130. D0000102. ?      SYSOUT
IEF285I   TE03. TE03PG5. JOB09130. D0000101. ?      SYSIN
IEF373I STEP/MYSORT  /START 2014308. 1613
IEF032I STEP/MYSORT  /STOP  2014308. 1613
        CPU:    0 HR  00 MIN  00. 00 SEC    SRB:    0 HR  00 MIN  00. 00 SEC
        VIRT: 1068K SYS:   240K EXT:    6156K SYS:      11272K
IEF375I  JOB/TE03PG5 /START 2014308. 1613
IEF033I  JOB/TE03PG5 /STOP  2014308. 1613
        CPU:    0 HR  00 MIN  00. 00 SEC    SRB:    0 HR  00 MIN  00. 00 SEC
****************************** BOTTOM OF DATA *****************************
```

最后，查看作业步 STEP2 的 SYSOUT（见图 7 – 8）。

```
SDSF JOB DATA SET DISPLAY - JOB TE03PG5  (JOB09130)      DATA SET DISPLAYED
PREFIX=*  DEST=(ALL)  OWNER=TE03 SYSNAME=
NP   DDNAME   StepName ProcStep DSID Owner   C Dest              Rec-Cnt Page
     JESMSGLG JES2              2 TE03   H LOCAL             19
     JESJCL   JES2              3 TE03   H LOCAL             21
     JESYSMSG JES2              4 TE03   H LOCAL             32
  s  SYSOUT   STEP2    MYSORT 102 TE03   H LOCAL             37
```

图 7 - 8　用 S 命令查看 SYSOUT

其内容如下，记录了调用 DFSORT（SORT）实用程序进行排序的整个操作过程。其中"ICE000I 1 - CONTROL STATEMENTS FOR 5694 - A01，Z/OS DFSORT V1R12 - 16：13 ON TUE NOSORT FIELDS=(1,3,CH,D)"描述使用程序 DFSORT V1.2 版本进行排序，排序规则参照(1,3,CH,D)。

```
***************************** TOP OF DATA *****************************
ICE201I H RECORD TYPE IS F - DATA STARTS IN POSITION 1
ICE751I 0 C5 - K76982 C6 - K90026 C7 - K94453 C8 - K94453 E4 - K58148 C9 - BASE  E5 - K80744
ICE143I 0 BLOCKSET    SORT  TECHNIQUE SELECTED
ICE250I 0 VISIT http：//www.ibm.com/storage/dfsort FOR DFSORT PAPERS, EXAMPLES AN
ICE000I 1 - CONTROL STATEMENTS FOR 5694 - A01, Z/OS DFSORT V1R12 - 16：13 ON TUE NO
              SORT FIELDS=(1, 3, CH, D)
ICE201I H RECORD TYPE IS F - DATA STARTS IN POSITION 1
ICE751I 0 C5 - K76982 C6 - K90026 C7 - K94453 C8 - K94453 E4 - K58148 C9 - BASE  E5 - K80744
ICE193I 0 ICEAM1 INVOCATION ENVIRONMENT IN EFFECT - ICEAM1 ENVIRONMENT SELECTED
ICE088I 1 TE03PG5.STEP2.MYSORT, INPUT LRECL=80, BLKSIZE=800, TYPE=FB
ICE093I 0 MAIN STORAGE=(MAX, 6291456, 6291456)
ICE156I 0 MAIN STORAGE ABOVE 16MB=(6234096, 6234096)
ICE127I 0 OPTIONS：OVFLO=RC0, PAD=RC0, TRUNC=RC0, SPANINC=RC16, VLSCMP=N, SZERO
=Y,
ICE128I 0 OPTIONS：SIZE=6291456, MAXLIM=1048576, MINLIM=450560, EQUALS=N, LIST=Y,
ERE
ICE129I 0 OPTIONS：VIO=N, RESDNT=ALL, SMF=NO, WRKSEC=Y, OUTSEC=Y, VERIFY=N,
CHALT=
ICE130I 0 OPTIONS：RESALL=4096, RESINV=0, SVC=109, CHECK=Y, WRKREL=Y, OUTREL=Y,
CKPT=
ICE131I 0 OPTIONS：TMAXLIM=6291456, ARESALL=0, ARESINV=0, OVERRGN=65536, CINV=Y,
CFW=
ICE132I 0 OPTIONS：VLSHRT=N, ZDPRINT=Y, IEXIT=N, TEXIT=N, LISTX=N, EFS=NONE  ,
EXITC
ICE133I 0 OPTIONS：HIPRMAX=OPTIMAL, DSPSIZE=MAX, ODMAXBF=0, SOLRF=Y, VLLONG=N,
VSAMI
ICE235I 0 OPTIONS：NULLOUT=RC0
```

```
ICE236I 0 OPTIONS: DYNAPCT=10, MOWRK=Y
ICE084I 0 EXCP ACCESS METHOD USED FOR SORTOUT
ICE084I 0 EXCP ACCESS METHOD USED FOR SORTIN
ICE750I 0 DC 800 TC 0 CS DSVVV KSZ 3 VSZ 3
ICE752I 0 FSZ=10 RC   IGN=0 E   AVG=80 0   WSP=1 C   DYN=0 0
ICE751I 1 DE – K83743 D5 – K91600 D9 – K61787 E8 – K94453
ICE090I 0 OUTPUT LRECL=80, BLKSIZE=800, TYPE=FB
ICE080I 0 IN MAIN STORAGE SORT
ICE055I 0 INSERT 0, DELETE 0
ICE054I 0 RECORDS – IN: 9, OUT: 9
ICE134I 0 NUMBER OF BYTES SORTED: 720
ICE253I 0 RECORDS SORTED – PROCESSED: 9, EXPECTED: 10
ICE199I 0 MEMORY OBJECT USED AS MAIN STORAGE=0M BYTES
ICE299I 0 MEMORY OBJECT USED AS WORK STORAGE=0M BYTES
ICE180I 0 HIPERSPACE STORAGE USED=0K BYTES
ICE188I 0 DATA SPACE STORAGE USED=0K BYTES
ICE0521 0 END OF DFSORT
******************************** BOTTOM OF DATA ********************************
```

7.5 一篇过程案例

这一节我们使用 DSNUPROC 过程对 DB2 数据库里的表实施 UNLOAD（数据导出）操作，同时讲述相关错误的分析和处理。

7.5.1 UNLOAD 数据表

案例：已知主机系统中 DB2 数据库（DBAG）的 TE02DB01 数据库的 ST454TS 表空间上存在表 ST454. DEPT，要求通过 DSNUPROC 过程的调用，实现将表 ST454. DEPT 中的数据导出到 ST454. DEPT 这个已经建好的顺序数据集中。

操作步骤：书写如下 JCL 程序，并提交。

```
//ST454A JOB (ACCOUNT),'NAME',NOTIFY=&SYSUID
//*
//*
//*
//UTIL EXEC DSNUPROC,SYSTEM=DBAG,UID='TEMP',UTPROC=''
//*
//*************************************************************
//*
```

```
//*    GENERATING JCL FOR THE UNLOAD UTILITY
//*    DATE： 10/27/14              TIME： 11：01：32
//*
//*****************************************************************
//*
//DSNUPROC. SYSREC DD DSN＝ST454. DEPT,
//     DISP＝（MOD,CATLG）
//DSNUPROC. SYSIN      DD   *
UNLOAD TABLESPACE TE02DB01. ST454TS
      FROM TABLE ST454. DEPT
```

注： "//UTIL EXEC DSNUPROC,SYSTEM＝DBAG"语句表示调用系统过程库 DSNUPROC，在 DB2 V10 版本（DBAG）环境进行随后的操作，DSNUPROC 是一个编目过程；"//DSNUPROC. SYSREC DD DSN＝ST454. DEPT"表示为原本的 DSNUPROC 过程中追加一条 SYSREC DD 语句，这条语句将 ST454. DEPT 指定为输出数据集，用于 UNLOAD 数据存放；"//DSNUPROC. SYSIN DD ＊"表示为原本 DSNUPROC 过程追加一条 SYSIN DD 语句，用于指定输入的控制语句；控制语句"UNLOAD TABLESPACE TE02DB01. ST454TS FROM TABLE ST454. DEPT"表示使用 DB2 的 UNLOAD 命令，对 TE02DB01 数据库上 ST454TS 表空间的 ST454. DEPT 表实施 UNLOAD 操作。

7.5.2　错误分析

如果把 7.5.1 中 JCL 的控制语句错写成如下形式：

```
// UNLOAD TABLESPACE TE02DB01. ST454TS
   FROM TABLE ST454. DEPT
```

重新提交作业，将得不到 NOTIFY 的返回消息。进入 SDSF 的 ST 选项，见图 7-9，查看到刚才提交的 ST454A 作业仍然处于 CONVERSION 队列，未被执行。这里，有 3 条 ST454A 作业信息，表示 ST454A 作业被提交了 3 次，JES 分别为它们分配了作业号 JOB09491、JOB09495 和 JOB09505。

```
SDSF STATUS DISPLAY ALL CLASSES                        LINE 1-16 (3215)
PREFIX=*  DEST=(ALL)  OWNER=*  SYSNAME=
NP   JOBNAME  JobID     Owner    Prty Queue      C  Pos  SAff  ASys Status
     ST454A   JOB09491  ST454      14 CONVERSION A              SOW1
     ST454A   JOB09495  ST454      14 CONVERSION A              SOW1
     ST454A   JOB09505  ST454      14 CONVERSION A              SOW1
     ST435A   JOB09775  ST435      14 CONVERSION A              SOW1
```

图 7-9　ST454A 作业位于 CONVERSION 队列截图

作业长时间处于 CONVERSION 队列时，表明并不满足执行的条件，可以进入 SDSF

的 I 选项，进一步查看。以图 7 – 10 为例，作业号为 JOB09491、JOB09495 和 JOB09505 的作业都位于列表中，可以在 NP 处输入 SJ 命令，打开作业进行检查。

```
SDSF INPUT QUEUE DISPLAY ALL CLASSES                    LINE 1-6 (6)
PREFIX=*  DEST=(ALL)  OWNER=*  SYSNAME=
NP   JOBNAME  JobID    Owner   Prty C  Pos  PrtDest            Rmt  Node SAf
     ST454A   JOB03446 TE02      7  *       LOCAL                   1
     ST454A   JOB03447 TE02      7  *       LOCAL                   1
     ST454A   JOB09491 ST454    14  *       LOCAL                   1
     ST454A   JOB09495 ST454    14  *       LOCAL                   1
     ST454A   JOB09505 ST454    14  *       LOCAL                   1
     ST435A   JOB09775 ST435    14  *       LOCAL                   1
```

图 7 – 10　用 SJ 命令查看作业 ST454A（JOB09495）

作业号为 JOB09495 的作业打开后（见图 7 – 11），仔细检查作业，可以发现错误出现在第 5 行，UNLOAD 语句原本应该是控制语句，但由于错写，在第 1、2 列以"//"打头，导致作业停滞。其实，作业停滞的根本原因在于系统校验出这个错误后，抛出了高亮信息，一直等待高级别用户（管理员）回复，以决定后续的执行方向。

```
SDSF EDIT    ST454A    (JOB09495) JCLEDIT            Columns 00001 00072
****** *********************************** Top of Data ***********************************
000001 //ST454A JOB (ACCOUNT),'NAME',NOTIFY=$SYSUID
000002 //*
000003 //*
000004 //*
000005 //UTIL EXEC DSNUPROC,SYSTEM=DBAG,UID='TEMP',UTPROC=''
000006 //*
000007 //***********************************************************
000008 //*
000009 //*   GENERATING JCL FOR THE UNLOAD UTILITY
000010 //*   DATE:  10/27/14           TIME:  11:01:32
000011 //*
000012 //***********************************************************
000013 //*
000014 //DSNUPROC.SYSREC DD DSN=ST454.DEPT,
000015 //      DISP=(MOD,CATLG)
000016 //DSNUPROC.SYSIN    DD *
000017 // UNLOAD TABLESPACE TE02DB01.ST454TS
000018        FROM TABLE ST454.DEPT
****** ********************************* Bottom of Data *********************************
```

图 7 – 11　作业 ST454A（JOB09495）

进入 SDSF 的 LOG 选项，可以查看到如图 7 – 12 所示的 4 条高亮信息位于最后 4 行。以"JOB09495 ＊32 IEFC166D REPLY Y/N TO EXECUTE/SUPPRESS COMMAND"为例，JOB09495 表示作业号为 JOB09495 的作业等待回复，32 是高亮信息号，回复 Y（YES）表示执行命令；回复 N（NO）表示忽略命令。

```
SDSF SYSLOG     314.165 SOW1 SOW1 10/28/2014 4W          2,010    COLUMNS 01- 80
COMMAND INPUT ===> _                                     SCROLL ===> CSR
LR                                      968 00000090    JOBS        M/S      TS USE
LR                                      968 00000090    00001       00018    00002
DR                                      968 00000090    LLA         LLA      LLA
DR                                      968 00000090    VLF         VLF      VLF
DR                                      968 00000090    EPWFFST     FFST     EPWF
DR                                      968 00000090    TCPIP       TCPIP    TCPI
DR                                      968 00000090    RACF        RACF     RACF
DR                                      968 00000090    TCAS        TCAS     TCAS
DR                                      968 00000090    CICSTS41    CICSTS41 CICS
DR                                      968 00000090    DBAGMSTR    DBAGMSTR IEFP
DR                                      968 00000090    DBAGDBM1    DBAGDBM1 IEFP
DR                                      968 00000090    DBAGADMT    DBAGADMT STAR
ER                                      968 00000090    TE02        OWT      ST432
8000000 SOW1    11.34.34 JOB09775 *34 IEFC166D REPLY Y/N TO EXECUTE/SUPPRESS C
8000000 SOW1    11.11.50 JOB09505 *33 IEFC166D REPLY Y/N TO EXECUTE/SUPPRESS C
8000000 SOW1    11.11.00 JOB09495 *32 IEFC166D REPLY Y/N TO EXECUTE/SUPPRESS C
8000000 SOW1    11.10.35 JOB09491 *31 IEFC166D REPLY Y/N TO EXECUTE/SUPPRESS C
************************* BOTTOM OF DATA ***************************************
```

图 7 - 12   LOG 选项的高亮信息截图

（1）COMMAND INPUT ===〉/R 32，Y。

权限用户在 LOG 选项的命令行处输入/R 32，Y，该命令的含义是：对高亮信息 32 回复 Y，即对作业号为 JOB09495 的作业，继续执行 UNLOAD 命令。回车后，命令执行，作业停滞解除，执行完毕后输出。

命令执行完毕后，通过 ST 面板的问号命令查看 JOB09495 作业的执行信息（见图 7 - 13），这些信息分别保存在 JESMSGLG、JESJCL、JESYSMSG 和 SYSPRINT 中。

```
SDSF JOB DATA SET DISPLAY - JOB ST454A    (JOB09495)     LINE 1-4 (4)
PREFIX=* DEST=(ALL)  OWNER=ST454  SYSNAME=
NP   DDNAME    StepName ProcStep DSID Owner   C Dest              Rec-Cnt Page
     JESMSGLG  JES2                2 ST454    H LOCAL                 29
     JESJCL    JES2                3 ST454    H LOCAL                 90
     JESYSMSG  JES2                4 ST454    H LOCAL                 28
     SYSPRINT  UTIL     DSNUPROC 103 ST454    H LOCAL                  3
```

图 7 - 13   ST 选项查看 SYSOUT

首先查看 JESMSGLG（如下），第 3 ~ 4 行的"IEFC165I // UNLOAD TABLESPACE 461"和"*32 IEFC166D REPLY Y/N TO EXECUTE/SUPPRESS COMMAND"，描述系统已校验出"// UNLOAD TABLESPACE"语句存在问题，并且识别出其中存在一条 UNLOAD 命令，于是抛出"是执行 UNLOAD 命令还是忽略 UNLOAD 命令"的高亮信息，等待权限用户回复，以确定后续的执行；第 6 行"R 32，Y"记录了权限用户回复的内容；第 7 行"UNLOAD TABLESPACE"描述系统开始执行 UNLOAD 命令；第 8 行"UNLOAD AUTHORITY INVALID"描述由于权限的问题，UNLOAD 无法有效执行。

大型主机操作系统基础教程

Mainframe Operating System Basic

```
********************************* TOP OF DATA *********************************
                J E S 2   J O B   L O G   - -   S Y S T E M   S O W 1   - -   N O D E
11.11.00 JOB09495 - - - - MONDAY,      27 OCT 2014 - - - -
11.11.00 JOB09495  IRR010IUSERID ST454     IS ASSIGNED TO THIS JOB.
11.11.00 JOB09495  IEFC165I // UNLOAD TABLESPACE  461
11.11.00 JOB09495 *32 IEFC166D REPLY Y/N TO EXECUTE/SUPPRESS COMMAND
14.53.52 JOB09495 - - - - TUESDAY,    28 OCT 2014 - - - -
14.53.52 JOB09495  R 32, Y
14.53.52 JOB09495  UNLOAD TABLESPACE
14.53.52 JOB09495  IEE345I UNLOAD   AUTHORITY INVALID, FAILED BY SECURITY PRODUC
14.53.52 JOB09495  ICH408I USER (ST454 ) GROUP (STGRP ) NAME (ST454
    442            MVS. UNLOAD CL (OPERCMDS)
    442            INSUFFICIENT ACCESS AUTHORITY
    442            FROM MVS. * * (G)
    442            ACCESS INTENT (UPDATE)    ACCESS ALLOWED (READ  )
14.53.52 JOB09495  ICH70001I ST454     LAST ACCESS AT 14：34；49 ON TUESDAY, OCTOBE
14.53.52 JOB09495  \ HASP373 ST454A  STARTED - INIT 1    - CLASS A - SYS SOW1
14.53.53 JOB09495  -                                      - - - - TIMINGS (MINS.) -
                   -
14.53.53 JOB09495  - STEPNAME PROCSTEP    RC  EXCP  CONN      TCB      SRB   C
14.53.53 JOB09495  - UTIL     DSNUPROC   04   633    25     .00    .00
14.53.53 JOB09495  - ST454A  ENDED.   NAME - NAME                TOTAL TCB CPU TIM
14.53.53 JOB09495  \ HASP395 ST454A   ENDED
- - - - - JES2 JOB STATISTICS - - - - - -
 28 OCT 2014 JOB EXECUTION DATE
        18 CARDS READ
        150 SYSOUT PRINT RECORDS
          0 SYSOUT PUNCH RECORDS
         10 SYSOUT SPOOL KBYTES
       0.00 MINUTES EXECUTION TIME
******************************** BOTTOM OF DATA ********************************
```

随后查看 JESJCL（如下）。它记录的内容包括：在源程序 ST454A JCL 程序的基础上，将调用的 DSNUPROC 过程展开，并设置相应的行号。在第 4 行进行了符号参数的替换：&SIZE 赋值 0K（零 K），&SYSTEM 赋值 DBAG，&UID 赋值 TEMP，&UTPROC 置空；第 5 行同样进行符号参数的替换，&LIB 赋值 DSNA10. SDSNLOAD。

```
******************************** TOP OF DATA ********************************
1 //ST454A JOB (ACCOUNT),'NAME', NOTIFY= \ SYSID
  //*
  //*
  //*
```

```
2 //UTIL EXEC DSNUPROC, SYSTEM=DBAG, UID='TEMP', UTPROC=''
3 XXDSNUPROC PROC LIB='DSNA10. SDSNLOAD',
  XX          SYSTEM=DBAG,
  XX          SIZE=0K, UID='', UTPROC=''
  XX *
  XX ************************************************************************
  XX *
  XX * PROCEDURE – NAME:        DSNUPROC
  XX *
  XX * DESCRIPTIVE – NAME:      UTILITY PROCEDURE
  XX *
  XX * FUNCTION:    THIS PROCEDURE INVOKES THE ADMF UTILITIES IN THE
XX *
XX * PROCEDURE – OWNER:      UTILITY COMPONENT
XX *
XX * COMPONENT – INVOKED:    ADMF UTILITIES (ENTRY POINT DSNUTILB).
XX *
XX * ENVIRONMENT:            BATCH
XX *
XX * INPUT:
XX *      PARAMETERS:
XX *          LIB    =THE DATA SET NAME OF THE DB2   PROGRAM LIBRARY.
XX *                  THE DEFAULT LIBRARY NAME IS PREFIX. SDSNLOAD,
XX *                  WITH PREFIX SET DURING INSTALLATION.
XX *          SIZE   =THE REGION SIZE OF THE UTILITIES EXECUTION AREA
XX *                  THE DEFAULT REGION SIZE IS 2048K.
XX *          SYSTEM =THE SUBSYSTEM NAME USED TO IDENTIFY THIS JOB
XX *                  TO DB2 .   THE DEFAULT IS " DBAG".
XX *          UID    =THE IDENTIFIER WHICH WILL DEFINE THIS UTILITY
XX *                  JOB TO DB2.   IF THE PARAMETER IS DEFAULTED OR
XX *                  SET TO A NULL STRING, THE UTILITY FUNCTION WILL
XX *                  USE ITS DEFAULT, USERID. JOBNAME.    EACH UTILITY
XX *                  WHICH HAS STARTED AND IS NOT YET TERMINATED
XX *                  (MAY NOT BE RUNNING) MUST HAVE A UNIQUE UID.
XX *          UTPROC =AN OPTIONAL INDICATOR USED TO DETERMINE WHETHER
XX *                  THE USER WISHES TO INITIALLY START THE REQUESTE
XX *                  UTILITY OR TO RESTART A PREVIOUS EXECUTION OF
XX *                  THE UTILITY.   IF OMITTED, THE UTILITY WILL
XX *                  BE INITIALLY STARTED.   OTHERWISE, THE UTILITY
XX *                  WILL BE RESTARTED BY ENTERING THE FOLLOWING
XX *                  VALUES:
XX *                      RESTART (PHASE)   =RESTART THE UTILITY AT THE
XX *                          BEGINNING OF THE PHASE EXECUTED
```

```
XX *                                    LAST.
XX *                    RESTART=RESTART THE UTILITY AT THE LAST
XX *                            OR CURRENT COMMIT POINT.
XX *
XX * OUTPUT: NONE.
  XX *
  XX * EXTERNAL – REFERENCES: NONE.
  XX *
  XX * CHANGE – ACTIVITY:
  XX *
  XX *
  XX ************************************************************************
  XX *
4 XXDSNUPROC EXEC PGM=DSNUTILB, REGION=&SIZE,
  XX          PARM='&SYSTEM, &UID, &UTPROC'
  IEFC653I SUBSTITUTION JCL – PGM=DSNUTILB, REGION=0K, PARM='DBAG, TEMP,'
5 XXSTEPLIB  DD  DSN=&LIB, DISP=SHR
  XX *
  XX ************************************************************************
  XX *
  XX *   THE FOLLOWING DEFINE THE UTILITIES' PRINT DATA SETS
  XX *
  XX ************************************************************************
  XX *
  IEFC653I SUBSTITUTION JCL – DSN=DSNA10. SDSNLOAD, DISP=SHR
6 XXSYSPRINT DD  SYSOUT= *
7 XXUTPRINT  DD  SYSOUT= *
8 XXSYSUDUMP DD  SYSOUT= *
  XX * DSNUPROC PEND            REMOVE * FOR USE AS INSTREAM PROCEDURE
  //*
  //************************************************************************
  //*
  //*   GENERATING JCL FOR THE UNLOAD UTILITY
  //*   DATE:   10/27/14          TIME:  11: 01: 32
  //*
  //************************************************************************
  //*
9 //DSNUPROC. SYSREC DD DSN=ST454. DEPT,
  //     DISP=(MOD, CATLG)
10 //DSNUPROC. SYSIN    DD  *
11 // UNLOAD TABLESPACE TE02DB01. ST454TS
12 //SYSIN    DD *              GENERATED STATEMENT
  **************************** BOTTOM OF DATA ****************************
```

接下来查看 JESYSMSG（如下），第 2 行"2 IEFC001I PROCEDURE DSNUPROC WAS EXPANDED USING SYSTEM LIBRARY SYS1. PROCLIB"描述作业需要调用的 DSNUPROC 编目过程在系统过程库 SYS1. PROCLIB 中检索到，并在作业中展升；第 4～11 行记录了系统为整个作业分配（ALLOCATED）的各类资源；第 12 行"ST454A DSNUPROC UTIL – STEP WAS EXECUTED – COND CODE 0004"描述作业的返回码是 0004，有警告（Warnig），但不影响程序正常执行完毕；第 13 行描述保持 DSNA10. SDSNLOAD 数据集状态不变；第 18 行描述 ST454. DEPT 数据集并未成功写入记录，即从表 UNLOAD（数据导出）的数据并未成功写入。

```
******************************* TOP OF DATA *******************************
STMT NO.  MESSAGE
          2 IEFC001I PROCEDURE DSNUPROC WAS EXPANDED USING SYSTEM LIBRARY
SYS1. PROCLIB
ICH70001I ST454      LAST ACCESS AT 14：34：49 ON TUESDAY, OCTOBER 28, 2014
IEF236I ALLOC. FOR ST454A DSNUPROC UTIL
IEF237I 8806 ALLOCATED TO STEPLIB
IEF237I JES2 ALLOCATED TO SYSPRINT
IEF237I JES2 ALLOCATED TO UTPRINT
IEF237I JES2 ALLOCATED TO SYSUDUMP
IEF237I 8620 ALLOCATED TO SYSREC
IEF237I JES2 ALLOCATED TO SYSIN
IEF237I JES2 ALLOCATED TO SYSIN
IEF142I ST454A DSNUPROC UTIL – STEP WAS EXECUTED – COND CODE 0004
IEF285I   DSNA10. SDSNLOAD                          KEPT
IEF285I   VOL SER NOS=VTDA1A.
IEF285I   ST454. ST454A. JOB09495. D0000103. ?        SYSOUT
IEF285I   ST454. ST454A. JOB09495. D0000104. ?        SYSOUT
IEF285I   ST454. ST454A. JOB09495. D0000105. ?        SYSOUT
IEF287I   ST454. DEPT                             NOT RECTLGD 2
IEF287I   VOL SER NOS=USER01.
IEF285I   ST454. ST454A. JOB09495. D0000101. ?        SYSIN
IEF285I   ST454. ST454A. JOB09495. D0000102. ?        SYSIN
IEF373I STEP/DSNUPROC/START 2014301. 1453
IEF032I STEP/DSNUPROC/STOP  2014301. 1453
        CPU：    0 HR   00 MIN  00. 01 SEC    SRB：    0 HR   00 MIN  00. 00 SEC
        VIRT：  184K SYS：  252K  EXT：    2440K  SYS：      11788K
IEF375I  JOB/ST454A  /START 2014301. 1453
IEF033I  JOB/ST454A  /STOP  2014301. 1453
        CPU：    0 HR   00 MIN  00. 01 SEC    SRB：    0 HR   00 MIN  00. 00 SEC
***************************** BOTTOM OF DATA *****************************
```

最后查看 SYSPRINT（如下），它记录了控制语句相关的执行情况。第 2 行"NO UTILITY STATEMENTS FOUND IN SYSIN"描述在 SYSIN DD 语句的输入流中找不到相关的控制语句，这个错误正是由 // UNLOAD TABLESPACE TE02DB01.ST454TS 这条错误语句引起。

```
******************************* TOP OF DATA ********************************
DSNU000I    301 14：53：52.98 DSNUGUTC - OUTPUT START FOR UTILITY, UTILID=TEMP
DSNU080I    301 14：53：52.99 DSNUGPRS - NO UTILITY STATEMENTS FOUND IN SYSIN
DSNU010I    301 14：53：53.00 DSNUGBAC - UTILITY EXECUTION COMPLETE, HIGHEST RETUR
******************************* BOTTOM OF DATA *****************************
```

（2）COMMAND INPUT ===〉/R 33，N。

对高亮信息 33 回复 N，即对作业号为 JOB09505 的作业，忽略 UNLOAD 命令。回车后，命令执行，作业停滞解除，执行完毕后输出。仍然可以在 ST 选项中查看作业的执行情况。查看作业号为 JOB09505 作业的 JESMSGLG（如下），第 7 行"R 33，N"描述了管理员对高亮信息 33 回复"N"，表示忽略命令，继续执行作业。

```
******************************* TOP OF DATA ********************************
            J E S 2   J O B   L O G   --   S Y S T E M   S 0 W 1   --   N O D E
11.11.50 JOB09505 - - - MONDAY,    27 OCT 2014 - - - -
11.11.50 JOB09505  IRR010IUSERID ST454     IS ASSIGNED TO THIS JOB.
11.11.50 JOB09505  IEFC165I // UNLOAD TABLESPACE   528
11.11.50 JOB09505  *33 IEFC166D REPLY Y/N TO EXECUTE/SUPPRESS COMMAND
11.18.21 JOB09505 - - - TUESDAY,    28 OCT 2014 - - - -
11.18.21 JOB09505  R 33, N
11.18.21 JOB09505  ICH70001I ST454     LAST ACCESS AT 11：41：00 ON MONDAY, OCTOBER
11.18.21 JOB09505  \ HASP373 ST454A   STARTED - INIT 1    - CLASS A - SYS S0W1
11.18.22 JOB09505  -                              - - - - TIMINGS（MINS.）- -
11.18.22 JOB09505  -STEPNAME PROCSTEP   RC  EXCP  CONN     TCB      SRB   C
11.18.22 JOB09505  -UTIL     DSNUPROC   04   633   25    .00     .00
11.18.22 JOB09505  -ST454A  ENDED.   NAME - NAME               TOTAL TCB CPU TIM
11.18.22 JOB09505  \ HASP395 ST454A   ENDED
 - - - - - - JES2 JOB STATISTICS - - - - - -
    28 OCT 2014 JOB EXECUTION DATE
        18 CARDS READ
       143 SYSOUT PRINT RECORDS
         0 SYSOUT PUNCH RECORDS
         9 SYSOUT SPOOL KBYTES
      0.00 MINUTES EXECUTION TIME
******************************* BOTTOM OF DATA *****************************
```

参考文献

［1］黄杰，等．大型主机操作系统基础实验教程［M］．北京：清华大学出版社，2012.

［2］高珍，等．大型主机系统管理［M］．北京：清华大学出版社，2011.

［3］黄晓涛，等．现代大型主机系统导论［M］．北京：清华大学出版社，2010.

［4］吴驰，等．大型主机操作系统基础［M］．北京：清华大学出版社，2009.

［5］IBM. Introduction to the New Mainframe：z/OS Basics. IBM Redbook，Document Number SG24 – 6366 – 02，2011.

［6］IBM. z/OS Version 1 Release 11 Implementation. IBM Redbook，Document Number SG24 – 7729 – 00，2010.

［7］IBM. Improving Your Productivity with the ISPF Productivity Tool V5. 9 on z/OS. IBM Redbook，Document Number SG24 – 7587 – 00，2008.

［8］IBM. MVS JCL USER'S Guide. IBM Redbook，Document Number SA22 – 7598 – 04，2004.

［9］IBM. MVS JCL Reference. IBM Redbook，Document Number SA22 – 7597 – 08，2004.

［10］IBM. ABCs of System Programming Volume 1. IBM Redbook，Document Number SG24 – 5597 – 00，2000.